Gerhard Waldherr

Beton und Bytes

REDLINE | VERLAG

Gerhard Waldherr

Beton und Bytes

Wie Bauen das Fundament für unsere Zukunft schafft

Bibliografische Information der Deutschen Nationalbibliothek
Die Deutsche Nationalbibliothek verzeichnet diese Publikation in der Deutschen Nationalbibliografie. Detaillierte bibliografische Daten sind im Internet über http://dnb.d-nb.de abrufbar.

Für Fragen und Anregungen
info@redline-verlag.de

1. Auflage 2021

© 2021 by Redline Verlag, ein Imprint der Münchner Verlagsgruppe GmbH
Türkenstraße 89
D-80799 München
Tel.: 089 651285-0
Fax: 089 652096

Alle Rechte, insbesondere das Recht der Vervielfältigung und Verbreitung sowie der Übersetzung, vorbehalten. Kein Teil des Werkes darf in irgendeiner Form (durch Fotokopie, Mikrofilm oder ein anderes Verfahren) ohne schriftliche Genehmigung des Verlages reproduziert oder unter Verwendung elektronischer Systeme gespeichert, verarbeitet, vervielfältigt oder verbreitet werden.

Dieses Buch entstand mit Unterstützung des Vereins für Bauforschung und Berufsbildung des Bayerischen Bauindustrieverbandes e.V. (BBIV), 80331 München, aus Mitteln der Stiftung Bayerisches Baugewerbe.

Projektmanagement und Lektorat: Evelyn Boos-Körner, Schondorf am Ammersee
Umschlaggestaltung: Karina Braun, München; Daniel Schwaiger, München
Umschlagabbildung: Ryzhi/ Shutterstock
Satz: Helmut Schaffer, Hofheim a. T.
Druck: Florjancic Tisk d.o.o., Slowenien
Printed in the EU

ISBN Print 978-3-86881-825-3
ISBN E-Book (PDF) 978-3-96267-275-1
ISBN E-Book (EPUB, Mobi) 978-3-96267-276-8

Weitere Informationen zum Verlag finden Sie unter

www.redline-verlag.de

Beachten Sie auch unsere weiteren Verlage unter www.m-vg.de

Inhalt

Prolog
Baustelle Deutschland 7

1 Bauwelten

Bauwirtschaft
Ein besonderer Markt (von Thomas Bauer).......................... 19

Straße
Die Mobilitätsoffensive 25

Schiene
Mit Milliarden aus der Krise 37

Energiewende
Die Zukunftswerkstatt 51

Best Practice
Operieren im Grenzbereich 63

Wohnungsbau
Vier Wände zum Glück 83

Gewerbebau
Das Erfolgssystem 93

Digitalisierung
Wahrheit, Probleme, Prognosen (von Mathias Obergrießer)... 103

2 Beton

Graues Gold
Von Zement bis CO$_2$ 117

Inspiration
Das Wunder von Blaibach 131

Innovation
Carbon, Poren, Bakterien 139

3 Baugeschichten

Unternehmer
Mit Herz und Verstand 155

Ingenieure
Baumeister 2.0 165

Architekten
Vision und Widerspruch 177

Ausbildung
Berufe mit Zukunft 197

Handwerk
Gut gemacht 211

Bürokratie
Die Schreibstubenherrschaft 223

Politik
Wissen wohin 235

Image
Zeigt euch! (von Philip Beushausen und Rebekka Csizmazia) .. 249

Epilog
Wir können auch anders 253

Über den Autor 261

Register 263

Bauunternehmerfamilie Geiger mit Josef Geiger (2. v. l. oben)

Prolog

Baustelle Deutschland

Es steckt in allem, es begleitet uns überall, jeden Tag, in jedem Moment. Bauen bestimmt Lebensqualität, Wirtschaftsleistung und Zukunftsfähigkeit jeder Gesellschaft. Das macht die Bauwirtschaft zu einer der wichtigsten Branchen des Landes.

Prolog

Wer die Bauwirtschaft verstehen will, muss ins Allgäu, genauer nach Oberstdorf in die Wilhelm-Geiger-Straße 1. Dort steht ein mit Holz verkleidetes, ellipsenförmiges Bürogebäude, das von Weitem aussieht wie ein Ufo: der Firmensitz der Geiger Unternehmensgruppe. Der Parkplatz davor ist vollgestellt mit Steinkörben, das Panorama dahinter grandios. Die Berge ringsum heißen Nebelhorn, Fellhorn, Rubihorn und Söllereck, zu ihren Füßen liegen die legendären Skischanzen am Schattenberg.

In einem Konferenzsaal im dritten Stock sitzt Josef Geiger und schwärmt vom Bauen. Von der Faszination, die jeder aus dem Sandkasten kenne. »Jedes Kind hämmert gern«, sagt Geiger, »jedes Kind möchte mal auf einer Straßenwalze sitzen.« Stimmt schon, wer stand nicht hypnotisiert am Bauzaun, während der Bagger baggerte und gleichzeitig spekuliert wurde, wohin der Mann im Kran wohl geht, wenn er mal muss? Und als der Betonmischer kam, lief die halbe Nachbarschaft zusammen und guckte. Zwei Drittel aller Deutschen halten Haus- und Straßenbau für eine typisch deutsche Eigenschaft, was erklärt, warum die Baumärkte am Samstagvormittag zuverlässig überfüllt sind. Respekt, wer's selber macht.

Unten im Foyer hängen Ölgemälde. Eines zeigt einen Mann mit markantem Gesicht und Trachtenhut: Wilhelm Geiger, der Firmengründer. Daneben Gemälde seiner drei Söhne, die nach dessen Tod 1968 die Geschäfte übernahmen. Josef Geiger verkörpert die dritte Generation. Er trat 1990 in die Geschäftsleitung ein und vergrößerte, diversifizierte und modernisierte das Unternehmen zusammen mit seinen Cousins Pius und Johannes. 2018 gab er die Geschäftsführung und seine Gesellschaftsanteile an Sohn Josef ab. Seither fungiert er als Beiratsvorsitzender. Pius und Johannes Geigers Söhne werden demnächst folgen. Was die vierte Generation mitbringen muss? »Ein Bauunternehmer«, sagt Geiger, »muss soziale und kaufmännische Fähigkeiten haben, er braucht technisches Verständnis, muss die Vorschriften kennen, stressresistent und krisenfest sein, er muss marktorientiert denken und die Zeichen der Zeit verstehen.«

Wilhelm Geiger begann 1923 mit einer Holzhandlung und einem Fuhrwerksbetrieb. Nach und nach kamen Kohlehandel, Brennstoffhandel, Kies- und Betonwerke und beinahe alle Disziplinen des Baugeschäfts dazu: Hochbau, Tiefbau, Straßenbau, sogar ein Reiseunternehmen wurde zwischenzeitlich geführt. Heute hat die Geiger Unternehmensgruppe 50 Standorte in Deutschland, Österreich, der Schweiz, Luxemburg, Frankreich, Italien, Ungarn und Rumänien, 43 Tochterfirmen und Beteiligungen. Mit 3.000 Mitarbeitern macht sie in den Geschäftsbereichen Baustoffe und Logistik, Immobilien, Infrastruktur und Umwelt mit Liefern, Bauen, Sanieren und Entsorgen etwa 600 Millionen Euro Umsatz. Tendenz steigend, passend zu einem ihrer Leitsätze: »Besser sein. Geiger.« Wenngleich Josef Geiger sagt, Geld sei nie sein Motiv gewesen: »Ich wäre auch ohne die Familie Bauingenieur geworden, Bauen ist die schönste Beschäftigung der Welt.«

Das ist die Geschichte. Bauen steckt in jedem. Bauen bleibt ein Leben lang. Und es ist – wie bei der Geiger Unternehmensgruppe – ein weites Feld. Mit dem Unterschied, dass die meisten von uns es nicht aktiv betreiben. Umgeben sind wir trotzdem davon, besser von den Ergebnissen. Rund um die Uhr. In den Wohnungen, in denen wir leben. In den Büros und Fabriken, in denen wir arbeiten. Auf den Wegen, die wir dazwischen benutzen, und den Einrichtungen, in denen wir unsere Freizeit verbringen. Bauen ist überall, beim Einkauf, bei jedem Amüsement und Toilettengang. Vom Kreißsaal bis zur Leichenhalle ist der Mensch umgeben von Bauwerken. Wo kein Bauen ist, lässt sich nicht leben.

Bauwerke und Infrastrukturen entscheiden über die Lebensqualität von Menschen, die Leistungsfähigkeit von Volkswirtschaften und deren Zukunftsfähigkeit. Kein Volk demonstrierte das eindrucksvoller als die Römer, deren Imperium auf einer Bautechnik basierte, die das moderne Betonieren vorwegnahm und aus dem sich das Wort Zement ableitet: Opus Caementitium. Investitionen in die Bauwirtschaft sind aber nicht nur die Basis für Prosperität und Macht, sie definieren Gesellschaften und Zeitalter. Die Pharaonen wären nicht denkbar ohne Pyramiden, New York nicht ohne

Prolog

Wolkenkratzer, Dubai nicht ohne Burj Khalifa und Palm Island und Deutschland nicht ohne Autobahn. Wer Golden Gate und Gotthard hört, denkt nicht zuletzt an San Francisco und einen Tunnel, und bei Eiffel ist es ganz sicher nicht Wuppertal.

Bauen prägt und verändert die Welt. Aber auch umgekehrt. Die Bevölkerungsentwicklung der Welt beeinflusst den Wohnungsbau, die Urbanisierung erfordert neue Mobilitätskonzepte. Der demografische Wandel verlangt nach seniorengerechten Unterkünften, der Klimawandel nach Anlagen, die nachhaltige Energie produzieren, und womöglich schon bald nach Deichen gegen den steigenden Meeresspiegel. Die Digitalisierung wiederum hat dafür gesorgt, dass auf dem Bau zunehmend mit 3D-Modellen, Drohnen und mobilen Endgeräten in Baumaschinen gearbeitet wird. Dass die Geiger Unternehmensgruppe Anfang der Neunzigerjahre in die Umwelttechnik investierte, etwa die Beseitigung von Altlasten und die Verwertung von mineralischen Abfällen, hatte mit der wachsenden Bedeutung des Umweltschutzes zu tun. Neues Denken schafft neue Märkte. »Alle gesellschaftlich relevanten Themen«, sagt Josef Geiger, »sind Bauthemen.«

Deshalb wird die Bauwirtschaft gerade hierzulande dringend gebraucht. »Bröckelland« titelte *Die Zeit* vor einigen Jahren. Die Berliner *tageszeitung* ätzte: »Dieses Land ist unmodern.« Berechtigte Klagen. Laut einer internationalen Studie sind die Straßen in Namibia oder Malaysia nicht schlechter als in Deutschland. 10.000 Kilometer Autobahn sind in schlechter bis sehr schlechter Verfassung. Jede dritte Brücke an Bundesfernstraßen muss renoviert werden. Gleiches gilt für 2.000 Eisenbahnbrücken, dazu fehlen 1.800 Kilometer Schiene und 1.900 Weichen. Allein in Bayern müssen jährlich 2.000 Kilometer Kanalisation saniert werden. Der Süden der Republik wartet auf Stromtrassen für nachhaltige Energie aus Windparks in der Nordsee und Ostdeutschland. Der Ausbau des 5G-Netzes ist überfällig. Und in Großstädten fehlen zwei Millionen Wohnungen, vor allem bezahlbarer Wohnraum.

Doch das ist längst nicht alles. Insbesondere bei den Kommunen ist der Investitionsrückstand in den letzten Jahrzehnten dramatisch angewachsen. Schulen, Krankenhäuser und Behörden sind veraltet. Auf dem Land fehlt es an Öffentlichem Personennahverkehr. »Um Deutschland zukunftsfähig zu halten und grundlegend zu modernisieren, ist die öffentliche Hand gefordert, verstärkt in Bau und Infrastruktur zu investieren«, schreibt Claus Michelsen in einer Studie des Deutschen Institut für Wirtschaftsforschung (DIW). Die Politik hat in den vergangenen Jahren reagiert: mit der Reformkommission Bau von Großprojekten, mit dem Bundesverkehrswegeplan 2030 und einer neuen Leistungs- und Finanzierungsvereinbarung (LuFV) für die Bahn. Zig Milliarden werden in den nächsten zehn Jahren in die Infrastruktur fließen. Geiger, der als Präsident des Bayerischen Bauindustrieverbandes die Details gut kennt, meint: »Selten war das Verständnis auf beiden Seiten größer, dass jetzt nur noch eines hilft: den Investitionshochlauf für die nächsten Jahrzehnte zu sichern.«

Das deutsche Bauhauptgewerbe machte 2020 mit etwa 900.000 Mitarbeitern einen Umsatz von rund 150 Milliarden Euro, was etwa sechs Prozent der Bruttowertschöpfung des Landes entspricht. Das liegt in etwa in der Größenordnung der Lebensmittelindustrie und dem Inlandsumsatz der Automobilindustrie. Ein Fünftel dieses Umsatzes wird in Bayern erwirtschaftet, zusammen mit Nordrhein-Westfalen und Baden-Württemberg deckt Bayern ein Drittel des Bauvolumens ab. Brandenburg, Sachsen-Anhalt, Thüringen und Mecklenburg-Vorpommern kommen zusammen auf etwa ein Zehntel, was auch damit zu tun hat, dass auf ostdeutsche Bundesländer und Gemeinden entsprechend geringe Investitionen entfallen.

Bauen ist in Deutschland immer noch ein regionales Geschäft. Wer sich in Flensburg ein Haus bauen will, sucht nicht nach einem Bauunternehmen im Schwarzwald, auch nicht für einen Wohnblock. Die nötige Expertise findet sich auch vor der Haustüre. Schließlich ist Bauen in Deutschland eine Domäne der Familienbetriebe und Mittelständler, die sich immer noch gerne über Werte definieren.

Prolog

Die Geiger Unternehmensgruppe hat sich acht Leitsätze verordnet. Die ersten drei lauten: »Mensch sein. Fair sein. Partner sein.« Im Allgäu gilt noch der Handschlag. Im Unternehmensverbund werden aktuell 85 junge Menschen in 22 Berufen und drei dualen Studiengängen ausgebildet. Wer einmal bei Geiger landet und will, kann sein ganzes Erwerbsleben lang bleiben. Mehrfach gab es für Geiger die Auszeichnung Great Place to Work.[1]

Das Institut für Demoskopie Allensbach hat vor einigen Jahren herausgefunden, dass die Mehrheit der Deutschen die Bauwirtschaft als wichtige Branche sieht, sie mit guten Verdienstchancen und Modernität assoziiert, ihr Image insgesamt aber nicht über Mittelmaß hinauskommt. »Früher war im Krimi der Mörder der Butler«, sagt Josef Geiger, »heute ist es der Bauunternehmer.« Aber daran kann es nicht liegen. Auch Schwarzgeld und Korruption sind längst Vergangenheit. Mit wenigen Ausnahmen wird Tarif gezahlt. Der Bau hat als erste Branche den freiwilligen Mindestlohn eingeführt. Compliance und Wertemanagement sind in Zeiten von Fachkräfte- und Nachwuchsmangel fast schon Pflichtprogramm. Kaum eine Branche hat seit 2015 die Integration von Geflüchteten besser hinbekommen als die Bauwirtschaft.

Es muss an etwas anderem liegen. Dass in den Medien häufig nicht differenziert wird und Immobilienhaie und Grundstücksspekulanten als Bauunternehmer bezeichnet werden, belastet das Ansehen. Aber am Ende liegt es auch in der Natur der Sache. Bauen macht Lärm, Dreck und sonstige Emissionen; es sorgt für Riesenlöcher und aufgewühltes Erdreich, für Gerüststangen vor dem Fenster, geschlossene Geschäfte, abgesagte Veranstaltungen. Wer Bauen begegnet, trifft häufig auf Unannehmlichkeiten: Staus, Umleitungen, Verspätungen. Dazu die Debatten über die CO_2-Belastung durch Zement und Beton, die Ausbeutung von Sand- und Kiesvorkommen, die Bedrohung von Flora und Fauna, die Versiegelung des Bodens. Und wenn mal was in der Zeitung steht, dann, dass

---

[1] Great Place to Work ist ein unabhängiges Forschungs- und Beratungsinstitut, das jährlich ein Prädikat an Unternehmen verleiht und ein Ranking mit den besten Arbeitgebern einer Branche oder Region erstellt.

etwas nicht funktioniert, zu teuer ist, zu spät fertig wird, sei es ein ambitioniertes Konzerthaus im Hamburger Hafen oder ein Flughafen, der zur Lachnummer der Republik mutiert.

»Wir stellen kein Massenprodukt her wie BMW, Apple oder die Bekleidungsindustrie«, sagt Josef Geiger, »wir bauen Unikate, die mit klassischem Konsum nichts zu tun haben. Diese Unikate sind oft groß und komplex und entsprechend schwer zu kalkulieren. Da ist es immer möglich, dass man Risiken nicht richtig einschätzt, häufig sind die Planungen nicht durchdacht und das, was der Bauherr konkret will, wird zu spät definiert.« Dadurch geraten Bauunternehmen auch dann in die Kritik, wenn sie keine Schuld trifft. So geschehen bei Großprojekten wie dem Flughafen Berlin Brandenburg, der Elbphilharmonie oder Stuttgart 21. »Die Wahrnehmung, dass hier die Bauunternehmen versagt haben, ist völlig falsch«, so Geiger, »in allen Fällen lag das Problem in der Planung, im Projektmanagement oder bei der Politik, die nicht wusste, was sie wollte und ständig neue Vorgaben machte.«

»Wir haben es nicht leicht«, sagt Peter Hübner, Vorstandsmitglied bei STRABAG und Präsident des Hauptverbandes der Deutschen Bauindustrie. »Wir kommen bei der Planung von Bauobjekten und beim Baurecht einfach nicht voran.« In den Behörden fehlt das Personal, während die Vorschriften ständig zunehmen. »Nur ein Beispiel: Der Planfeststellungsbeschluss der Frankfurter Startbahn West von 1971 hatte 23 Seiten, der gleiche Beschluss für die Startbahn Nord 2007 hatte 2.700 Seiten.« Der Mehraufwand durch die Bürokratie kostet Bauunternehmen jährlich etwa zehn Milliarden Euro. Schlimm genug, was ihm aber größere Sorgen bereite, so »Deutschlands oberster Bauarbeiter« (*Hessische/Niedersächsische Allgemeine*), sei die »zunehmend kritische Haltung der Bevölkerung gegenüber neuen Infrastrukturprojekten.«

Was Hübner meint, lässt sich mit ein paar Klicks im Internet recherchieren, sagen wir, mit den Suchworten »Brücke« und »Klage« oder »Autobahn« und »Protest«. Was die Algorithmen ausspucken, ist besorgniserregend. Besonders heftig ist der Widerstand gegen den geplanten Ausbau der A49 in Hessen. Insgesamt müssen dafür 85 Hektar Wald gerodet werden, davon 27 Hektar im Dannenröder Wald; etwa drei Prozent des gesamten Waldgebietes. Naturschutzverbände und Bürgerinitiativen sehen dadurch die Trinkwasserversorgung für Frankfurt am Main und schützenswerte Vogelarten bedroht. Barrikaden und Baumhäuser wurden errichtet, es gab Attacken auf die Polizei, Unfälle mit Schwerverletzten. Anderes Beispiel: Weil die geplante A44 zwischen Helsa Ost und Hessisch Lichtenau das Habitat von 5.000 Kammmolchen durchtrennt, muss laut Fauna-Flora-Habitat-Richtlinie (FFH) ein Tunnel für 50 Millionen Euro gebaut werden. Macht 10.000 Euro pro Lurch. »Wir brauchen einen Kulturwandel«, sagt Hübner, »wir müssen wieder zur sinnvollen Abwägung der Interessen finden, sonst wird Bauen zunehmend unmöglich.«

Ein weiterer Bereich, mit dem die Bauwirtschaft seit Langem hadert, ist die Geschäftspraxis der öffentlichen Hand, die auf der Vergabe- und Vertragsordnung für Bauleistungen (VOB) basiert. In aller Regel erhält dabei der billigste Anbieter den Zuschlag. Kriterien wie Qualität oder Termintreue – wie in anderen europäischen Ländern durchaus üblich – werden meist nicht berücksichtigt. Auch Sondervorschläge, die das Bauen erleichtern, beschleunigen, sogar günstiger machen könnten, werden von der ausschreibenden Stelle nur selten zugelassen. Hinzu kommt, dass Infrastrukturprojekte wie Straßen, Brücken oder Kanäle nach den Bestimmungen des Vergaberechts häufig in Dutzende Gewerke zerlegt und getrennt ausgeschrieben werden. Das führt häufig zu Kompetenzwirrwarr auf der Baustelle, Zeitverzögerungen und Kostensteigerungen. Auftragsvergaben, die auf fehlerhaften oder unvollständigen Ausschreibungen beruhen, können von Mitbewerbern juristisch angefochten werden. Konfliktpotenzial ohne Ende. Die Bauwirtschaft fordert daher schon lange eine Reform der VOB und mehr partnerschaftliche Modelle, etwa eine Einbindung der Baukompetenz in der Planung oder Öffentlich-Private Partnerschaften.

Die Qualität der deutschen Bauwirtschaft ist unbestritten. Zu welchen außergewöhnlichen Leistungen sie imstande ist, demonstriert sie nicht nur hierzulande. Das Unternehmen Max Bögl hat beispielsweise in Thailand einen Windenergiepark mit 90 Hybridtürmen aus eigener Produktion errichtet. Der Bielefelder Gewerbebauspezialist Goldbeck baut Hallen in ganz Europa. Der Tiefbauspezialist Bauer aus Schrobenhausen war in China für die Unterbauten der längsten Seebrücke der Welt und in Dubai für das Fundament des Burj Khalifa zuständig. Am Bau des mit 828 Metern höchsten Gebäudes der Welt waren insgesamt 30 deutsche Unternehmen beteiligt, ihre Beiträge reichten von Dübeln über Edelstahlfassaden bis zu Hochdruckpumpen für den Beton. Über eine Firma in Sachsen-Anhalt gelangte sogar Recyclingstahl aus Ostberlin an den Persischen Golf; er stammte aus dem abgerissenen Palast der Republik. Auf dem Bau gilt Made in Germany weiter als Gütesiegel. Die Unternehmensgruppe Geiger etwa ist seit Langem in Rumänien tätig.

»Wir brauchen wieder mehr Begeisterung für das Bauen«, sagt Werner Sobek, der mit seinem Ingenieurbüro die Tragwerksplanung des Bahnhofsgebäudes von Stuttgart 21 betreut. Sobek spricht von »einer Architektur, die einem den Atem raubt«, von der »größten Komplexität«, die jemals in einem Bauwerk umgesetzt worden sei. Doch wer stehe in der Öffentlichkeit? »Scharenweise selbsternannte Fachleute und Gutachter, die im Schnellverfahren zu großen Aussagen gelangen.« Meist negativen. »Wir reden vom Berliner Flughafen, vom eingestürzten Kölner Stadtarchiv oder von zusammengebrochenen Autobahnbrücken, aber was das Bauwesen tatsächlich an Positivem bewirkt, wird nicht kommuniziert.«

Das findet auch Josef Geiger bedauernswert, weil damit neben der Technik, der Leidenschaft und Leistung aller Beteiligten eine ganz entscheidende Botschaft nicht ankommt: »Ich freue mich immer über Kräne und Baustellen, denn wo Kräne und Baustellen sind, entsteht Zukunft.«

1
Bauwelten

Bauwirtschaft

Ein besonderer Markt
(von Thomas Bauer)

Auf Märkten werden üblicherweise Leistungen ausgetauscht. Im Normalfall gibt eine Partei ein Produkt ab und die andere bezahlt dafür Geld. Der Preis entsteht dabei durch Angebot und Nachfrage. Ein Volkswirt würde sagen: »Der Preis bildet sich am Schnittpunkt der Angebots- und der Nachfragekurve.« So funktioniert – vereinfacht gesagt – unsere gesamte Marktwirtschaft.

Wenngleich: Ganz so einfach ist es nicht. Speziell in der Bauwirtschaft lassen sich die Marktmechanismen nur schwer nachvollziehen und nicht immer schlüssig erklären. Ist man aber mit einem Unternehmen im Markt der Baubranche tätig, ist es sehr wichtig, dessen Funktion zu verstehen, um richtige Entscheidungen treffen zu können.

Um die Preisbildung einigermaßen verstehen und erklären zu können, haben die Volkswirte ein vereinfachtes Basismodell definiert: den sogenannten vollkommenen Markt. In diesem idealtypischen Markt sind alle Güter gleich, also homogen – so wie, sagen wir, Stahl einer bestimmten Güteklasse. Alle Güter werden gehandelt, wie an einer Börse; alle Marktteilnehmer haben die gleiche Information, sodass sie gleichberechtigt handeln können. Und: Alle Marktteilnehmer handeln vernünftig, das heißt, die Verkäufer verkaufen so teuer wie möglich, die Käufer kaufen so billig wie möglich.

Unter diesen Bedingungen lässt sich nachweislich auf Dauer kein Geld verdienen. Der Preis ist unter Druck, der Gewinn tendiert gegen null. Entspräche die reale Marktwirtschaft genau dieser Theorie, könnte kein Unternehmen überleben.

Die Realität sieht bekanntermaßen anders aus. Die Anbieter bemühen sich, die Vorstellung des vollkommenen Marktes mit allen Mitteln auszuhebeln, indem sie die Produkte anders gestalten als die Konkurrenz und auch durch Werbung Präferenzen schaffen, die das Vernunfthandeln ersetzen. Größer, schneller, farbiger, prestigeträchtiger, moderner sind gängige Merkmale der Produktdifferenzierung.

Bei den meisten Produkten im Konsumgüterbereich, aber auch bei Investitionsgütern oder im Handel, definiert der Verkäufer das Produkt und damit sein Angebot. Dementsprechend entwickelt, produziert und vermarktet er es. Gelingt ihm ein Angebot, das den Kunden gut gefällt, also stark nachgefragt wird, kann er in der Regel einen guten Preis erzielen. Dies gilt auch, weil der Preis mit den Kosten nur bedingt zusammenhängt.

Etwas flapsig ausgedrückt kann man auch sagen, dass auf Märkten nur deshalb gutes Geld verdient wird, weil alle Marktteilnehmer ständig mit allen ihren Möglichkeiten versuchen, den idealtypischen Markt auszutricksen. So funktionieren die meisten Märkte, und die meisten Lehrer für volkswirtschaftliche Zusammenhänge orientieren sich daran. Doch es gibt, neben einigen anderen Bereichen, eine große Ausnahme: den Bau. Hier laufen die Dinge nach anderen Prinzipien ab.

Der Bauherr will ein Gebäude. Er bittet einen Architekten, unter Mithilfe anderer Fachleute dafür einen Plan zu erstellen. Dieser Plan wird ausgeschrieben. Die Baufirma hat also mit der Produktdefinition nichts zu tun. Sie kann deshalb keine Produktdifferenzierung betreiben, sie hat keinen Einfluss auf das Produkt. Die Baufirma kann nur die Leistung, das Gebäude nach den Wünschen des Bauherrn zu erstellen, anbieten. Bei diesem Leistungswettbewerb unterscheiden sich die Angebote der anbietenden Bauunternehmen, was das Endprodukt angeht, nicht. Alle bieten exakt das Gleiche an: ein homogenes Produkt, alle am gleichen Platz, alle mit der gleichen Information, die vom Bauherrn zur Verfügung gestellt wurde. Schließlich handelt der Bauherr nach dem Vernunftprinzip – er kauft zum billigsten Preis.

Die Bauwirtschaft ist folglich in einem System tätig, das der Theorie des vollkommenen Marktes sehr nahekommt. Dieses Modell bietet jedoch – wie bereits erwähnt – wenig Möglichkeit, Gewinn zu erzielen. Bauunternehmen bieten Leistungsfähigkeiten an, und Leistungsfähigkeiten manifestieren sich durch die Leistungserbringer, nämlich das Personal der Bauunternehmen. Extrem ausgedrückt, verkauft ein Bauunternehmen die Arbeitsstunden seiner Mitarbeiter, die für den Bauherrn eine Bauleistung nach dessen Vorgabe erbringen.

Das führt zu einem Wettbewerb, der sich erheblich an den Personalkosten orientiert. Diese Konkurrenzsituation führt zwangsläufig zu einem schlechten, häufig nicht kostendeckenden Preis. Der Bauunternehmer muss aber nicht nur Personal vorhalten, sondern auch Maschinen, Geräte und einen Verwaltungsapparat. Er wird daher aus betriebswirtschaftlichen Gründen lieber einen schlecht bezahlten Auftrag annehmen, als keinen Auftrag zu haben. Bei einem Blick auf die Bauwirtschaft lässt sich über viele Jahrzehnte statistisch belegen, dass Bauen eine Tätigkeit ist, bei der nur sehr mäßige Gewinne erzielt werden. Durch das nach langer Krise entstandene Unterangebot am Baumarkt und die gute Konjunktur der letzten Jahre ist die Situation derzeit etwas besser. Die Mechanismen des Marktes sind jedoch im Wesentlichen gleich geblieben.

Man könnte nun sagen: Das stimmt doch gar nicht! Allein schon, weil sich Bauwerke massiv unterscheiden. Es gibt große und kleine, luxuriöse und einfache. Das muss auf dem Baumarkt doch eine Rolle spielen! Das tut es aber bei der Preisbildung nicht, da alle anbietenden Unternehmen immer ein Angebot für genau das gleiche Projekt machen, egal, ob es groß oder klein, luxuriös oder einfach ist.

Das wirft die Frage auf: Welche Möglichkeiten hat die Bauwirtschaft, um sich aus diesem schwierigen Marktmechanismus zu befreien? Die Lösung ist grundsätzlich vergleichbar mit der in anderen Branchen: Es muss ihr gelingen, sich dem Wettbewerb in vollkommenen Marktstrukturen zu entziehen.

Wie das geht? Wenn am Bau überdurchschnittlich gut verdient wird, dann mit dem Handel des Produkts Bauwerk als Ergebnis des Bauprozesses. Wer Immobilien entwickelt, verkauft nicht mehr nur die Bauleistung, sondern das fertige Gebäude oder die fertige Wohnung. In diesem Fall hat der Bauunternehmer Einfluss auf das Produkt und alle Möglichkeiten der Produktdifferenzierung: Lage, Architektur, Ausstattung, Design, Werbung und vieles mehr. In Zeiten des Mangels an Wohnimmobilien können dabei sogar herausragende Gewinne erzielt werden. Dies ist auch der Grund, warum viele Bauunternehmen einen wesentlichen Teil ihres Geschäfts auf Immobilienentwicklung umgestellt haben.

Zwischen Funktionen der reinen Leistungserbringung, also der Bauproduktion, und der Immobilienentwicklung gibt es natürlich viele Zwischenstufen, die Produktdifferenzierung ermöglichen, so zum Beispiel das Angebot von Sondervorschlägen oder von Komplettleistungen inklusive Planung und Ausführung, der Verkauf von Fertighäusern und von Standardlösungen – beispielsweise Gebäude, die in Werkstattfertigung vorbereitet werden können. Diese Möglichkeiten können von einem Großteil der Bauunternehmen jedoch nicht genutzt werden.

Die meisten Brücken, U-Bahnen, Bahnhöfe, Schulen und Hochhäuser sind typische Einzelentwürfe, bei denen die Baufirmen nicht in der Lage sind, ihre Leistungen zu produktisieren. Die Unternehmen bleiben Leistungsanbieter mit nur wenigen Differenzierungsmöglichkeiten, die sich insbesondere auf ihr Qualitäts- und Termintreueversprechen reduzieren.

Ein überwiegend leistungsanbietendes Unternehmen muss für seinen ökonomischen Erfolg weiter auf Kostenoptimierung setzen. Das ist auch eine interessante und spannende unternehmerische Herausforderung, die Unternehmensleitung muss sich aber auch bewusst sein, dass speziell diese Aufgabe für diese Struktur den Erfolg ermöglichen kann. Bei der Kostenoptimierung spielt der Faktor Personal die größte Rolle. Hier gibt es positive Faktoren wie Ausbildungs- und Weiterbildungsqualität, aber auch teilweise ne-

gative wie die Lohnkosten selbst, die durch gute und schlechte Verhaltensweisen beeinflusst werden können. Es ist daher kein Wunder, dass am Bau die meisten Arbeitskräfte aus Niedriglohnländern tätig sind.

Auch der Gesetzgeber und die Branchenverbände sind gefordert, die Rahmenbedingungen für einen fairen Baumarkt anzupassen. Das neue Baurecht im BGB war ein guter Anfang einer in den vergangenen Jahren einsetzenden Neuorientierung. Auch die Vergabe- und Vertragsordnung für Bauleistungen (VOB) muss an diese Vorgabe des Gesetzgebers angepasst werden. Außerdem müssen partnerschaftliche Bauverträge Standard werden. Nur so werden Bauherren und Bauunternehmen in die Lage versetzt, von der gewohnten Streitkultur in eine Partnerschaftskultur zu wechseln. Beide Seiten würden davon profitieren – es wäre eine Win-win-Situation für alle Beteiligten am Bau.

Prof. Dr.-Ing. E.h. Dipl.-Kfm. Thomas Bauer war von 1984 bis 2018 Vorstandsvorsitzender der BAUER AG. Inzwischen fungiert er als Aufsichtsratsvorsitzender des börsennotierten Unternehmens, das 2019 eine Gesamtkonzernleistung von rund 1,6 Milliarden Euro erwirtschaftete. Er ist Lehrbeauftragter der Technischen Universität München für Baubetriebswirtschaftslehre, seit 1998 als Honorarprofessor. Bauer ist Träger des Bundesverdienstkreuzes am Bande und erhielt unter anderem die Staatsmedaille für besondere Verdienste um die bayerische Wirtschaft. Seit 2003 ist er Landesschatzmeister der CSU. 2020 wurde er zum Präsidenten der European Construction Industry Federation FIEC gewählt.

Talbrücke Lindenau

Straße

Die Mobilitätsoffensive

Für 77 Prozent der Deutschen ist das Auto das wichtigste Verkehrsmittel. Doch jahrzehntelanges Missmanagement hat zu vollen Autobahnen, bröckelnden Brücken und einer überlasteten Infrastruktur geführt. Eine Tour durch Nordrhein-Westfalen.

Straße

Zur Koelnmesse, auf die A3 und nach Leverkusen. Von dort auf die A1 bis Remscheid. Weiter über die B229 nach Lüdenscheid, auf die A45 und nach Hagen. Danach bis Witten und auf die A44, zwischen Bochum und Wattenscheid rüber auf die A40, durch Essen, Mülheim an der Ruhr nach Duisburg und auf der A3 wieder zurück nach Köln. 430 Kilometer kreuz und quer durch Nordrhein-Westfalen. Baustellen inspizieren und über Straßenbau plaudern. Das ist der Plan.

Neun Uhr morgens, Treffpunkt am Haupteingang STRABAG AG in Köln-Deutz. Sven Hoffmann wartet in einem blauen VW Passat mit Hamburger Kennzeichen. Hoffmann, technischer Gruppenleiter Großprojekte, ein höflicher junger Mann, groß, schlank, Brille, rekapituliert noch einmal die Route, schätzt die Dauer der Aufenthalte an den Baustellen, und meint: »Gegen 16 Uhr sind wir zurück.« Bis zum ersten Stopp an der Autobahnraststätte Sauerland-Ost sind es etwa 80 Kilometer. Genug Zeit, um zu erzählen, wie er in der Baubranche gelandet ist.

Hoffmann ist in Olpe aufgewachsen. Großvater Maschinenbauer, Vater Maschinenbauingenieur. Er wird Straßenbauer. Der Job ist okay, aber Hoffmann will mehr. Was folgt, ist ein Studium des Bauingenieurwesens. 2019 kommt er zur STRABAG, wo er regelmäßig zwei bis drei Projekte parallel betreut, häufig von der Ausschreibung bis zur Übergabe an den Bauherrn. Hoffmann sagt: »Man lädt sich das ganze Paket der Ausschreibung vom Internet herunter, dann wird auf der Basis eines Einheitspreisverfahrens ein Angebot formuliert.« Ein Kilometer Autobahnsanierung liegt bei drei bis fünf Millionen Euro, eine Raststätte etwa bei zehn Millionen, eine Brücke kann schon mal 50, 100, auch 500 Millionen und mehr kosten. Fast immer gilt: »Der Billigste gewinnt.«

Schnell ist klar: Dieser Mann mag seinen Job. An der Raststätte Sauerland-Ost referiert er ausdauernd über den Ausbau von Park- und Lkw-Stellplätzen. Besonders angetan hat es ihm eine Stützwand, die einen Hang absichert: acht Meter hoch, fünf Grad Neigung, die Verkleidung besteht aus Betonplatten, versetzt mit

Steinen und Kunstharz. Hoffmann sagt: »Man schaut in so einem Fall natürlich, wo gibt es eine Technologie, mit der man das Projekt kostengünstiger machen kann? Kann ich zum Beispiel eine Maschine aus dem Betonbau im Erdbau einsetzen? Welche Werkstoffe sind am besten geeignet?« Der Markt sei umkämpft, so Hoffmann: »Umso größer mein Know-how, das Wissen der Firma ist, umso mehr Möglichkeiten habe ich, mein Angebot günstig zu gestalten und eine Ausschreibung zu gewinnen.«

Zurück zum Wagen und auf die A45 Richtung Hagen. Nach einigen Kilometern eine Spurverengung. Tempolimit 60. Eine Baustelle. Hoffmann bremst ab, schaut nach links, schaut nach rechts, studiert die Firmenschilder, den Maschinenpark der Konkurrenz, wie viele Leute an welcher Stelle im Einsatz sind. »Man schaut schon, ob die etwas anders machen als wir, das will man natürlich gerne wissen.« Seine Frau, so Hoffmann, necke ihn gerne mit der Feststellung: »Du bist der einzige Mensch, der sich über einen Stau auf der Autobahn freut, weil du dann wieder Gucken kannst.« Was soll er machen? »Straßenbau ist mein Leben.«

Deutschland hat 230.000 Kilometer Straßen. 41.000 Kilometer davon sind Bundesstraßen, 13.000 Kilometer Autobahnen; über beide läuft die Hälfte des Auto-, Lkw- und Busverkehrs. Tendenz steigend. Denn Deutschland ist nicht nur ein Land der Autobauer. 77 Prozent bezeichnen das Auto weiter als wichtigstes Verkehrsmittel. Weshalb die Initiative Pro Mobilität festgestellt hat: »Das Fundament der Mobilität der Zukunft ist eine gut ausgebaute Verkehrsinfrastruktur.« Dabei durfte der Hinweis nicht fehlen, dass auf Bundesstraßen und Autobahnen 70 Prozent der Güter transportiert werden – auf der Schiene sind es 18 Prozent. Pro Mobilität bezweifelt daher, dass die für die nächsten Jahre geplanten Investitionen von acht bis neun Milliarden Euro jährlich ausreichen.

Zuständig für die Bundesfernstraßen waren bislang die Bundesländer; die meisten von ihnen hatten sich dafür der Projektmanagementgesellschaft Deutsche Einheit Fernstraßenplanungs- und -bau GmbH (Deges) angeschlossen. Da die Finanz- und Personalsituationen der Länder jedoch unterschiedlich sind, konnten häufig Gelder, die der Bund bereitstellte, nicht abfließen. Projekte stockten, mussten vertagt oder storniert werden. Die vom Bund gegründete Autobahn GmbH soll dies ändern. Seit 1. Januar 2021 ist sie zuständig für den Bau, Betrieb und Erhalt sowie die Finanzierung und vermögensmäßige Verwaltung der deutschen Autobahnen und einiger Bundesstraßen. Gunther Adler, Geschäftsführer Personal der Autobahn GmbH, versichert: »Mit der Bündelung der Aufgaben in einer Hand stärkt die Autobahn GmbH Qualitätsstandards im Autobahnnetz hinsichtlich Verkehrsfluss, Sicherheit und Serviceorientierung.«

Auf der A45. Sven Hoffmann nimmt die Abfahrt Hagen-Süd. Am ersten Kreisverkehr rechts in die Kattenohler Straße, die schmal und kurvenreich durch Wald und Wiesen führt. Wieder rechts, diesmal auf einen ausgebauten Feldweg. Eine Schranke. Hoffmann steigt aus, sperrt auf, wenig später parkt der Passat unter der Talbrücke Brunsbecke, 540 Meter lang, 76 Meter sind es vom Boden bis zur höchsten Stelle. Hoffmann zeigt auf das Stahlgerüst, das die Fahrbahn trägt und über die der Verkehr rattert. Die Betonstützen darunter bröseln vor sich hin. Spannungsrisse im Beton, an etlichen Stellen ist bereits die Bewehrung zu sehen. Rings um die Füße der Stützen liegen Betonbrocken.

Die A45, auch Sauerlandlinie genannt, soll in den kommenden Jahrzehnten sechsspurig ausgebaut werden. Im Bundesverkehrswegeplan 2030 wurde dem Projekt vorrangige Bedeutung eingeräumt. Dazu gehört auch ein Neubau der Talbrücke Brunsbecke, der ein kompliziertes Verfahren nötig macht. Die bestehende Brücke wurde in monolithischer Bauweise errichtet, das heißt, beide Fahrbahnen führen über ein Tragwerk. Die neue Brücke wird über getrennte Tragwerke, die zunächst auf provisorische Stützen gestellt werden, führen. Über diese wird der Verkehr während des Rückbaus der alten Konstruktion fließen. Danach werden die neuen Brückenpfeiler errichtet, auf die die neuen Fahrbahnen im Querverschubverfahren geschoben werden. Nicht machbar ohne exzessive Planung. »So eine Brücke«, so Hoffmann, »hat gut und gerne 10.000 Einzelpläne, jede Schraube, die besondere Anforderungen erfüllt, ist dokumentiert.«

Aus verkehrstechnischen Gründen kann die Talbrücke Brunsbecke nur gleichzeitig mit der etwa einen Kilometer entfernten Talbrücke Kattenohl, 199,5 Meter lang, 30 Meter hoch, gebaut werden. Die vorbereitenden Erdbauarbeiten für beide Brücken hat die STRABAG längst erledigt. Bäume wurden gerodet, Zufahrtswege angelegt, Arbeitsbereiche vorbereitet. Unter anderem wurde eine Hangsicherung mit einem innovativen Geogitter[2] aus Textilien und verzinktem Stahl installiert.

Gebaut wird trotzdem nicht. Bei der Talbrücke Brunsbecke wurden von den planenden Ingenieuren offenbar sensible Daten nicht berücksichtigt, der ursprüngliche Konstruktionsentwurf war nicht umsetzbar. Alles noch mal von vorn. Bei der Talbrücke Kattenohl gibt es, so die zuständige Behörde Straßen.NRW, Probleme mit dem Baugrund. Auch hier muss neu berechnet werden. Wenigstens kommt sechs Kilometer weiter Richtung Dortmund der Neubau der Lennetalbrücke, 989 Meter Länge, endlich voran. Voraussichtliche Fertigstellung Mitte 2021, nach fast acht Jahren Bauzeit.

Deutschland liegt beim Zustand seiner Straßen im internationalen Vergleich inzwischen nur noch auf Rang 19, zusammen mit Namibia und Malaysia, knapp vor Aserbeidschan. Rund 10.000 Kilometer Autobahn sind in schlechtem bis sehr schlechtem Zustand. Jede dritte der 39.500 Brücken an Bundesfernstraßen muss zeitnah renoviert werden, bei elf Prozent herrscht dringender Baubedarf. Die meisten stammen aus den Sechziger- und Siebzigerjahren, sind marode und hoffnungslos überlastet.

Viel Arbeit für die Autobahn GmbH, die gewissermaßen ein Provisorium übernommen hat. Der ADAC zählte im Juni 2019 allein

---

2 Geogitter bestehen in der Regel aus UV-beständigen, polymeren Kunststoffen, die zu großmaschigen Gittern verwebt werden. Sie dienen unter anderem der Stabilisierung des Untergrundes im Zuge von Bauarbeiten, etwa bei der Bewehrung ungebundener mineralischer Schichten wie Sand und Erde.

auf deutschen Autobahnen mehr als 560 Baustellen. Jede vierte davon befindet sich in Nordrhein-Westfalen, das über das dichteste Autobahnnetz des Landes verfügt. Nach dem Einsturz der Morandi-Brücke in Genua im August 2018 recherchierte *Bild*, ob ein ähnliches Unglück auch hierzulande möglich sei. Unter dem Titel »So bröseln Deutschlands Brücken« wurden die zehn prominentesten Problemfälle gelistet. Fünf davon befinden sich in Nordrhein-Westfalen.

Interessant ist, dass die Leverkusener Rheinbrücke keine Erwähnung fand, obwohl sie seit Jahren Schlagzeilen produziert. Über sie führt seit 1965 der nördliche Kölner Autobahnring über den Rhein. Geplant für 40.000 Kraftfahrzeuge täglich, muss die 1.061 Meter lange Schrägseilbrücke mittlerweile mit dem dreifachen Verkehrsaufkommen zurechtkommen, darunter 14.000 Lkws. Die Folgen sind Risse im Tragwerk, aufgeplatzte Schweißnähte, Einsturzgefahr. Michael Groschek, damals Verkehrsminister in Düsseldorf, sprach 2016 von einem »Mahnmal für den katastrophalen Zustand der deutschen Infrastruktur«. Inzwischen beträgt das Tempolimit auf der Brücke 60 km/h, für Lastwagen über 3,5 Tonnen ist sie gesperrt.

Der Neubau ist seit Jahren beschlossen und bereits im Gange. Die Spundwände für die Baugrube stehen, die Bohrarbeiten für die Gründung sind ausgeführt, einige Pfeiler bereits betoniert. Doch auch hier gibt es Verzögerungen. Im April 2020 wurde der Vertrag mit dem österreichischen Bauunternehmen Porr gekündigt. Beanstandet wurde der in China angeschaffte Stahl für die neue Brücke. Beulen, fehlerhafte Schweißnähte, massive Qualitätsmängel beim Korrosionsschutz. Die anschließende Vergabe des Auftrags an Hochtief war aus vergabetechnischen Gründen umstritten. Anfang 2021 konnte jedenfalls niemand sagen, wann und mit welchem Unternehmen es weitergeht. Geplante Fertigstellung war Ende 2020.

Für einen Ortstermin hat Sven Hoffmann nicht die Leverkusener, sondern die Duisburger Rheinbrücke ausgewählt. Auch sie eine

Schrägseilbrücke, eröffnet 1970, vergleichbares Format, ähnliche Probleme wie in Leverkusen. Die Brücke ist Teil der A40, verbindet die Stadtteile Neuenkamp und Homberg und ist umgeben von klassischer Revierromantik. Der Binnenhafen Ruhrort ganz in der Nähe. Fabriken mit hohen Schloten zwischen Backsteinhäusern, mittendrin ein Denkmal, errichtet 1887. Auf dem Sockel eine Viktoria. Die Inschrift: »Ein deutsches Schwert beschützt den deutschen Rhein.« Während auf der Uferpromenade ein Rentner mit seinem Hund spaziert und der Ausflugsdampfer »Stadt Duisburg« vorübergleitet, spricht Hoffmann von Schwefel- und Salzsäure, von Schwermetallen im Boden. »Im Ruhrgebiet gibt es keinen Quadratmeter ohne Schadstoffe.«

Hoffmann war bei der Duisburger Rheinbrücke zuständig für den Bau einer Kläranlage und Zufahrten für Baustellenfahrzeuge. Er deutet auf die Rollwägen, die langsam an beiden Seiten des Tragwerks entlanggleiten. Täglich müssen Schäden im Stahlkörper der altersschwachen Konstruktion geschweißt werden. Das Metall ist übersät mit weißen Markierungen, die Details der Arbeiten festhalten. Auch die Duisburger Rheinbrücke wird durch einen Neubau ersetzt werden. Zum ersten Spatenstich im Dezember 2019 kam sogar Bundesverkehrsminister Andreas Scheuer. Er versprach »ein neues Wahrzeichen für Duisburg«, das sich der Bund 366 Millionen Euro kosten ließe. Die Summe relativiert sich, wenn man weiß, dass eine Sperrung der Brücke pro Tag einen wirtschaftlichen Schaden von 1,2 Millionen Euro verursacht. Hoffmann glaubt: »Die Politik hat inzwischen verstanden, wie wichtig der Straßenbau für den Wirtschaftsstandort Deutschland ist.«

Die STRABAG AG ist eines der größten Bauunternehmen Deutschlands. Sie gehört zum Konzernverbund der börsennotierten österreichischen STRABAG SE und macht hierzulande allein im Verkehrswegebau mit 12.000 Mitarbeitern etwa drei Milliarden Euro Umsatz. Auf ihrer Webseite garantiert sie »bestmögliche Qualität, effiziente Strukturen und moderate Kosten«. Und: »Gutes immer besser machen: Das ist unser Antrieb.« Wie bei der Erneuerung eines 3,7 Kilometer langen Teilstücks der A2, die in 88 Stunden abgeschlossen werden konnte; wie bei der Sanierung zweier Schnellrollbahnen auf dem Frankfurter Flughafen, die in 140 Nachtschichten absolviert wurde. Dabei kam auch der vom Unternehmen mit entwickelte Clean Air Asphalt zum Einsatz. Er besteht aus ultrahochfestem Beton und Abstreumaterial aus Titandioxid; unter Einwirkung von UV-Strahlung verwandelt er schädliche Stickoxide in unschädliche Nitrate.

Einer der demnächst anstehenden Großaufträge unter Beteiligung der STRABAG ist der Bau eines 31 Kilometer langen Teilstücks der A49 zwischen Schwalmstadt und dem Ohmtal-Dreieck in Nord- und Mittelhessen. Das Projekt wird in Öffentlich-Privater Partnerschaft (ÖPP) ausgeführt und beinhaltet auch die Planung und anteilige Finanzierung sowie den Erhalt und Betrieb der Autobahn auf einer Strecke von knapp 62 Kilometern. Das geplante Bauauftragsvolumen liegt bei über 700 Millionen Euro.

»Lassen Sie sich nicht von den großen Zahlen irritieren«, sagt Peter Hübner, »Aufträge in diesen Dimensionen sind auch bei uns eher die Ausnahme.« Hübner ist Mitglied des STRABAG-Vorstands. Hermann Kirchner, Hübners Großvater, gründete 1926 in Bad Hersfeld ein Bauunternehmen. Die mittelständische Kirchner Holding GmbH wurde 2008 von der STRABAG übernommen. Hübner sagt, im täglichen Geschäft seien die Unterschiede zwischen dem Familienunternehmen und einem Baukonzern eher marginal. »Wir bauen nicht nur Autobahnen, Brücken, Gleisanlagen oder Raststätten, wir machen auch Hofeinfahrten, Feldwege, Bewässerungssysteme oder Sportstätten. Wir operieren wie ein Mittelständler mit gut vernetzten Niederlassungen. Bauen ist und bleibt ein regionales Geschäft.« Die durchschnittliche Auftragssumme der STRABAG im Verkehrswegebau: 500.000 Euro.

Das liegt nicht nur am Wesen des Bauens, sondern auch am Geschäftsgebaren der öffentlichen Hand. Diese schreibt Projekte gerne in Teilgewerken aus. Hier Erdbau, dort Fahrbahn, Lärmschutzwände separat, Verkehrssicherheit und Fahrbahnmarkierungen auch, und am Ende klagt ein Unternehmen, weil die Leitplanken nicht gesondert ausgewiesen wurden. Ausschreibungen mit 4.000 Positionen sind kein Einzelfall. Die Politik will damit den Mittelstand schützen, regionale Wirtschaftskreisläufe stärken. Hübner meint: »Dadurch entstehen aber auch viele Schnittstellen und jede Schnittstelle kann einen Bruch bedeuten, der Arbeit, Zeit und Geld kostet. Mich als Nutzer ärgert das, die Straße könnte längst fertig sein, aber es gibt immer noch Restarbeiten, weil es eben zu viele Auftragnehmer gibt.« Erkenntnis: »Wenn ein Projekt laufen soll, hat sich die Gesamtgewerkevergabe bewährt.«

Als Präsident des Hauptverbandes der Deutschen Bauindustrie ist Hübner ein gefragter Interviewpartner. Wobei seine Kritikpunkte seit Jahren weitgehend unverändert bleiben. Zu viel Bürokratie. Zu wenige Planungskapazitäten. Handlungsbedarf sowieso. »Ein Industriestandort wie Deutschland kann es sich gar nicht mehr leisten, dass er seine Infrastruktur nicht dauerhaft pflegt und erhält und den Bedürfnissen gemäß ausbaut. Wir müssen das Geld, das zur Verfügung steht, nur auf die Straße bringen.«

Immer wieder wirbt Hübner deshalb für kreative Geschäftsmodelle. »Ich verstehe nicht, warum die öffentliche Hand beim Straßenbau nicht öfter bereit ist, wesentliche Teile der Planung an die Bauindustrie zu übertragen, das würde eine Vielzahl von Problemen ausschließen. Darüber hinaus brauchen wir mehr Pauschal- und Funktionalverträge oder Design-and-Build-Verträge[3].« Auch ÖPP[4], so Hübner, sei eine vielversprechende Option. Schließlich wurden auf der A8 zwischen Ulm und Augsburg im ÖPP-Verfahren innerhalb von drei Jahren mehr als 40 Kilometer Autobahn fertiggestellt. »Auf herkömmlichem Wege kann das viermal so lange dauern, deshalb frage ich mich, warum sich die Straßenbauverwaltungen mit ÖPP so schwer tun, gerade in Nordrhein-Westfalen.«

---

3 Bei einem Design-and-Build-Vertrag werden Planung und Bauausführung gekoppelt und zusammen ausgeschrieben und vergeben.

4 Eine Öffentliche-Private Partnerschaft (ÖPP) ist eine vertraglich geregelte Zusammenarbeit zwischen der öffentlichen Hand und Unternehmen der Privatwirtschaft in einer projektbezogenen Zweckgesellschaft.

Straße

Themenwechsel, Ortswechsel. In Nordhessen, fünf Kilometer hinter Sontra, 8.000 Einwohner, in der Region auch bekannt als Berg- und Hänselstadt, wird eine große Brücke gebaut. Nach ihrer Fertigstellung wird die Talbrücke Lindenau das 40 Meter tiefe Lindenwassertal auf einer Länge von 530 Metern überqueren.

Die Brücke gehört zum 70 Kilometer langen Ausbau der A44, die an der deutsch-belgischen Grenze beginnt und bislang an der in Nord-Süd-Richtung verlaufenden A7 bei Kassel endet. Mit geschätzten Kosten von 2,4 Milliarden Euro ist sie – bezogen auf die Streckenlänge – eine der teuersten Straßen der Welt. Die gute Nachricht: Durch den Ausbau wird die A44 bis nach Thüringen verlaufen und eine historische Verbindungslücke zwischen West- und Ostdeutschland schließen. Eine Tangente über Dortmund und Kassel nach Erfurt wurde erstmals 1927 geplant.

Der Weg zur Talbrücke Lindenau führt durch eine beschauliche, dicht bewaldete Landschaft. Bis die Baustelle auftaucht. Hoch und breit und halb fertig schiebt sich der Neubau in die Idylle, die Brückenpfeiler von Gerüststangen umwickelt, entlang des Tragwerks sind monströse Schalungskästen zu erkennen. Ein majestätischer flacher Betonbogen komplettiert das Bild. Es gibt Bauingenieure, die Brückenbau für die Königsdisziplin des Baugewerbes halten. Bei der Talbrücke Lindenau ist es nicht weit bis zum Kunstwerk.

In einem Bürocontainer am Rande der Baustelle. »Doch, doch«, sagt Wolfgang Schlensog, »man könnte sagen, es ist eine schöne Brücke, für ihre Größe ist sie optisch sicher eine außergewöhnliche Brücke, sie ist aber auch kompliziert«. Schlensog ist Bauoberleiter bei der Direktion Brückenbau der STRABAG, und unter anderem zuständig für die Talbrücke Lindenau. Warum er die Brücke kompliziert findet, lässt sich nicht in ein paar Sätzen erklären. Der Bürocontainer quillt über vor Aktenordnern und Konstruktionszeichnungen an den Wänden. Nur so viel: »Die Brücke hat nicht nur ein Längs- und Quergefälle, was absolut normal ist, sondern kurz vor dem Brückenende noch einen Quergefällewechsel. Das heißt, der Überbau verdreht sich um die Längsachse. Ein Traggerüst in 30,

40 Meter Höhe auf solche Geometrien zu drehen und die Schalung anzupassen, ist sehr aufwendig.« Über das Traggerüst des Bogens wurde sogar eine Diplomarbeit geschrieben.

Im Brückenbau werden kleinere Distanzen gerne mit monolithischen Strukturen überwunden. Diese sogenannte integrale Bauweise ist bei längeren Brücken schwer umzusetzen. Sie brauchen Dehnfugen und Lager, weil sich der Beton temperaturabhängig ausdehnt oder zusammenzieht. Doch Dehnfugen und Lager sind ein klassischer Schwachpunkt. Sie müssen häufig gewartet und gewechselt werden und verursachen etwa 20 Prozent der Instandhaltungskosten. Die Talbrücke Lindenau besteht aus einem integralen Teil und einem Teil mit Dehnfugen und Lagern. Verbunden mit der schlanken Form der Brücke erforderte dies außergewöhnliches planerisches Geschick. Schlensog sagt: »Bei semi-integralen Bauwerken dieser Größe braucht man einen Vorlauf von knapp einem halben Jahr.«

Schlensog, geboren und aufgewachsen in Bad Hersfeld, haben Brücken schon als Kind fasziniert. »Bei Ausflügen mit meinen Eltern stand ich immer davor und dachte: Das gibt es doch nicht.« Weshalb er nach seiner Zeit als Reserveoffizier bei der Bundeswehr nach Darmstadt geht, um Bauingenieurwesen zu studieren. Über seinen ersten Job bei Kirchner in Bad Hersfeld rutscht er zwangsläufig in den STRABAG-Kosmos. »Ich habe viele Brücken gebaut«, sagt Schlensog, »aber ich kann mich an keinen langweiligen Tag erinnern, ich habe jeden Tag etwas Neues gelernt, du triffst fast immer auf gute Leute, der Umgang ist locker, du hast Verantwortung, darfst individuell entscheiden, lösungsorientiert agieren.« Umso mehr betrübt ihn, »dass kaum noch jemand auf den Bau will, die Leute arbeiten lieber für zwei Euro weniger für einen Onlineversandhändler, damit sie abends daheim auf den Kirchturm schauen können.«

Auf Moritz Braun, einen der drei Bauleiter bei der Talbrücke Lindenau, trifft das jedenfalls nicht zu. Braun erläutert auf einem Rundgang die Baustelle. Er ist gelernter Beton- und Stahlbetonbauer, hat danach eine Ausbildung zum Bautechniker absolviert und will demnächst ein Bauingenieurstudium beginnen. »Wolfgang ist dabei ein wichtiger Mentor.« Inzwischen steht er auf der höchsten Stelle des Tragwerks, wo unter Filzdecken das tags zuvor betonierte Segment aushärtet. Betoniert wird im Vorschubverfahren. Braun umschreibt es mit einer »wandernden Schalungseinheit«, die auf dem bereits fertigen Teil eines Bauwerks angebracht werde. »Für jeden Betoniervorgang wird sie nach vorne geschoben.« Die Technik wurde 1959 erstmals in Deutschland eingesetzt – von STRABAG.

Braun geht zum Rand des frisch betonierten Bauabschnitts. Mulmiges Gefühl. Von oben fühlt sich die Brücke nicht mehr elegant, sondern einschüchternd an. An beiden Seiten des Tals klaffen gewaltige Schneisen im Wald, durch die in einigen Jahren täglich Tausende Autos und Lkws rollen werden. Am östlichen Ende wird ein Tunnel entstehen, ein paar Hundert Meter in die entgegengesetzte Richtung wurde bereits ein halber Berg abgetragen. Hier entsteht eine zweite, deutlich kleinere, allerdings nicht minder komplizierte Konstruktion: die Rübenbergbrücke.

Wie kommt jemand wie Braun mit dieser Materialschlacht in der Natur klar? Er muss nicht lange nachdenken. »Ich habe einen anderen Blick darauf«, sagt Braun, »ich finde es toll, wenn etwas technisch und architektonisch so Anspruchsvolles gebaut wird. Ich versuche mich, in Bauteile, in Beton und Technik reinzudenken. Und wenn man das alles versteht, dann macht das einfach nur Spaß.«

Stuttgart 21

Schiene

Mit Milliarden aus der Krise

Ramponierte Infrastruktur, unpünktliche Züge, umstrittene Großprojekte. Seit Jahrzehnten rumpelt die Bahn durch die Krise. Nun startet sie die größte Investitionsoffensive ihrer Geschichte. Über Stuttgart 21 und einiges mehr.

Schiene

»An Gleis 16 den Steg in Richtung Schlossgarten/Planetarium nehmen« – so steht es in der Anfahrtsbeschreibung für Besucher, die mit dem Zug kommen. »Sie laufen ca. 100 m über den Steg. Auf der linken Seite befindet sich eine Zugangstür mit Klingel. Nach Einlass gelangen Sie über den Treppenturm zum Zugangstor Z11, hier erhalten Sie einen Tagesausweis.«

Genau so ist es. Nur dass die Zugangstür mit Klingel vergittert ist und im Container Zugangstor Z11 ein Mann sitzt, der ebenso missmutig wie penibel das Formular mit der Einladung inspiziert. Gültigkeitstag. Uhrzeit. Lieferant. Firma. Ansprechpartner. Nach einiger Zeit stempelt er, klickklack, endlich ein rotes Rechteck auf das Formular.

Es fühlt sich an wie am Grenzübergang Berlin Friedrichstraße, als durch Deutschland noch eine Mauer lief. Dabei wartet hinter der Kontrolle nicht die DDR, sondern bloß die Bauleitung des Unternehmens Ed. Züblin AG, und in dessen Büro PFA 1.1 Diplom-Ingenieur Mehlig, der seinen Gast gleich über eine der größten und teuersten Baustellen Europas führen wird. Sie liegt hinter Maschinen, Material und einer hohen Bretterwand, über die der Baulärm wabert.

Bernd Mehlig ist Züblins Gesamtprojektleiter Ingenieurbau Stuttgart 21. Geboren wurde er in Karlsruhe, was zwangsläufig zum Berufswunsch Fußballprofi beim KSC führte. Die Eltern meinten: »Lern lieber was Gescheites.« Es wurde Bauingenieurwesen, wohl auch wegen der Gene, wie Mehlig vermutet: Vater Bauingenieur, Mutter Bauzeichnerin. Musste so kommen. Wobei sich schnell ein Faible für den Ingenieurbau abzeichnete. Beim Hochbau, so Mehlig, ginge es darum, »möglichst schnell und kostengünstig nach oben zu kommen. Ingenieurbau ist für mich spannender, komplexer, technisch anspruchsvoller, man kämpft ständig mit Schwerkraft, Boden und Wasser. Anfangs weiß man oft gar nicht, wie man es hinkriegen soll.«

Die Aussage ist eine perfekte Umschreibung für Züblins Auftrag bei S21: Bau eines Durchgangsbahnhofs mit Talquerung, Vergabeeinheit Nr. 1, sowie eine Reihe damit korrespondierender Gewerke. Im Prinzip wird ein gewaltiger monolithischer Betonblock zwischen den Bonatzbau, das historische Empfangsgebäude, und die Bahnsteige des bisherigen Kopfbahnhofs gestellt. 950 Meter lang, 80 Meter breit, 20 Meter hoch. Der Koloss ruht auf 2.000 Gründungspfählen, denn unter der Baustelle verläuft der Nesenbach, begleitet von Schwemmmaterial und Torfeinlagerungen. Den Untergrund durchqueren mehrere Düker, zwei U-Bahn-Linien und eine S-Bahn-Strecke inklusive Betriebsschächten, Versorgungsleitungen und Fluchtwegen. Mehlig: »Als würde ein Chirurg einen Schuhkarton in einen Bauchraum implantieren.«

Weiter zur Besichtigung der Baustelle. Mehlig reicht Sicherheitsschuhe, Schutzhelm und Signalweste. Durch den Bauzaun hinein und gleich das erste Gerüst hinauf auf die Oberfläche einer Kelchstütze, die an die Blüte einer Calla Lilie erinnert. Insgesamt 28 werden entstehen, sie werden das Dach des Tiefbahnhofs tragen und gleichzeitig als Lichtaugen für den Bahnhof fungieren. Wegen ihrer kunstvollen und filigranen Form müssen die Konstrukte massiv bewehrt werden, sechs Mal mehr als üblicher Stahlbeton, teilweise werden bis zu 19 Lagen übereinander geflochten. Weil jede Kelchstütze eine andere Form hat, sind 22.000 Bewehrungsstäbe nötig, die teilweise mittels Lasertechnologie in 11.000 unterschiedliche Verläufe gebogen werden. Bei den Schalungen wird mit 3D-Modellen und Fräsrobotern gearbeitet.

Bauingenieur Mehlig deutet auf zwei Betonröhren am Ende der Baustelle. Der sogenannte DB-Tunnel Südkopf. Durch ihn werden die Züge Richtung Filderebene, Ober- und Untertürkheim weiterfahren. Einmal umdrehen. Wieder zwei Betonröhren. Der DB-Tunnel Nordkopf. Aus ihm werden später die Züge aus Feuerbach und Bad Cannstatt kommen. Über dem Nordkopf thront ein wuchtiges Gebäude. Weil unter der ehemaligen Reichsbahndirektion, 15.000 Tonnen schwer, der Boden abgetragen werden musste, wurde sie kurzerhand auf Stelzen gestellt. Fotos davon erinnern an Dalis Elefantenbilder.

Immer weiter geht es mit Bauingenieur Mehlig, der über den Weißbeton für die Kelchstützen philosophiert und erklärt, warum man im Bahnhof später keine Dehnfugen sehen wird. Die Kurzversion: Der Architekt findet das nicht schön. Schon stehen wir an der Stelle, unter der die S-Bahn verkehrt. Weil der Tunnel der S-Bahn das Gewicht des Bahnhofs nicht tragen könnte, wurde lange um eine Lösung gerungen. Wie sie aussieht? »Stahl, Stahl, Stahl und viel harter Beton«, sagt Mehlig, »es ist eine Materialschlacht.« Das gilt auch für den Bahntunnel Nordkopf, der inklusive Bodenplatte und Decke elf Meter Durchmesser aufweist. »Das hier«, so Mehlig, »ist die Champions League des Bauens.«

Stuttgart 21 also, respektive »Neuordnung Bahnknoten Stuttgart«, wie die Bahn das Vorhaben offiziell nennt. Es geht um elf neue, 57 Kilometer lange, überwiegend unterirdische Strecken, die bergmännisch erstellt werden; neben dem neuen Hauptbahnhof wird auf der Filderebene ebenfalls ein Tiefbahnhof entstehen, der Messe und Flughafen bedienen soll. Verknüpft ist das Projekt mit dem Ausbau der Schnellfahrstrecke Wendlingen–Ulm, die zum Fernverkehrskorridor Paris–Bratislava gehört und die Reisezeit nach Ulm um eine Viertelstunde verkürzen soll. Gleichzeitig wird Stuttgart mit dem European Train Control System (ETCS) ausgestattet und damit zum ersten digitalen Knotenpunkt Deutschlands.

Von diesem Maßnahmenpaket verspricht sich die Bahn kürzere Reisezeiten und mehr Direktverbindungen. Nicht nur mehr, sondern auch bessere Mobilität. S21, heißt es, sei leistungsfähiger, moderner und komfortabler als der alte Kopfbahnhof, der zwischen 1914 und 1928 entstanden ist. Auf dessen frei gewordenen Gleisflächen soll darüber hinaus das Rosensteinquartier entstehen, ein 100 Hektar großer Stadtteil mit Wohnungen, U-Bahnhaltestelle und Parkflächen. 75 Prozent aller Bewohner Baden-Württembergs sollen am Ende in irgendeiner Weise vom Projekt Stuttgart-Ulm profitieren.

So attraktiv das klingt, so vernichtend sind die Argumente der Kritiker. Der existierende Kopfbahnhof hat 17 Gleise und eine

Kapazität von 39 Zügen pro Stunde. Der neue Tiefbahnhof wird acht Gleise haben mit einer Kapazität von 32 Zügen. Weil er im 90-Grad-Winkel über die S-Bahn am Nord- und unter die Straßenbahn am Südkopf geführt werden muss, ist er schief. Sechs Meter Höhenunterschied zwischen den Bahnsteigen erzeugen eine Neigung von 15,143 Promille. Erlaubt sind in Bahnhöfen 2,5 Promille. Weshalb S21 offiziell nur als Haltestelle firmiert, und zwar eine Bau-, aber noch keine Betriebsgenehmigung hat.

Nicht minder heftig diskutiert wird der Brandschutz im neuen Tiefbahnhof und den angrenzenden Tunneln; befürchtet werden im Notfall zu enge Fluchtwege und zu große Distanzen zwischen den Notausgängen. Zu allem Überfluss könnte der Bahnhof bei starken Regenfällen zudem nach oben gedrückt oder überschwemmt werden. Mal abgesehen davon, dass die Tunnel durch Anhydrid gebohrt werden müssen, ein Fels, der Wasser anzieht und aufquillt. Was das langfristig auslösen könnte, kann niemand zuverlässig vorhersagen.

Kein Wunder, dass Stuttgart 21 unablässig Schlagzeilen macht. Die Bauarbeiten 2010 beginnen mit Demonstrationen und knüppelnden Polizisten, gefolgt von einer Volksabstimmung 2011, gefolgt von Gutachten über Gegengutachten, von Bürgerbegehren, geänderten Planungen, mal bei der S-Bahn, mal bei der Gäubodenbahn, und Projektergänzungen auf der Filderebene. Das Budget lag erst bei 2,6 Milliarden, dann bei 4,1 Milliarden, inzwischen sind es 8,2 Milliarden Euro. Der Bundesrechnungshof prognostiziert 10 Milliarden, Projektgegner rechnen eher mit 12 Milliarden – ohne den Ausbau Wendlingen-Ulm, der noch einmal 3,7 Milliarden kosten soll. Geplante Eröffnung war im Dezember 2019, inzwischen gilt: nicht vor 2025. Unterdessen klagt die Bahn gegen das Land Baden-Württemberg und die Landeshauptstadt Stuttgart, die eine Beteiligung an den Mehrkosten des Projektes ablehnen.

Für und Wider. Achim Birnbaums Position liegt irgendwo dazwischen. Der Fotograf ist spezialisiert auf Architektur und urbane Themen und begleitet das Projekt seit seiner Grundsteinlegung.

Schiene

Die ersten Bilder entstanden von Demonstranten und dem Abriss des Nordflügels, anschließend widmete sich Birnbaum der Dokumentation der gesamten Baumaßnahmen von Feuerbach bis zum Flughafen inklusive der Auswirkungen auf die angrenzenden Stadtteile und ihre Bewohner. Inzwischen konzentriert er sich auf den Bahnhof, dessen bauliche Fortschritte er seit 2015 im Auftrag von Züblin fotografiert. »Man vergleicht die technischen Herausforderungen mit dem Bau einer Boeing 747«, sagt Birnbaum, »für einen Fotografen ist das natürlich extrem spannend.«

Schnitt. Januar 2020, Berlin, das Bahnhochhaus am Potsdamer Platz. Bundesverkehrsminister Andreas Scheuer, Bundesfinanzminister Olaf Scholz und Bahnchef Richard Lutz präsentieren die neue Leistungs- und Finanzierungsvereinbarung (LuFV). Bis 2030 werden der Bahn für Erhalt und Modernisierung des bestehenden Schienennetzes 86 Milliarden Euro zur Verfügung gestellt. Scheuer sagt: »Der Wow-Effekt kommt. Wir unterzeichnen das größte Modernisierungsprogramm, das es je in Deutschland gab.« Scholz ergänzt: »Wir schaffen eine langfristige und verlässliche Investitionsperspektive für moderne und klimafreundliche Mobilität auf der Schiene.« Und Lutz meint: »Mit der neuen LuFV können wir den Investitionsstau angehen und die Infrastruktur grundlegend modernisieren.«

Große Worte, hochgesteckte Ziele. Die Bahn will die Fahrgastzahlen bis 2030 verdoppeln; allein 200 Millionen Fernreisende sollen dann befördert werden. Dabei helfen soll ein integraler Taktfahrplan (ITF), mit dem Regional- und Fernzüge aufeinander abgestimmt und Wartezeiten für umsteigende Passagiere minimiert werden. Auch der Güterverkehr soll auf 38 Prozent der gesamten Transportleistung in Deutschland verdoppelt werden. Alles machbar, glaubt Bahnchef Lutz, auch wegen des »enormen Rückenwinds, den wir von der Bundesregierung für eine starke Schiene bekommen«. Berlin begreift die Bahn mittlerweile als wichtigen Faktor beim Klimaschutz und hat 20 Milliarden aus dem Klimapaket bereitgestellt. Fazit von Andreas Scheuer: »Es wird das Jahrzehnt der Schiene.«

Wer mehr darüber wissen will, muss nach Frankfurt am Main, Theodor-Heuss-Allee 7, nur wenige Minuten mit dem Taxi vom Hauptbahnhof entfernt, der für 375 Millionen Euro ebenfalls umgebaut wird. Hier sitzt Jens Bergmann, seit Oktober 2019 Vorstand Infrastrukturplanung und -projekte bei der DB Netz AG. Der Weg führt über menschenleere Flure, vorbei an stillen Büros. Coronazeit. Homeoffice. Außer dem Chef ist niemand da. Bergmann ist ein ausgesprochen charmanter Mann. Freundlich, aufmerksam, eloquent. »Wie war die Fahrt?« Angenehm, alle Waggons wegen Covid-19 praktisch leer. Die gute Nachricht: Der Zug war pünktlich.

Herr Bergmann, die Bahn steht vor massiven Herausforderungen. 2.000 Brücken müssen saniert, 1.800 Kilometer Gleise und 1.900 Weichen neu gebaut werden, die Schnellfahrstrecken, etwa zwischen Hannover und Würzburg, sind renovierungsbedürftig. In Spitzenzeiten betreuen Sie momentan täglich bis zu 800 Baustellen, darunter 46 Großprojekte. Reicht das Geld aus der LuFV dafür?

Bergmann: In den kommenden zehn Jahren werden über 180 Milliarden Euro in die Eisenbahninfrastruktur gesteckt. Über den dicken Daumen haben wir hier etwas mehr als 20 Milliarden für die Instandhaltung des Netzes und mehr als 60 Milliarden für den altersbedingten Ersatz bestehender Infrastruktur. Das sind die Mittel aus der LuFV. Damit haben wir im Schnitt pro Jahr 1,5 Milliarden mehr zur Verfügung als während der letzten LuFV. Der Rest fließt in den Neu- und Ausbau, also in prominente Projekte wie Stuttgart 21 oder die Zweite Stammstrecke in München, beim Ausbau der Strecke zwischen Berlin und München fehlt uns noch ein kleiner Teil rund um Bamberg, in NRW wird viel gebaut, demnächst beginnen wir mit der Fehmarnbeltquerung. Daneben investieren wir aber auch in die Digitalisierung der Bahn. Dafür kommen bis 2030 noch einmal einige Milliarden Euro dazu.

Sie haben das alles zu koordinieren. Wie muss man sich diesen Job vorstellen?

Schiene

Ein Großteil meiner Arbeit besteht darin, die Projektpartner zusammenzubringen, die Politik mitzunehmen und die Akzeptanz in der Öffentlichkeit herzustellen, also die Projekte gangbar zu machen. Ich kann mir momentan keine spannendere Aufgabe vorstellen. Gucken Sie doch mal auf andere Industrien, da wird vielfach auf die Bremse getreten. Wir können bauen, wir können nach vorne gehen. Wir haben einen Zehnjahreshorizont, der uns viel Planungssicherheit gibt, was auch für die ausführenden Industrien wichtig ist, die müssen schließlich in Menschen, Maschinen und Technologie investieren. Und das alles ist verbunden mit den großen Themen unserer Gesellschaft: Verkehrswende, Klimaschutz, aber auch dem Bedürfnis nach einer neuen Mobilität, der Verknüpfung von Schiene und individueller Bewegung. Das ist toll.

Bezahlen Sie nicht jetzt den Preis für jahrzehntelanges Missmanagement? Immerhin wurden seit der Bahnreform 1994 insgesamt 5.400 Kilometer Gleise stillgelegt, 16 Prozent des gesamten Schienennetzes, dazu Hunderte von Weichen. In den letzten zehn Jahren pendelte die Pünktlichkeit der Züge zwischen 70 und 80 Prozent. Wichtige Streckenabschnitte wie Köln–Dortmund, Fulda–Mannheim oder Würzburg–Nürnberg sind bis zu 140 Prozent ausgelastet. Der Bahnexperte Christoph Riedel sagt: »Die Bahn ist in den letzten drei Jahrzehnten auf Verschleiß gefahren, um rentabel zu sein, es wurde gespart, wo es nur ging.«

Es ist kein Geheimnis, dass wir heute Entscheidungen hinterherlaufen, die teilweise vor mehr als 20 Jahren getroffen wurden. Das trifft sowohl auf den Erhalt des Bestandes als auch auf den Ausbau zu. Es trifft aber auch auf die Infrastruktur in Deutschland außerhalb der Schiene zu. Da Infrastrukturvorhaben oft lange Planungs- und Realisierungszeiten benötigen, lässt sich das nicht ad hoc nachholen. Entscheidend bei uns war, dass die Bahn in den Siebziger- und Achtzigerjahren gesellschaftlich nicht gut positioniert war. Man hat sich als Autonation verstanden, die Tendenz ging zum Zweitwagen, individueller motorisierter Verkehr lag weitaus mehr im Trend. Hinzu kommt, dass die Bahn infrastrukturell traditionell nicht billig ist und Bahnfahren vor der Bahnreform unglaublich teuer war, die

DB Netz AG hatte fast drei Mal so viele Mitarbeiter wie heute, da wurde natürlich die Frage der Effizienz gestellt.

Was hat sich seither getan?

Der politische Rückenwind für die Bahn hat deutlich zugenommen. Heute wird viel ganzheitlicher über Bahnfahren nachgedacht. Die Schiene ist Teil eines umfassenden Mobilitätskonzeptes, das spiegelt sich auch im Bundesverkehrswegeplan wider. Früher hat man primär punktuell ausgebaut, was in einem so großen und dichten Netz jedoch nicht optimal funktionierte, weil man dann woanders in einen Flaschenhals fuhr. Heute denkt man entlang der großen Korridore, man fragt, wo entsteht wirklich Verkehr, wie kann man Schiene und Straße, aber auch Flugverkehr miteinander vernetzen und Synergien schaffen. Das ist ein langfristig angelegtes Vorgehen, womit man dann wirklich nachhaltige Wirkung erzielt. Deshalb hat man entschieden, nicht nur in die Erreichbarkeit von Zielorten zu investieren. Der Deutschlandtakt, wie ITF auch genannt wird, soll Bahnfahren noch attraktiver machen. Wir kennen das aus der Schweiz, wo man immer zu einer vollen Viertelstunde Anschlüsse in jede Richtung bekommt, man fährt in den Bahnhof ein und an einem nahegelegenen Gleis steht bereits der abfahrbereite Zug. Dafür braucht es infrastrukturelle Voraussetzungen.

Womit wir bei Stuttgart 21 wären. Einer der vielen Einwände gegen den neuen Tiefbahnhof ist dessen fehlende Eignung für den Deutschlandtakt. Kritiker behaupten, S21 könne nicht einmal das Verkehrsaufkommen der nächsten zehn Jahre bewältigen. Wäre es nicht schlauer gewesen, den bestehenden Kopfbahnhof auszubauen und zu modernisieren?

Die Entscheidung für Stuttgart 21 liegt lange zurück. Man hat damals auch überlegt, ob man den Hauptbahnhof nicht verlagert, etwa auf die Filderebene. Aber man ist zu dem Schluss gekommen, dass eine Landeshauptstadt ohne innerstädtischen Bahnhof undenkbar ist. Ein Bahnhof ist immer ein Integrationspunkt, er ist nicht nur für den Einzelhandel wichtig, sondern auch ein Fixpunkt für den kommunalen Verkehr, das hören wir immer wieder von Bürgermeistern. Was die Eignung von Stuttgart 21 für den Deutschlandtakt betrifft, haben alle Beteiligten natürlich umfangreiche Untersuchungen angestellt. Und wir können sagen, ja, das funktioniert. Und nur der Vollständigkeit halber: Auch technisch ist S21 durchdacht und überprüft, sonst würden wir das so nicht bauen.

Gegen Stuttgart 21 wird seit 2010 ununterbrochen protestiert, auch andernorts trifft die Bahn auf Widerstand, gerade bei Großprojekten wie der Zweiten Stammstrecke in München, der Fehmarnbeltquerung oder dem Bau des Nordzulaufs für den Brenner Basistunnel. Stellt die Allgemeinheit hier Eigeninteresse über Gemeinwohl?

Transparenz, zu erklären, was soll bei einem Vorhaben passieren, und umfassende Bürgerbeteiligung sind für mich zwingende Notwendigkeiten. Großprojekte werden in einem demokratischen Staat nur erfolgreich umgesetzt, wenn man diese Beteiligung ernst nimmt. Alles andere wäre weder durchsetzbar noch wünschenswert. In den vorgeschriebenen Verfahren, gerade im Rahmen der Planfeststellung, ist sehr genau festgelegt, welche Informationen man erheben muss und wie abzuwägen ist. Trotzdem gibt es am Ende immer Bürgerinnen und Bürger, die mit der nach allen Beteiligungsrunden gewählten Streckenvariante nicht zufrieden sind. Daher ist es schlussendlich auch ein Prozess, den wir gemeinsam mit der Politik bestreiten müssen. Die Politik und ihre gewählten Volksvertreter repräsentieren die Mehrheit der Bevölkerung. Eine klare Positionierung könnte so manchem Verfahren da helfen.

Was heißt das konkret?

Ich würde mir wünschen, dass es mehr Initiativen gäbe, die sich für große Infrastrukturvorhaben einsetzen, denn sie sind das Rückgrat unserer Mobilität, unserer Wirtschaft und maßgeblich für das Gelingen der Verkehrswende in Deutschland. Gerade deshalb wäre es wichtig, auch den Gesamtnutzen für die Gesellschaft aufzuzeigen. Gleichzeitig ist es natürlich unabdingbar, dass wir unsere Sache ordentlich machen, dass beim Thema Lärm, Erschütterung, Emissionen und Naturschutz alle Optionen mitgedacht werden und wir möglichst wenig belastende Lösungen für Mensch und Umwelt finden. Ein gelungenes Beispiel hierfür ist die Planung der neuen Schnellfahrstrecke zwischen Frankfurt und Mannheim. Hier haben wir mit der Region über 30 mögliche Streckenführungen besprochen und bewertet. Die jetzt gewählte Variante hat sich in der Summe aller Kriterien als die beste erwiesen. Mit dieser Streckenführung werden die wenigsten Menschen von Schienenlärm belastet.

Immer wieder ist von Personalmangel bei der Bahn die Rede. Auch im Bereich Human Resources müssen offenbar Versäumnisse der Vergangenheit kompensiert werden. Wie sieht es bei der DB Netz AG aus?

Zur Bewältigung des demografischen Wandels und der jetzt hochlaufenden Investitionen stellen wir aktuell viele neue Mitarbeiter ein. Das gelingt uns auch gut, allein in diesem Jahr sind 25.000 neue Kolleginnen und Kollegen zur Bahn gekommen. Dabei hilft uns nicht zuletzt die öffentliche Diskussion um die Relevanz der Bahn im Zuge des Klimaschutzes. Es gibt heute sehr viele Menschen, die sich bewusst für einen Job bei der DB interessieren, weil sie etwas Sinnvolles für unsere Gesellschaft und die Umwelt tun wollen. Besonders stark rekrutieren wir derzeit zum Beispiel im Bereich der Elektrifizierung oder im Oberleitungsbau. Auch für die Digitalisierung der Infrastruktur brauchen wir weitere neue Kompetenzen. Hier stellen wir massiv ein und bilden gemeinsam mit den Universitäten aus. Natürlich müssen auch unsere Partner, die Bauunternehmen und die Planungsbüros, mit uns wachsen.

Anfang Dezember 2020. Die *Frankfurter Allgemeine Zeitung* berichtet über eine Aufsichtsratssitzung der Deutschen Bahn. Demnach wird der Staatskonzern 2020 rund 5,6 Milliarden Euro Verlust einfahren. Neues Rekordminus. Wegen Corona sind die Fernzüge nur noch zu 20 Prozent ausgelastet, die Regionalzüge zu höchstens 60 Prozent. Die Pandemie ist allerdings nicht allein verantwortlich für die schlechten Zahlen. Eine Sonderabschreibung der Tochtergesellschaft DB Arriva, in der das Auslandsgeschäft im Nahverkehr gebündelt ist, beläuft sich auf mindestens 1,4 Milliarden Euro, eine halbe Milliarde entfallen auf eine weitere Sonderabschreibung und Zinsen.

Der Bund hat daher bereits angekündigt, das Eigenkapital um fünf Milliarden zu erhöhen. Zu wenig, sagen Experten, die mit elf Milliarden Verlust in den nächsten Jahren rechnen. Es hapert nicht nur an Brücken, Gleisen und Weichen. Die Intercityflotte ist in die Jahre gekommen; von allen eingesetzten ICEs waren 2018 nur noch 20 Prozent voll funktionstüchtig. Der Ersatz durch neue ICE-Modelle läuft noch bis 2023, auf den bis zu 360 km/h schnellen Hochgeschwindigkeitszug Velaro Novo von Siemens wird ebenfalls noch gewartet. All das wird bis zu sieben Milliarden kosten. Momentan liegt die Verschuldung der Bahn bei 31 Milliarden. Der renommierte Publizist Gabor Steingart meint: »Die Mobilitätswende, von der alle immer sprechen, bekommt die Bahn in ihrer derzeitigen Verfassung niemals hin.«

Vor diesem Hintergrund erhält Stuttgart 21 eine ambivalente Bedeutung. Das falsche Projekt zur falschen Zeit, monieren die Kritiker. Ein Milliardenloch, das sinnvollere Projekte verhindert. Schädlich für Umwelt und Grundwasser, schimpfen die Ökologen; allein für das Baumaterial fallen 1,7 Millionen Tonnen CO_2 an. Von wegen Klimaretter: In den Tunneln und durch die steilen Ein- und Ausfahrten erhöht sich der Energieverbrauch des Zugverkehrs in Stuttgart enorm. Und sollte das Rosensteinquartier entstehen, könnte es zu einem Hitzestau im Talkessel kommen; noch kühlen die Gleisflächen nachts ab und sorgen für einen Temperaturausgleich.

Musste dieses Projekt unbedingt sein? Mindestens zehn Milliarden Euro für einen schiefen Bahnhof, der im schlimmsten Fall wahlweise, wie die Kabarettisten seit Jahren witzeln, zu Deutschlands größtem Krematorium oder größtem Aquarium werden könnte?

Der ehemalige Bahnchef Rüdiger Grube sagte 2016: »Ich habe Stuttgart 21 nicht erfunden und hätte es auch nicht gemacht.«

Zwei Jahre später meinte sein Nachfolger Richard Lutz: »Mit dem Wissen von heute würde man das Projekt nicht mehr bauen.« Baden-Württembergs Verkehrsminister Winfried Hermann bezeichnete S21 unterdessen als »größte Fehlentscheidung der Eisenbahngeschichte«.

Vor einigen Jahren wurde kurzzeitig sogar ein Rückbau diskutiert. Kostenpunkt sechs Milliarden. Die Bürgerinitiative Umstieg 21 ist überzeugt, dass ein Rückbau und Umbau des Kopfbahnhofs selbst heute noch effizienter, sinnvoller und unter dem Strich günstiger wäre. Doch zwei Drittel aller Tunnel sind gebohrt, die halbe Innenstadt ist eine Baugrube. S21 muss fertig werden, das hat die Kanzlerin schon 2013 explizit gefordert. Für Angela Merkel ist das Projekt weiter ein Maßstab für die »Zukunftsfähigkeit« des Landes. Wenn dieses Großprojekt scheitere, sei kein weiteres in Deutschland möglich.

Auf dem Weg zum Baubüro der Ed. Züblin AG, gleich hinter Gleis 16, steht ein roter Würfel. Der Infoturm Stuttgart (ITS). Im Erdgeschoss gibt es Gummibärchen, Broschüren und Faltblätter über S21 und die Strecke Wendlingen–Ulm. Im Treppenhaus und den Stockwerken darüber werden die Entstehung des Projektes und der Fortgang der Bauarbeiten dokumentiert. Sie haben ein Architekturmodell der fertigen Anlage, interaktive Ausstellungen und mittels Virtual Reality wird der neue Bahnhof bereits lebendig. Der Zuschauer fliegt über die Bahnsteige, fährt auf dem Dach eines ICEs, wird durch die Lichtaugen der Kelchstützen aus dem Gebäude katapultiert, weiter in den alten Bonatzbau, Rolltreppe hinab und wieder hinein in den neuen Bahnhof.

Jens Bergmann von der DB Netz AG kann sich noch gut an seinen letzten Besuch im ITS erinnern. Bergmann sagt: »Wenn man dort steht und auf das Gleisvorfeld des Kopfbahnhofs guckt und sich vorstellt, dass das alles wegkommt, dass da Stadtentwicklung betrieben wird, dass man in diesem Talkessel wieder Grünflächen hat, dann ist das ein Riesengewinn.« Bauingenieur Bernd Mehlig sieht das genauso. Er weiß auch schon, was passiert, wenn der

Bahnhof einmal in Betrieb sein sollte. »Dann werden die Menschen in Stuttgart freiwillig einen Zwischenstopp einlegen, nur um diesen Bahnhof zu besichtigen.«

Hybridturm 2.0

Energiewende

Die Zukunftswerkstatt

Deutschland braucht mehr nachhaltige Energiequellen, um seine selbst gesetzten Klimaziele zu erreichen. Die Firmengruppe Max Bögl aus der Oberpfalz widmet sich seit über zehn Jahren dem Bereich Windkraft. Jüngstes Ergebnis: der Hybridturm 2.0.

Am Wanderparkplatz Bilstein steht ein Pulk Rentner und debattiert, wohin es gehen soll. Zum Naturdenkmal Roter See und weiter zum Bilsteinturm mit Restaurant, 641 Meter über Normalnull? Zum Waldschlösschen am Mäuseborn, wo es auch Kaffee und Kuchen gibt? Oder doch lieber über den Rundweg Nummer 10 nach Giesenhagen?

Auf kolorierten Infotafeln werden die Optionen studiert. Für das kleine bebilderte Schild nebenan interessiert sich keiner. Es informiert über ein Programm der Universität Göttingen, das sich während aktueller Bauarbeiten im Windpark Hausfirste mit der Europäischen Wildkatze beschäftigt. Felis silvestris silvestris, tigerartiges Fell, graugrüne Iris, buschiger Schwanz, soll die nächsten Jahre unter anderem anhand von selbstauslösenden Kameras studiert werden.

Willkommen im Geo-Naturpark Frau-Holle-Land, Nordhessen, wo die Energiewende auch schon angekommen ist. 18 Windenergieanlagen (WEA) stehen bereits im Kaufunger Wald, fünf sollen dazukommen. Bauherr ist Enercon, Betreiber ist Entega, die Türme, Nabenhöhe 160 Meter, kommen von Max Bögl in der Oberpfalz. Wie immer bei Bögls Hybridturm 2.0 bestehen sie in der unteren Hälfte aus Betonringen, im oberen Bereich aus Stahlröhren. Beton gibt dem Turm am Boden die nötige Steifigkeit, die Stahlmasse darüber reduziert die Eigenfrequenz. Turbine, Rotorblätter und das Maschinenhaus kommen von Enercon. Bögl kümmert sich um das Fundament und einen Teil des Erdbaus. »Wir könnten mehr machen«, sagt Wilhelm Pauksch, »aber der Auftrag ist von Baustelle zu Baustelle verschieden.«

Pauksch ist Bauleiter im Windpark Hausfirste. Gleich wird er vom Wanderparkplatz aus aufbrechen, um den Stand der Bauarbeiten zu begutachten. Vorher aber ein Austausch mit dem Projektleiter von Enercon. Der Gittermastraupenkran für die Montage der WEA-05 könnte erst morgen, Donnerstag, da sein. »Freitag ist definitiv Wind«, sagt Pauksch, »Samstag womöglich auch.« Am Dienstag muss der Kran wieder abgebaut werden, weil er am Mittwoch schon woanders zum Einsatz kommen soll. Zu wenig Zeit, um den

Turm aufzubauen. Man einigt sich, die Aktion abzusagen und den Kran für einen späteren Zeitpunkt zu buchen. Die Sicherheitsbeauftragte von Entega kommt. Hallo, kurzer Plausch. »Wir haben hier eine Industrieproduktion in einem empfindlichen Naturschutzgebiet, da gibt es natürlich eine ökologische Bauüberwachung.«

Ab in den Wagen und in den Wald. Pauksch, ein athletischer Mann, Vollbart, Tattoo am Unterarm, kommt aus Torgau, östlich von Leipzig. Er hat Beton- und Stahlbetonbauer gelernt, danach Fachhochschule, Berufsakademie Glauchau, duales Studium mit Abschluss Diplom-Ingenieur für Straßen- und Tiefbau. Über ein Praktikum ist er zu Max Bögl gekommen. Er hat Logistikhallen, Straßen- und Tiefbauprojekte betreut, seit 2014 arbeitet er für die Max Bögl Wind AG. Zuletzt hat er einen Windpark in Drohndorf beaufsichtigt, momentan sind es unter anderem Projekte in Allstedt, beide Sachsen-Anhalt, eines bei Bremen. Pauksch mag seinen Job, auf dem Armaturenbrett seines Wagens klebt das Modell einer Windenergieanlage. Dafür nimmt er viel in Kauf, obwohl er erst kürzlich geheiratet hat und Vater geworden ist. »Allein gestern bin ich 700 Kilometer gefahren.«

Über einen Schotterweg den Berg hinauf. Schon tauchen die ersten Windenergieanlagen auf. Ein paar Serpentinen und fünf Minuten später parkt Pauksch den Wagen. Die Baustelle der WEA-04. Da sind gelbe Kräne, Container, Generatoren. Die Rotorblätter, gigantische, schmale Löffel, liegen auf langen Anhängern. Der Turm steht schon, eine glatte, schlanke Nadel, die in den blauen Himmel ragt. Weiter zur Baustelle WEA-05. Das Fundament, 22 Meter Durchmesser, ist fertig. Betonsegmente für den Turm und Fügestern sind da. Fehlt nur der Kran. Aber das hatten wir schon. Anschließend noch schnell zur WEA-02. Pauksch zeigt, wie der Turm von innen mit Spannkabeln stabilisiert wird. Man blickt nach oben. Pauksch fühlt sich an eine Kathedrale erinnert, und man kann ihm nicht widersprechen.

Im Dezember 1990 verabschiedete die Bundesregierung das Gesetz über die Einspeisung von Strom aus erneuerbaren Energien in das öffentliche Netz, kurz Stromeinspeisungsgesetz, das weltweit erste seiner Art. Daraus wurde 2000 das Erneuerbare-Energien-Gesetz (EEG), dessen Ziel der Umbau der Energieversorgung in Deutschland ist. Mit Strom aus Wind, Sonne und Biomasse sollen die CO_2-Emissionen bis 2030 um 40 Prozent gesenkt werden. Gekoppelt wird die Energiewende mit dem Ausstieg aus der Atomenergie sowie dem Kohleausstieg bis 2038. Wer sich nun fragt, woher künftig der Strom kommen soll, muss nur mal von Berlin aus über die A9 Richtung Süden fahren. Allein zwischen Bitterfeld und der Abfahrt nach Erfurt drehen sich Rotoren, so weit das Auge reicht. Nur eines von vielen Beispielen, gerade in Ostdeutschland. Dazu die Windparks in Nord- und Ostsee. Macht zusammen etwa 31.000 Anlagen in ganz Deutschland.

2019 löste Windkraft erstmals Braunkohle als Energiequelle Nummer eins ab. Rund 24 Prozent des Stroms gingen darauf zurück. An manchen Tagen, meldete der Energiekonzern Eon, seien die Hälfte aller deutschen Haushalte bereits mit Windenergie versorgt worden. 2020 lag der Anteil der Windkraft bei 26 Prozent. Der Anteil aller grünen Energiequellen betrug bereits 53 Prozent, was einer Vermeidung von über 200 Millionen Tonnen Kohlendioxidäquivalenten entspricht. Seit 2000 ist dieser Wert um das Dreieinhalbfache gestiegen, was nicht nur die Klimaschützer, sondern auch die Investoren begeistert.

»Der Kapitalismus trägt Grün«, titelte Gabor Steingart in seinem *Morning Briefing* am 3. Dezember 2020, verbunden mit dem Fazit, das Jahr werde nicht nur wegen Corona in die Geschichtsbücher eingehen. Für Steingart markiert es darüber hinaus »den Durchbruch der alternativen Energieträger«. Der Journalist und Medienmanager greift damit auf, was Claudia Kempfert schon lange prophezeit. Die Leiterin der Abteilung Energie, Verkehr und Umwelt beim Deutschen Institut für Wirtschaftsforschung (DIW) sagt: »Die Energieversorgung der Zukunft ist dekarbonisiert, dezentral, demokratisch und digital.«

Zumindest deutet einiges darauf hin. Hersteller von Elektrofahrzeugen haben, angeführt von Tesla, eine Börseneuphorie ausgelöst. Der Strom- und Gasanbieter EnBW plant in Brandenburg zwei neue Solarparks, die ein gigantisches Cluster mit 500 Megawatt Leistung bilden sollen. Kostenpunkt: 250 Millionen Euro. Sogar Airbus will seine Flugzeuge künftig mit Energie aus Wasserstoff antreiben. Dazu passt die Meldung, dass der Energiekonzern Uniper, der das umstrittene Steinkohlekraftwerk Datteln 4 betreibt, bis 2025 eine Wind- und Solarkapazität von einem Gigawatt aufbauen will, um in das Geschäft mit grünem Wasserstoff einzusteigen; in den darauf folgenden Jahren sollen weitere drei Gigawatt dazukommen.

Das alles passt zur Stimmung im Land. Schließlich halten 80 Prozent den Klimawandel für ein ebenso drängendes wie ungelöstes Problem. Laut Politbarometer des ZDF unterstützen 73 Prozent aller Deutschen einen möglichst schnellen Ausstieg aus der Kohleverstromung; 92 Prozent, so das Umweltbundesamt, halten den Ausbau von Wind und Solarenergie für »eher wichtig« bis »sehr wichtig«.

Doch zwischen Wunsch und Wirklichkeit klafft noch eine eklatante Lücke. Während der Ausbau der Solarenergie wieder zulegt, sah es beim Wind zuletzt mau aus. Wurden 2017 noch 1.800 Anlagen mit 5.300 Megawatt Leistung gebaut, waren es 2018 nur noch halb so viele und 2019 noch einmal 55 Prozent weniger. 2020 entstanden etwa 400 Anlagen mit knapp 1.200 Megawatt, die bei Weitem nicht ausreichen, die Ziele des Pariser Klimaabkommens zu erfüllen. Dafür, so Claudia Kempfert, brauche Deutschland ohnehin bei den CO_2-Emissionen ein Minus von 60 Prozent bis 2030. Gleichzeitig wird der Stromverbrauch durch E-Mobilität und Power-to-Heat-Heizungen signifikant steigen. Der Berliner Thinktank Agora fordert daher eine Verdreifachung der Windenergie, auch weil demnächst ein Drittel der Altanlagen aus der EEG-Förderung fallen und rückgebaut werden müssen.

Experten fordern daher die verstärkte Ausweisung von Flächen, eine Beteiligung der Kommunen und Städte an den Energieerträgen sowie einen Abbau der bürokratischen Hürden. Unter anderem ist für den Bezug von EEG-Förderung die Teilnahme an einer Ausschreibung Pflicht. Die Politik beschäftigt sich derzeit mit Abstandsregelungen und überlässt den Bundesländern die Entscheidung. Weshalb in Bayern weiterhin 10 H^5 und in Nordrhein-Westfalen ein Mindestabstand zur nächsten Wohnbebauung von 1.500 Metern gilt. Hinzu kommen Hunderte von Klagen gegen Windkraftanlagen, geführt von Vögel-, Fledermaus- und Waldschützern. Der Paragraf 44 des Bundesnaturschutzgesetzes, der das Tötungsverbot gefährdeter Wildtiere formuliert, ist zu einem veritablen Planungshindernis geworden. Kein Wunder, dass Genehmigungsverfahren inzwischen fünf bis sieben Jahre dauern.

Überwältigender Zuspruch und vehementer Widerstand. Wie erklärt sich das? »Nimby«, sagt Wolfgang Dierker. Das Wort steht für die englische Redewendung »Not in my backyard«. Nicht in meinem Hinterhof. Dierker ist Deutschlandchef von General Electric, einem multinationalen Mischkonzern mit 88 Milliarden Euro Umsatz und in Deutschland auch im Bereich Windkraftanlagen aktiv. In einem Interview mit der *Wirtschaftswoche* hat er versucht, das Verhalten der Deutschen zu erklären: »Ich bin für die Energiewende, für Klimaschutz, für saubere Energie – aber bitte nicht dort, wo mich die Anlage beim Spazierengehen stört, wo mich die Lichter nachts stören. Klar, solche Anlagen sind für Menschen in unmittelbarer Nachbarschaft auch eine Zumutung.« Aber, so Dierker, »das ist Teil unserer Entscheidung, Klimaschutz zu betreiben, Energieversorgung zu verändern. Das ist industrielle Infrastruktur, und Windenergieanlagen gehören heute dazu.«

Sengenthal nahe Neumarkt in der Oberpfalz, 370 Kilometer vom Windpark Hausfirste entfernt. Das Areal der Firmengruppe Max Bögl, 6.500 Mitarbeiter, 35 Standorte weltweit, zwei Milliarden Euro Jahresumsatz, erstreckt sich auf rund drei Kilometer Länge entlang der B299. Auf der einen Seite über mehrere Kilometer

---

5 Die 10-H-Regelung schreibt vor, dass ein Windrad in Bayern einen Mindestabstand vom Zehnfachen seiner Höhe zur nächsten Wohnbebauung einhalten muss, um die baurechtliche Privilegierung im Außenbereich gemäß deutschem Baugesetzbuch beizubehalten.

Produktionshallen, Lager und Bürogebäude, auf der anderen der Baggersee Schlieferheide, wo Max Bögl mittels Saugbaggern Sand abbaut, unter anderem für die eigene Betonherstellung. Vor den Halden verkehrt die in den letzten Jahren entwickelte Magnetschwebebahn über die hauseigene Teststrecke.

Wer nach dem Firmenlogo mit dem rotweißen Schriftzug sucht, muss nicht unbedingt nach Sengenthal. Max Bögl ist überall. Beim Bahnprojekt Stuttgart–Ulm ist das Unternehmen an Hauptbahnhof, Flughafen und Messegelände sowie der Neckar- und Filstalbrücke beteiligt; für den Fildertunnel wurden 7.300 Betontübbinge geliefert. Bögl gehört zu den Unternehmen, die Münchens zweite S-Bahn-Stammstrecke und auf dem Frankfurter Flughafen das neue Terminal 3 bauen, zusammen mit Goldbeck erstellen sie Teslas Gigafabrik in Grünheide bei Berlin. Im Hochbau waren es zuletzt die Nürnberger Messehalle 3C, auf dem Frankfurter Messegelände die Halle 12, gerade wurden unter Max Bögls Beteiligung auf 54 Hektar der Siemens Campus in Erlangen und die neue Konzernzentrale der Grammar AG fertiggestellt.

Auch im Ausland ist die Kompetenz der Oberpfälzer gefragt, ob beim Abwassernetz in Muri in der Schweiz, der Amsterdamer U-Bahn oder Parkhäusern in Kopenhagen. Nicht nur hier macht sich bezahlt, dass das Unternehmen einen eigenen Stahlbau betreibt, der Bauteile bis zu 160 Tonnen herstellen kann, die häufig vom nahegelegenen Main-Donau-Kanal oder per Bahn vom eigenen Werksgleisanschluss aus auf die Reise gehen. Prominente Beispiele sind die Stahlgerüste für die Allianz Arena in München oder die BayArena in Leverkusen. Wolfgang Pauksch sagt: »Ich werde von Freunden und Bekannten oft gefragt: ›Was macht Max Bögl genau?‹ Ich sage dann: ›Fragt mich lieber, was wir nicht machen.‹« Und? Pauksch: »Flugzeuge, jedenfalls noch nicht.«

»In unserer Familie sind alle technikbegeistert«, sagt Johann Bögl, geschäftsführender Gesellschafter und Aufsichtsratsvorsitzender, »das ist uns in die Wiege gelegt worden, damit sind wir aufgewachsen.« Firmencredo: »Fortschritt baut man aus Ideen.« Geprägt hat es der Firmengründer. Max Bögl arbeitete schon in den Dreißigerjahren mit vorgefertigten Betonteilen, als anderswo nur gemauert wurde. Wenn andere nicht weiterwussten, fing er an zu tüfteln. Auch Enkel Johann folgt damit einer betriebswirtschaftlichen Notwendigkeit. »Ein Unternehmen wie unseres«, so Johann Bögl, »kann nur bestehen mit Innovationen. Deshalb schauen wir uns die Megatrends an, und wenn uns was dazu einfällt, wir das Know-how haben, dann verfolgen wir das konsequent.« Schließlich gilt: »Nur wer in der Bauindustrie eigene Produkte entwickelt, macht sich unabhängig vom Preiskampf.«

So entstand die Segmentbrücke Bögl aus vorgefertigten Beton- und Stahlelementen, mit einer Fahrbahn aus gefrästem Spezialbeton und auf Wunsch mit eingebauten Sensoren, die Temperatur, Feuchtigkeit, Tausalzbelastung messen. Produziert in weniger als drei Monaten, montiert in wenigen Tagen, ausgezeichnet mit dem Ingenieurpreis 2019 der Bauwirtschaft. So entstanden die Feste Fahrbahn, ein System vorgespannter Gleistragplatten für Hochgeschwindigkeitszüge; die hybride Eisenbahnbrücke und das multifunktionale, horizontal und vertikal addierbare Raumsystem maxmodul. Star des Sortiments dürfte jedoch das Transportsystem Bögl sein, ein Magnetbahnkonzept, bestehend aus Fahrweg, Fahrzeugen und fahrerloser Betriebsleittechnik, das seit 2010 entwickelt und derzeit in Kooperation mit einem chinesischen Unternehmen in Chengdu auf seine Markttauglichkeit getestet wird (siehe Epilog, S. 253 ff.).

In das Geschäft mit der Windkraft sind sie 2008 eingestiegen. Aus naheliegenden Gründen. Johann Bögl sagt: »Die Energiewende ist das größte Konjunkturprogramm für die Bauwirtschaft in den letzten fünfzig Jahren.« Rückbau der Atomkraftwerke. Endlager. Ausbau der grünen Energien. Stromtrassen. Alles Bauthemen. Windkrafttürme hatten damals eine maximale Nabenhöhe von etwa 100 Metern, viele wurden noch aus Stahl gebaut. Der Trend jedoch ging damals bereits zu mehr Höhe und damit zu Beton. Pro Meter Höhe lassen sich bis zu einem Prozent mehr Leistung, Ertrag und damit ein besserer Return on Investment erzielen. Große Höhen lassen sich mit Stahl allein technisch nicht realisieren und schon gar nicht bezahlen.

Der Megatrend war offensichtlich, das Know-how gegeben. Seit Jahrzehnten werden im hauseigenen Betonlabor Rezepturen entwickelt, die das Bauen effizienter, wirtschaftlicher und nachhaltiger machen. Und das Unternehmen kooperierte von Anfang an mit Turbinenherstellern wie General Electric, Nordex, Senvion oder Siemens. 2010 entstanden die ersten Hybridtürme aus Beton und Stahl. 2014 wurden davon bereits 400 Stück verkauft. 2016 war Max Bögl Marktführer und baute den mit 164 Metern Nabenhöhe damals höchsten Windkraftturm der Welt. Nicht nur für dessen Montage entwickelte die Firmengruppe zusammen mit Liebherr einen Turmdrehkran, der mit dem Innovationspreis der bauma, der weltweit führenden Baumaschinenmesse, ausgezeichnet wurde.

Max Bögl wäre nicht Max Bögl, wenn sich das Unternehmen damit zufriedengegeben hätte. 2017 entwickelte das Unternehmen eine mobile Fabrik für die Herstellung von Windkrafttürmen, um an jedem Ort der Welt mit gleichbleibender Qualität produzieren zu können. Sie wurde zunächst im Sengenthal erprobt, danach zerlegt, in Container verpackt und nach Thailand verschifft. Dort wurde schließlich ein Windpark mit 90 Anlagen erstellt. Wilhelm Pauksch, der in Thailand zum Team gehörte, meint: »Das war eine hochkomplexe Angelegenheit, große Entfernungen, viele einheimische Arbeiter, es kostete manchmal viel Schweiß und Tränen, bis wir zu Lösungen fanden, aber wir haben sie immer gefunden.« Nur der Vollständigkeit halber: Auch für die mobile Fertigung gab es den bauma Innovationspreis.

Die Flaute in der Windkraftbranche 2018 und 2019 hat Max Bögl genutzt, um seinen Verkaufsschlager zu optimieren. Der Hybridturm 2.0 wird nun mit Betonringen aus drei statt zwei Elementen gefertigt, statt 3,60 Meter sind die Elemente nur noch drei Meter hoch. Sie sind nun leichter, passen auf kleinere Lkws, weshalb weniger aufwendige Genehmigungen für Schwerlasttransporte nötig werden. Gleichzeitig wurde der Innenausbau der Türme optimiert.

Ergo: einfacherer Transport, schnellere Montage, geringere Kosten. Zusätzlich widmen sich die Oberpfälzer noch dem Bau eines Pumpspeicherkraftwerks mit vier Windenergieanlagen im Kochertal in Baden-Württemberg. Dafür wurde unter anderem die Verlegeplattform PiPECrawler, die sich wie eine Raupe den Berg hinaufschlängelt, entwickelt.

Natürlich ist auch Stefan Bögl infiziert vom Technikvirus. Auch deshalb zeigt Johanns jüngerer Bruder, Vorstandsvorsitzender der Firmengruppe, Besuchern gerne, wie der Hybridturm entsteht. Es beginnt in Halle 14, wo die Bewehrung gefertigt wird. In Halle 13 wird betoniert. 31 verschiedene Radien werden hier gegossen. Der Beton ist selbstverdichtend. Die ausgehärteten Elemente werden mittels CNC-Technologie und einer Genauigkeit von einem Zehntel Millimeter geschliffen. Der Stahlteil des Hybridturms entsteht in Halle 12. Für die Rohre gibt es 30 verschiedene Radien, die Einzelteile werden im UP-Verfahren miteinander verschweißt. In Halle 17 schließlich lagern die Spannglieder, auf denen jeweils 30 Tonnen lasten, der Fachmann spricht von 1.570 Newton pro Quadratmeter.

Stefan Bögl, der Maschinenbau studiert und sich dabei intensiv mit serieller Fertigung beschäftigt hat, sagt: »Wir haben uns viele Gedanken gemacht, wie man die Geometrie des Turms entwickeln kann, dass er für den Anlagenbauer mit unterschiedlichen Höhen funktioniert.« Die Lösung ist ein Baukastensystem, bei dem bei niedrigeren Höhen einfach mit einem kleineren Ringdurchmesser begonnen wird. Inzwischen sind Türme bis 190 Meter Nabenhöhe möglich, die sich insbesondere für Gegenden mit schwächeren Windverhältnissen eignen. Max Bögls Erfolg in der Windbranche hängt aber auch mit dem Portfolio der Firmengruppe zusammen. Zum Hybridturm 2.0 werden auf Anfrage auch Zufahrtswege, Baugrube, Bodenaustausch, Verfüllung, Verschüttung, Fundament, Verkabelung, Schwerlast-, Kranstell- und Montageflächen, Montage, Logistik, Begrünung und Landschaftspflege geliefert.

Zurück im Frau-Holle-Land, Baustelle WEA-05. Wolfgang Pauksch steht zwischen den Betonsegmenten und Containern. Plastik flattert im Wind. Ein Lkw-Fahrer will wissen, wann der Kran kommt. Pauksch klärt ihn auf. Irgendwann geht er zum Rand der Baustelle und schaut über das Obere Niestetal. Links, rechts, vorne und hinten Windenergieanlagen. Dazwischen klaffen Schneisen im Wald. Davor große Stapel mit abgeholzten Baumstämmen. »Der Borkenkäfer«, sagt Pauksch, »die Schädlinge profitieren vom Klimawandel und den höheren Temperaturen, der Wald stirbt. Da kann man sehen, was wir anrichten, wenn wir nicht hoffentlich bald einen anderen Weg einschlagen.« Nicht sicher, ob das die Waldschützer interessiert, die gegen die Windkraft kämpfen.

3D-Druck-Haus Wallenhausen

Best Practice

Operieren im Grenzbereich

Bauen ist ein weites Feld, über dessen technische und logistische Herausforderungen, über dessen innovative Leistungen wenig an die Öffentlichkeit dringt. Fünf Projekte erzählen von großen Ambitionen und was daraus geworden ist.

Best Practice

Das 3D-Druck-Haus

Unaufhaltsam fließt die graue, breiige Masse aus der Düse. Sechs Zentimeter breit, zwei Zentimeter dick. Monoton und ohne Pause zieht der Druckkopf seine Bahnen. Geradeaus, nach links, geradeaus, nach rechts, enger Bogen, Richtungswechsel und zurück. Betonwulst um Betonwulst wächst die Wand. Wie eine Schichttorte unter dem Spritzbeutel des Konditors.

Ende November 2020. In Wallenhausen, 20 Kilometer östlich von Ulm, entsteht ein Fünffamilienhaus. Drei Stockwerke, 380 Quadratmeter Wohnfläche, unterkellert. Es wäre nicht der Rede wert, würde es nicht von einem 3D-Drucker hergestellt. Genauer gesagt von einer Maschine namens BOD2, die aus einem fest installierten Metallrahmen besteht sowie einem Druckapparat, der sich über drei Achsen bewegt. Innerhalb der Konstruktion erreicht er jede Position. Er operiert mit einer maximalen Geschwindigkeit von einem Meter pro Sekunde, für einen Quadratmeter doppelschalige Wand braucht er fünf Minuten. Wo Türen, Fenster oder Aussparungen für die Gebäudetechnik vorgesehen sind, stoppt er oder macht einen Umweg. Es ist ein faszinierendes Schauspiel.

Für Thomas Imbacher, Geschäftsführer Marketing & Innovation der PERI Gruppe, ist es weit mehr als das. Imbacher sagt: »Mit dem Projekt in Wallenhausen machen wir den nächsten wichtigen Schritt und festigen unsere Position als führendes Unternehmen im Bereich 3D-Betondruck.« Einige Monate zuvor hatte PERI im nordrhein-westfälischen Beckum Deutschlands erstes Wohnhaus gedruckt. In Wallenhausen entsteht nun Europas größtes gedrucktes Mehrfamilienhaus.

PERI International, 1,68 Milliarden Euro Umsatz, 9.500 Mitarbeiter, Stammsitz in Weißenhorn bei Ulm, ist einer der weltweit größten Hersteller und Anbieter von Schalungs- und Gerüstsystemen. Das Unternehmen, so Imbacher, sei überzeugt, »dass das Drucken mit Beton in den nächsten Jahren in bestimmten Marktsegmenten an Bedeutung gewinnen wird und ein erhebliches Potenzial hat«. Seit

2018 ist PERI an der dänischen Firma COBOD beteiligt, von der auch der Portaldrucker BOD2 stammt. Dessen größte Variante hat 1.240 Kubikmeter Bauvolumen, kostet eine halbe Million Euro und kann bei PERI gekauft oder gemietet werden, auf Wunsch in Kombination mit allen Serviceleistungen rund um den Betondruck.

Die Sache klingt so spannend wie vielversprechend. In ihren Produktbroschüren spricht PERI von weniger Materialverbrauch, weniger Zeitaufwand und niedrigeren Baukosten. Ein Einfamilienhaus könne theoretisch in 25 Stunden errichtet werden, in Wallenhausen waren sechs Wochen Bauzeit vorgesehen. Auf der Baustelle seien schon bald nur noch zwei Facharbeiter nötig; einer, der per Laptop, Tablet oder Smartphone den Drucker steuere und kontrolliere, und einer, der sich um den Materialnachschub kümmere. Angesichts des Fachkräftemangels auf dem Bau ein verlockendes Argument.

3D-Druck oder Additive Manufacturing (AM) gilt schon länger als Technologie der Zukunft. Eingesetzt wird sie überwiegend in der Automobil-, Flugzeug- und Weltraumindustrie. Auch die Medizintechnik nutzt sie, sogar Prothesen und künstliche Organe sind durch 3D-Druck möglich. Sinn macht er vor allem in Bereichen, in denen komplexe Bauteile in kleinen Stückzahlen oder unkonventionellen Formen benötigt werden. Da aber nicht nur Metalle, Kunststoffe oder Mineralien verarbeitet werden können, kommen inzwischen selbst Bonbons oder Pizzen aus dem 3D-Drucker.

»AM gehört für mich definitiv zu den Technologien, die die Welt verändern werden«, sagt Michael Süß, »so wie die Digitalisierung das getan hat oder das Internet.« Deshalb hat Süß, Maschinenbauingenieur und ehemaliger Vorstand des Sektors Energie bei Siemens, als CEO des Schweizer Technologiekonzerns Oerlikon Milliarden in die additive Fertigung investiert. Er erklärt das gerne mit seiner ersten Begegnung mit einem 3D-Drucker: »Das hat mich gepackt wie eine frische Liebe, bei der man noch nicht weiß: Wird sie jetzt die Liebe meines Lebens oder nur ein Flirt? Was ich sicher wusste: Will ich haben.«

Funktioniert auch auf dem Bau, wie Waldemar Korte bestätigen kann. »Das ist das Größte«, sagt der Architekt des PERI-Hauses in Beckum, »den Druck anlaufen zu sehen, wie sich ein Grundriss generiert wie von Hexenhand, das ist einfach toll.« Nicht minder begeistert zeigte sich bei einem Baustellenbesuch Ina Scharrenbach, Nordrhein-Westfalens Ministerin für Heimat, Kommunales, Bau und Gleichstellung; ihr Ressort hatte das Projekt in Beckum mit 200.000 Euro finanziert. Die Pressestelle des Ministeriums entwickelte dazu den Slogan: »Digital, dynamisch, druckfertig – das sind unsere 3 Ds für die Zukunft des Bauens.«

Alles beginnt mit einem digitalen Gebäudemodell des Architekten, das von der Software des 3D-Druckers in kompatible Verfahrwege umgewandelt wird. Der Rest ist Beton. Architekt Korte sagt: »Betonmörtel kennt jeder, damit verbinden wir Wertigkeit, Qualität, Tragfähigkeit, im Grunde genommen bauen wir herkömmliche Wände, nur das Verfahren ist anders.« In Beckum wie auch in Wallenhausen wurde ein Trockenmörtel namens i.tech 3D von HeidelbergCement verwendet. Jennifer Scheydt, Leiterin Engineering & Innovation, erzählt von vielen Tests und langwierigen Untersuchungen: »Der Baustoff soll gut pump- und extrudierbar sein, er muss schnell eine ausreichende Tragfähigkeit ausbilden, aber gleichzeitig muss auch der Verbund zwischen den Schichten sichergestellt sein.«

Um eine ausreichende Stabilität zu erreichen, wird der Zementanteil bei 3D-Beton in aller Regel verdoppelt. Weil die Wände jedoch aus Schalen bestehen, wird aber deutlich weniger Material verbraucht. Unter dem Strich also ein Plus für die Klimabilanz. Das jedenfalls behauptet Christoph Gehlen, der mit seinem Münchner Ingenieurbüro die Untersuchungen für die Baugenehmigung in Beckum und Wallenhausen durchführte. Dabei ging es unter anderem um Lebensdauer, Frost-Tau-Widerstand oder Druck- und Biegezugfestigkeit. Die Häuser setzen sich aus einer Mischung aus gedruckten tragenden, gedruckten nicht tragenden und tragenden, unbewehrten Ortbetonwänden zusammen. Die Verbindung erfolgt mit Luftschichtankern, der Zwischenraum wird verfüllt mit einer Schüttdämmung aus expandiertem Vulkangestein.

Die dafür notwendigen Tests wurden im Centrum Baustoffe und Materialprüfung der Technischen Universität München (TUM) gemacht; Gehlen lehrt dort als Professor. An der TUM wird auch geforscht, wie Betondruck massentauglich gemacht werden kann. Schließlich gibt es noch Einschränkungen. Fußböden, Decken, Dächer, Treppen und Dämmung kann der 3D-Druck mit der in Wallenhausen verwendeten Technik zum Beispiel noch nicht. Dafür haben die Studenten herausgefunden, dass gedruckte Betonwände Schall absorbieren oder über Luftschächte Temperaturen ausgleichen können.

»Noch fehlen uns bei der additiven Fertigung viele Einsichten«, sagt Gehlen, »aber wir können absehen, dass wir über sie wieder zum einfachen Bauen zurückfinden könnten, man kann so viele Dinge in die Programmierung des Drucks integrieren, dass man auf der Baustelle nicht mehr diesen Rattenschwanz an Gewerken hat.« Auch Tests mit Alternativen zu Beton werden in München durchgeführt. In den USA wurden schon Häuser aus Erde und Stroh gedruckt, wenn auch in relativ kleinen Formaten. Gehlen: »Wir sind daher optimistisch, dass wir irgendwann vom Zement weg und zu umweltfreundlicheren Materialien kommen.«

Und da ist noch etwas, das den Professor fasziniert: »Wir können durch 3D-Druck über ganz neue Geometrien nachdenken, die Formfreiheit, die sich durch die Technologie ergibt, ist revolutionär.« Vorbei die Dominanz der geraden Linien auf dem Bau, abgeschafft die Diktatur des rechten Winkels. Mit 3D können Architektur und Städtebau völlig neu gedacht werden. »Es ist wie im Sandkasten; wie man damals als Kind gespielt hat, finden jetzt Baustellen statt. Ein spannender Ansatz, den wir beim Bauen weitgehend verloren haben und der oft auch das Lebensgefühl der Menschen trifft.«

Best Practice

Der Sylvensteindamm

Eine Dichtwand für den Staudamm des Sylvensteinsees an der Grenze zwischen Bayern und Tirol, 13 Kilometer hinter der Ortschaft Lenggries. 160 Meter lang, 70 Meter tief, einen Meter breit. 10.000 Quadratmeter Oberfläche. Dazu die Installation eines Sickerwassertunnels. Das war der Auftrag.

»Das ist wie bei einem alten Badezimmer, irgendwann muss renoviert werden«, sagt Tobias Lang, der zuständige Beamte vom Wasserwirtschaftsamt in Weilheim. Der zwischen 1954 und 1959 errichtete Staudamm zeigte altersbedingte Abnutzungserscheinungen. »Wir wollten aber auch einen zukunftsweisenden Hochwasserschutz für die nächsten 50 bis 80 Jahre gewährleisten.« Am Flusslauf der im Sylvensteinsee gestauten Isar liegen Dutzende Kommunen mit Gewerbegebieten, die Millionenstadt München, ein Großflughafen und zwei Kernkraftwerke. Lang verweist auf die starken Hochwasser 1999, 2002 und 2005: »Würde ein Hochwasser diese Infrastruktur lahmlegen, käme es zu Produktionsausfällen und Schäden in Milliardenhöhe.«

Nie zuvor wurde in Deutschland eine tiefere Dichtwand in einem Damm eingebaut, und nie zuvor wurde dies an einem gestauten See praktiziert. Die Wassermassen erzeugten am Damm einen flächigen Druck von 25 Tonnen pro Quadratmeter. Schwierigkeiten bereitete auch die Einbindung der neuen Schlitzwand in die Felsen an den Dammenden. Dazu mussten drei Meter lange Einschnitte gefräst werden. Dabei wies der Fels eine Druckfestigkeit von bis zu 200 Newton pro Quadratmillimeter auf, zehn Mal mehr als die Minimalanforderung für Normalbeton. Auch die Einbindung der Mauer in den Fels war ein Novum. »Man kann sich das vorstellen wie eine OP am offenen Herzen«, sagt Peter Asam, Projektleiter beim ausführenden Unternehmen Bauer Spezialtiefbau GmbH aus Schrobenhausen.

Die Bauer Gruppe, 12.000 Mitarbeiter weltweit, 1,6 Milliarden Euro Umsatz, gliedert sich in drei Geschäftssegmente: Bau, Maschinen und Resources. Beim Maschinenbau und Spezialtiefbau gehört

Bauer zur Champions League der Branche und den gefragtesten Unternehmen weltweit. Das Portfolio im Bausegment ist so breit wie prominent. Es reicht von Bodenfundamenten für Hochhäuser wie den Kingdom Tower in der saudi-arabischen Metropole Jeddah, den Burj Khalifa in Dubai oder die Hongkong-Zhuhai-Macau-Brücke über Vorarbeiten für die Installation von Gezeitenkraftturbinen in der schottischen See und der Abdichtung einer Diamantenmine in einem See am Polarkreis bis zur Errichtung einer Pflanzenkläranlage im Oman.

Martin Heinrich könnte über jedes dieser Projekte stundenlang erzählen. Heinrich ist Leiter der Abteilung International Projects bei der Spezialtiefbau GmbH. Zu Bauer kam er während seines Studiums als Praktikant. Sein erster Job führte ihn nach Kuwait. Auch als Bauingenieur war Heinrich danach viel im Ausland unterwegs, vor allem in Nordamerika. Besonders gut erinnern kann er sich an den Bau eines auf 2.800 Meter über dem Meeresspiegel liegenden Staudamms im US-Bundesstaat Wyoming, bei dem die Spezialgeräte aufgrund des geringen atmosphärischen Drucks ständig kaputtgingen; beim Bau von gewaltigen Erdgastanks in Ras Lanuf, Libyen, kämpften Heinrich und Kollegen mit dem sandigen Untergrund. »Der Sand am Mittelmeer ist nicht sehr kompakt, die Tanks waren 30 Meter hoch und sehr schwer, wir mussten den Boden aufwendig stabilisieren – das war Millimeterarbeit.«

»Auslandsgeschäfte sind generell schwierig«, sagt Heinrich, »von Land zu Land gibt es unterschiedliche Voraussetzungen, die man gut kennen sollte.« Zu den bautechnischen Herausforderungen kommen gewöhnungsbedürftige bürokratische Vorgaben. Während in den USA oder Kanada auf Steuerrecht, Sicherheitsvorschriften und die Forderungen der Gewerkschaften geachtet werden muss, treffen ausländische Unternehmen in vielen Ländern auf einen protegierten Markt und eigenwillige Spielregeln. Der Zugang zu Beton, Stahl oder Arbeitskräften ist dann häufig von den richtigen Verbindungen abhängig. Mitunter müssen – wie bei der Pflanzenkläranlage im Oman – eigens Tochterfirmen im Ausland gegründet werden.

In Deutschland ist das Unternehmen häufig an Tiefbauarbeiten der Bahn beteiligt. Ein Beispiel aus der jüngeren Vergangenheit ist die Umfahrung des Schwarzkopftunnels auf dem Streckenabschnitt zwischen Würzburg und Frankfurt. Aufgrund seines Alters konnte der Schwarzkopftunnel von Personenzügen nur noch mit gedrosselter Geschwindigkeit durchfahren werden. Ergo mussten vier neue Tunnel in teilweise offener Bauweise errichtet werden, darunter der 2.600 Meter lange Falkenbergtunnel. Bauer führte in einer Arbeitsgemeinschaft alle nicht bergmännischen Spezialtiefbauarbeiten aus. Dabei musste in extrem harten Diorit, in Gneis und Buntsandstein gebohrt werden, mit einer Einbindetiefe von bis zu zehn Metern. Um die bergmännischen Arbeiten der Tunnelherstellung vorzubereiten, wurden Portalbaugruben und Spritzbetonwände bis zu 30 Metern Höhe erstellt.

Wie immer kamen auch hier Bauers innovative Drehbohranlagen, die das Unternehmen selbst entwickelt und produziert, zum Einsatz. Imposante Apparaturen, die BG 40 oder BG 28 heißen und ergänzt werden von einem Arsenal an Ankerbohr-, Brunnenbohr- und Rammgeräten. Im Bereich Maschinen für den Spezialtiefbau ist Bauer Weltmarktführer. Tobias Lang, der in der Weilheimer Behörde für Talsperren und Hochwasservorhersage zuständig ist, sagt: »Eine Firma wie Bauer rückt nicht mit ein paar Baggern und Lkws an, deren Geräte sind ein paar Nummern größer, und die Leute, die sie bedienen, haben einen irren Erfahrungsschatz, da weiß jeder, welche Funktion er hat.« Langs Fazit über die von März bis Oktober 2012 andauernden Arbeiten: »Was Bauer geleistet hat, war einfach brillant.«

Die Zweite Stammstrecke

In einer Containerburg am Münchner Marienhof sitzt der Bauingenieur Hermann Hirsch und erklärt die Deckelbauweise. Damit kennt er sich aus. Hirsch ist seit Jahrzehnten im U-Bahn-Bau tätig. Der Spezialtiefbau ist sein Element, der Untergrund von München seine Domäne. Er schenkt sich Tee ein, holt Bleistift und Papier, während draußen die Bohrgeräte rattern. »Ich zeichne Ihnen das mal auf, dann kann man es sich besser vorstellen.«

Also, zunächst werde eine Schlitzwand erstellt, die das Baufeld umschließe. Solider Stahlbeton, 55 Meter tief, 1,50 Meter dick. Danach werde das gesamte Baufeld mit 65 Meter tiefen Bohrpfählen gespickt. Hirsch zeichnet einen Querschnitt der Baugrube. Oben ein dicker Strich. »Auf das Baufeld kommt dann der erste Betondeckel, in diesem Betondeckel ist eine Öffnung, und durch diese graben wir uns nach unten.« Aushub und den nächsten Deckel betonieren. Und so weiter. Tiefer und tiefer. Etage um Etage runter bis zu dem Punkt, wo später einmal die S-Bahn verkehren soll.

München hat eines der größten S-Bahn-Netze Deutschlands. Auf 434 Kilometer Länge und mit 150 Stationen verbindet sie die Stadt mit der Region. Anlass für ihren Bau waren die Olympischen Spiele 1972. Hirsch hat ein Buch mitgebracht, in dem die Arbeiten auf Schwarz-Weiß-Fotos dokumentiert sind. Die S-Bahn galt damals als Sensation, konzipiert für 250.000 Passagiere am Tag, eine vermeintlich astronomische Zahl. Ein halbes Jahrhundert später wird sie täglich von 840.000 Menschen benutzt. Zum Flaschenhals hat sich dabei die sogenannte Stammstrecke entwickelt. Sie verläuft zwischen Laim und Leuchtenbergring, durch das Herz der Stadt, sieben S-Bahn-Linien, 30 Züge pro Stunde und Richtung, eine der meistbefahrenen Schienenstrecken Deutschlands.

Das System ist überlastet, und schuld daran ist München selbst. Die bayerische Boomtown erstickt an ihrem wirtschaftlichen Erfolg, der immer mehr Unternehmen anlockt, immer mehr Zuzug generiert. An Werktagen sind längst eine halbe Million Angestellte innerhalb Münchens unterwegs, viele davon kommen aus dem Umland, Pendler aus Rosenheim, Landshut oder Augsburg sind keine Seltenheit. Ein Drittel davon benutzt für den Arbeitsweg die Bahn, weshalb München unlängst zur Pendlerhauptstadt der Republik ernannt wurde. Hinzu kommen Zehntausende Selbstständige, Beamte, Schüler und Studenten. Und natürlich Touristen, denn München ist nicht nur wohlhabend, sondern auch schön und einen Besuch wert.

Die Idee, eine Zweite Stammstrecke zu bauen, existiert seit Jahrzehnten. Ende der Neunzigerjahre gab die Stadt erste Machbarkeitsstudien in Auftrag. 2010 wurde das Vorhaben im Bayerischen Landtag beschlossen und einige Jahre später vom Stadtrat abgesegnet. Demnach wird die Zweite S-Bahn-Stammstrecke elf Kilometer lang sein und auf 7.008 Metern unterirdisch verlaufen. Die Stationen Laim und Leuchtenbergring werden umgebaut, am Hauptbahnhof, Marienhof und Ostbahnhof entstehen neue Tiefbahnhöfe, der Hauptbahnhof wird abgerissen und durch einen Neubau ersetzt. 2016 unterzeichneten Bund, Land und Stadt zusammen mit der Bahn eine Finanzierungsvereinbarung. Prognostizierte Baukosten: 3,8 Milliarden Euro inklusive einer Risikorücklage von 640 Millionen. Nicht billig. Aber was ist in München schon billig? Prognostizierte Fertigstellung zu diesem Zeitpunkt: 2026.

Beim Spatenstich im April 2017 wurden noch einmal eindringlich die Vorteile des Vorhabens betont. Die Zweite Stammstrecke soll die S-Bahn pünktlicher und weniger störungsanfällig machen, sie soll die Förderkapazität erhöhen, die bestehende Stammstrecke entlasten, Autoverkehr vermeiden und die Perspektive der Metropolregion verbessern. Auch Regionalzüge aus dem Umland könnten einmal durch die neuen Röhren sausen. »Ein Riesending«, sagt Jens Bergmann, Vorstand Großprojekte und Netzplanung bei der DB Netz AG. »Wir bauen im innerstädtischen Raum, unter laufendem Betrieb, parallel zur existierenden Stammstrecke und stellen noch einen völlig neuen Hauptbahnhof obendrauf.« Besonders spektakulär ist die Baustelle Marienhof, zwischen Marienplatz, Rathaus und dem Delikatesshändler Dallmayr gelegen; die Nobelherberge Bayerischer Hof, die Shoppingmeile Maximilianstraße und die Oper befinden sich ganz in der Nähe.

Die Zweite Stammstrecke wird längst als Bypass gesehen, der das Herz der Stadt vor dem Verkehrsinfarkt rettet. Doch der Eingriff ist nicht ohne Tücken. Der Boden unter der Stadt ist durchlöchert von S- und U-Bahn-Tunneln und unzähligen Versorgungsleitungen. Hans-Gerd Haugwitz, Leiter Abteilung Projekte bei der Bauer Spezialtiefbau GmbH, sagt: »Man macht den Boden auf, stößt auf ein Kabel oder ein Rohr und fragt sich: Was ist es, ist es in Betrieb, was machen wir damit?« Schwierige Bestandsaufnahme. Schließlich, so Haugwitz, »wurde bis in die Achtzigerjahre nichts davon dokumentiert«. Und: Die Bohrgeräte stoßen nicht nur auf Sand und Flinz, sondern auch auf Grundwasser. Hermann Hirsch, geotechnischer Fachbauleiter am Marienhof, sagt: »Wir mussten auf dem Baufeld etwa hundert Brunnen bohren, um den Wasserdruck von der Schlitzwand zu nehmen und die Baugrube zu entwässern.«

Bauer gehört zusammen mit Wayss & Freytag, Max Bögl und der Ed. Züblin AG zu einer Arbeitsgemeinschaft, die für die Strecken von Laim zum Hauptbahnhof und weiter zum Marienhof zuständig ist. Am Marienhof bauen die Unternehmen Hochtief und Implenia. Deren technischer Projektleiter Jens Classen meint: »Tunnelbau ist immer empirisch, wir sind die Astronauten der Bauwelt, wir gehen dorthin, wo noch keiner war, in den unbekannten Raum.« Das sei umso aufregender, als die Zweite Stammstrecke wegen des Wirrwarrs im Boden in einer Tiefe von bis zu 41 Metern gebaut werden muss. Classen war unter anderem am Gotthard-Basistunnel, in China, Kaschmir, Iran und Taiwan im Einsatz, doch die Zweite Stammstrecke stellt auch ihn vor eine neue Herausforderung: »Wir hatten noch nie so große Wassermengen, so viele verschiedene Bauabschnitte, und die Verbindung aus Spezialtiefbau, Ingenieurbau und Tunnelbauten in bergmännischer Bauweise unter Druckluft mitten in der Stadt ist auch nicht alltäglich. Das hier ist das volle Programm.«

Die Zusammenstellung der Projektpartner macht es nicht einfacher. Im Idealfall, sagt Haugwitz, »hast du einen Bauherrn, der weiß,

Best Practice

was er will und während der Bauphase nichts ändert«. In München sind die DB Netz AG und für den Hauptbahnhof die DB Station & Service AG beteiligt, dazu unter anderem das Bayerische Ministerium für Bau, Wohnen und Verkehr, die Stadtwerke, das städtische Tiefbauamt, der Münchner Verkehrsverbund. Nicht zu vergessen die zuständigen Beamten und die Politik in Berlin. Nathalie Zeiler, Projektleiterin für alle unterirdischen Stationen beim Planungsbüro SSF Ingenieure, sagt: »Da gibt es viele Wünsche, Meinungen und Interessen, viele Behörden, die Gutachten einkaufen, deren Ergebnisse wir in die Planung einarbeiten müssen, etwa im Städtebau.« Kurzum: »Ständig neue Fragestellungen, die nach Lösungen verlangen, bei so einem Projekt bleibt keine Änderung ohne größere Konsequenzen.«

SSF Ingenieure ist nicht das erste Planungsbüro, das die Zweite Stammstrecke betreut. Den Vorgängern war es nicht gelungen, alle vorgeplanten Teilprojekte aufeinander abzustimmen. Es gab eine dem gestiegenen Verkehrsaufkommen nicht angepasste Machbarkeitsstudie; die Position des Tiefbahnhofs am Hauptbahnhof lag zu nahe an zwei U-Bahn-Linien; die Tunnelröhre der vorgesehenen U9, deren Verlauf die Zweite Stammstrecke unter dem Hauptbahnhof kreuzen sollte, wurde nicht berücksichtigt. »München«, sagt Ingenieur Classen, »war auf dem besten Weg, ein Desaster wie der Berliner Flughafen zu werden.«

Im Herbst 2020 informierte die Bahn die Öffentlichkeit über die veränderte Lage. Inzwischen steht fest, dass statt vertikalen Rettungsschächten ein Rettungstunnel zwischen den neuen S-Bahn-Röhren gebaut werden muss. Dass die Stadt in der Nähe des Ostbahnhofs neuerdings ein Konzerthaus plant, kommt erschwerend hinzu. Deshalb muss auch die dortige Station neu geplant werden. Als Termin für die Fertigstellung der Zweiten Stammstrecke nennt die Bahn nun das Jahr 2028. Nathalie Zeiler von SSF Ingenieure meint: »Inzwischen ist alles gut verzahnt, ich bin optimistisch, dass wir das Projekt sehr gut hinkriegen.«

Die Elbphilharmonie

Mitte August, blauer Himmel, Sonnenschein. Tom R. Schulz spaziert über die Plaza und erzählt Geschichten. Vom alten Kaiserspeicher, der einen Turm mit einem Zeitball[6] hatte; vom Kaispeicher A, der an der Stelle des Kaiserspeichers errichtet wurde und in dem überwiegend Kakao, Kaffee und Tabak lagerten, aber gelegentlich auch Schnaps aus der DDR. Bei seiner Fertigstellung 1966, so Schulz, sei das Gebäude veraltet gewesen; zwei Jahre später sollte das erste Vollcontainerschiff in Hamburg einlaufen. Als Marius Müller-Westernhagen 2002 im Kaispeicher A sein Album »In den Wahnsinn« vorstellte, war das Dach schon kaputt und alles voller Ratten.

Einmal rundherum im Uhrzeigersinn geht es mit Schulz, 37 Meter über der Elbe, begleitet von grandiosem Panorama. Am linken Flussufer das Stage Theater mit der Reklame für »Der König der Löwen«; dahinter die Containerterminals um Altenwerder. Am rechten Flussufer sind die Landungsbrücken zu erkennen. Der Michel mit seinem markanten Turm zum Greifen nah, genauso wie die alte Speicherstadt und die neue HafenCity, der vielzitierte Würfelhusten am Wasser. Die Elbphilharmonie, behaupten ihre Architekten, markiere einen »Akupunkturpunkt Hamburgs, an dem alle Meridiane zusammenlaufen, nirgendwo sonst würde dieses Gebäude funktionieren«.

Die Elbphilharmonie. Jeder kennt sie. Jeder hat ein Bild von ihr im Kopf. Was Schulz, Pressesprecher der Elbphilharmonie, die Arbeit nicht gerade erleichtert. Wie ein Gebäude präsentieren, über das schon alles in der Zeitung gestanden hat inklusive der Story über ihren Anfang?

---

6 Bei einem Zeitball handelte es sich um einen weithin sichtbaren Signalball, den man zu einer festen Uhrzeit nach unten fallen ließ. So konnten die Kapitäne die Genauigkeit ihrer Schiffschronometer kontrollieren. Bis ins 19. Jahrhundert war die exakte Kenntnis der Uhrzeit erforderlich, um den Längengrad, an dem sich das Schiff aufhielt, präzise bestimmen zu können.

Best Practice

2001 präsentiert der Architekt und Immobilienentwickler Alexander Gérard erstmals die Idee eines Konzerthauses über dem denkmalgeschützten Kaispeicher A an der Grasbrookspitze. Ein Hotel, Luxuswohnungen und Gastronomie sollen die Finanzierung ermöglichen, und es soll kein Tempel für Feuilletonisten, sondern ein öffentlich zugängliches Haus mit vielen Musikangeboten für die Allgemeinheit werden. Die Schweizer Stararchitekten Jacques Herzog und Pierre de Meuron, mit denen Gérard studierte, erstellen dazu eine Studie. Es heißt, Herzog habe schon beim ersten Treffen mit Gérard die heutige Silhouette des Gebäudes auf ein Foto des Kaispeichers gezeichnet. Große Begeisterung, als die Studie 2003 vorgestellt wird. »Das«, so Schulz, »ist jedenfalls der Gründungsmythos.«

Baubeginn ist 2007, und aus der Begeisterung wird schnell Verdruss. Die geplanten 84.000 Quadratmeter Bruttogeschossfläche erhöhen sich auf 125.500 Quadratmeter. Nachträge, Terminprobleme, Kompetenzgerangel sorgen für Konflikte zwischen dem Hamburger Senat und dem Generalunternehmer Hochtief. Die Baukosten explodieren. 2010 klagt der Senat gegen Hochtief. 2011 stellt Hochtief die Bauarbeiten ein. Erst nach einer Neuordnung der Verträge geht es 2013 weiter. Ein parlamentarischer Untersuchungsausschuss sieht die Hauptschuld für die Kostensteigerungen beim Bauherrn. Am 31. Oktober 2016 wird die Elbphilharmonie an die Stadt übergeben. Statt 77 Millionen Euro, wie im ersten Entwurf vorgesehen, hat sie 866 Millionen Euro gekostet.

Heute spricht keiner mehr von Kabale und Kosten. Inzwischen gilt die Elbphilharmonie als neues Wahrzeichen der Hansestadt. Wenn über sie gestritten wird, dann allenfalls über die Frage, ob ihre imposante Architektur eher an einen Windjammer, einen Eisberg oder einen Quarzkristall erinnert; manche erkennen in der Dachkonstruktion Wellen, manche ein Segel. Unstrittig ist, dass die 1.100 Glaselemente der Fassade Himmel, Wasser und Stadt reflektieren und ein faszinierendes Vexierbild erzeugen. Die Zeitschrift *Architektur & Wohnen* entschied sich für »ein aus dem Fluss gestanztes Tortenstück«.

Auch das Innenleben der Elphi, wie sie von den Hamburgern liebevoll genannt wird, verleitet zu Schwärmereien. Der Weg zur Plaza im achten Obergeschoss führt über eine 82 Meter lange Rolltreppe, begleitet von Glasintarsien, die anmuten wie aufsteigende Luftblasen. Die Foyertreppe zum großen Konzertsaal strebt in einem muschelförmigen majestätischen Bogen nach oben. Die gefrästen Gipsfaserplatten seiner Wandverkleidung im großen Konzertsaal erinnern an ein Korallenriff. Die 2.100 Zuschauerplätze sind angelegt wie Weinbergterrassen. Alles fließt, alles harmoniert, nur hier und dort durchkreuzt ein rechter Winkel die Komposition. Wenn Arthur Schopenhauers These tatsächlich zutrifft, dann bei der Elbphilharmonie: »Architektur ist gefrorene Musik.«

Was in der öffentlichen Wahrnehmung weitgehend untergeht, ist die Bautechnik hinter dem Jahrhundertwerk. Dabei gäbe es darüber enorm viel zu erzählen, wie ein Aufsatz in der Fachzeitschrift *Stahlbau* vom Oktober 2014 eindrucksvoll demonstriert. Darin berichten zwei Ingenieure von Hochtief und ein Kollege der ausführenden Stahlbaufirma spannverbund GmbH auf 15 Seiten über »zahlreiche technische und konstruktiv innovative Lösungen«, begleitet von 3D-Zeichnungen, Details aus Plänen und spektakulären Bildern der Dachkonstruktion, von Knotenpunkten und Verbundstützen, die wie abstrakte Kunst aussehen.

Die Grundfläche des Kaispeichers bildet ein Trapez von 21 mal 108 mal 85 mal 126 Meter. Der Aufbau der Elbphilharmonie nimmt diese Geometrie passgenau auf. Für die Parkgarage waren 650 zusätzliche Betonpfähle und ein kompletter Neubau innerhalb der Backsteinfassade nötig. Für das Tragwerk des Gebäudeaufsatzes mussten 800 Tonnen Stahl verarbeitet werden. Das 6.200 Quadratmeter umfassende Dach besteht aus 1.000 Blechträgern, allesamt Unikate. Die oberen Fassadenelemente wurden an den Dachrandträgern montiert. Besonders diffizil gestalteten sich die Arbeiten über dem großen Konzertsaal; an dieser Stelle war nicht einmal Platz für eine Hebebühne. Ingenieurskunst im Grenzbereich.

Best Practice

Das Herzstück der Elbphilharmonie ist der große Konzertsaal. Er befindet sich in der oberen Hälfte des Gebäudes und erstreckt sich vom 12. bis zum 22. Obergeschoss, wobei die höchsten Sitzreihen im 16. Obergeschoss liegen. Da in den Konzertsaal weder Geräusche noch Vibrationen aus dem Hafen, dem Hotel oder der umliegenden Gebäude dringen sollten, aber auch vom Konzertsaal keine Musik nach draußen, wurde er mittels einer Außen- und Innenschale schalltechnisch entkoppelt. Der Experte spricht bei dieser Vorgehensweise von einer Raum-in-Raum-Konstruktion.

Die Außenschale besteht aus Stahlbeton, hat die Form eines Schiffsrumpfs und ist mit dem Gesamtgebäude fest verbunden. Die Innenschale basiert auf einer unregelmäßigen, stark zergliederten Stahlkonstruktion, die auf 362 Federpaketen lagert. Im benachbarten kleinen Konzertsaal, zwei Etagen tiefer, wurde nach demselben Prinzip verfahren. Unerlässlich dabei: 3D-Modelle mit detaillierten Angaben.»Jeder Zentimeter Überstand im Stahlbau«, so der Aufsatz in *Stahlbau*, »seien es Kopfplatten, Knotenbleche oder Schrauben, musste akribisch auf die teilweise extrem beengten Konstruktionsräume abgestimmt werden.«

»Der Architekt muss es schaffen, sein Gebäude so hinzukriegen, dass die Leute es annehmen«, sagte Jacques Herzog dem Magazin *Der Spiegel*, »dass es tatsächlich geliebt, betreut und unterhalten wird.« Pressesprecher Schulz ist überzeugt, dass genau das gelungen ist: »Die Hamburger lieben diese Verbindung aus Stadt und Hafen, aus Malochen und Promenieren, aus kantiger Backsteinromantik und verspielter High-End-Avantgarde.« Im ersten Jahr nach der Eröffnung kamen 850.000 Besucher zu 600 Konzerten. Auf der Plaza wurden jährlich über vier Millionen Besucher gezählt. Auch international hat Hamburg durch seine Elphi an Renommee gewonnen. Der 232 Meter hohe Elbtower soll schon bald als kongeniales Gegenstück am anderen Ende der HafenCity fungieren und noch mehr Aufmerksamkeit auf Hamburg lenken.

Ob die Baugeschichte des Elbtowers ebenso spektakulär werden wird, lässt sich noch nicht absehen. Enno Isermann weiß jedoch, wie wichtig es ist, auch über sie zu sprechen. Beim Bau der Elbphilharmonie hat der Pressesprecher der Kulturbehörde des Senats kontinuierlich Baustellenbesuche veranstaltet. »Das hat uns in der Öffentlichkeitsarbeit damals sehr geholfen«, so Isermann, »gerade in Zeiten, in denen das Projekt stark in der Kritik stand; jeder, der von der Baustelle runterkam, sagte: ›Was für ein tolles Gebäude.‹«

Jeder hat eine Geschichte, nicht nur Menschen. Nette Anekdote am Rande: »Wir standen mit unseren Leuten immer vor der Foyertreppe zum großen Konzertsaal. Hochtief stand mit seinen Besuchergruppen immer vor dem kleineren Nebenaufgang, und wir wunderten uns, warum das so ist.« Erklärung: »Die kleine Treppe ist in sich verdreht und war ganz schwer in Stahlbeton zu gießen, ingenieurtechnisch war sie vergleichsweise die viel größere Leistung.«

Best Practice

Die ÖPP-Schule

Im Juni 2015 beschließt der Rat der Stadt Würselen in Nordrhein-Westfalen den Neubau einer Gesamtschule für etwa 860 Schüler. Ausgeschrieben werden eine Grundfläche von 10.700 Quadratmetern, Voraussetzungen für ein Ganztagesangebot samt Mensa sowie Außen- und Freianlagen. Die Kosten dürfen 28 Millionen Euro nicht überschreiten. Geplante Eröffnung zum Schuljahr 2019/2020. Realisiert werden soll das Projekt als Öffentlich-Private Partnerschaft (ÖPP) inklusive Gebäudemanagementleistungen über einen Zeitraum von 30 Jahren. Gewichtung der Kriterien für die Vergabe: 50 Prozent Qualität, 50 Prozent Preis.

»Natürlich«, sagt Andreas Iding, »haben wir uns beworben.« Iding ist Geschäftsführer der Goldbeck Services GmbH und hat eine durchaus pragmatische Sichtweise auf seinen Arbeitgeber. »Eine Elbphilharmonie oder ein Guggenheim Museum, Einzelobjekte, die nur einmal im Jahrhundert gebaut werden, wären nichts für uns, wir suchen bei Gebäuden nach dem Wiederholungseffekt.« Wie sie es bei Logistikhallen, Bürogebäuden und Parkhäusern schon länger tun. Nun also auch bei Schulen? Iding sagt: »Jedes Gebäude ist bis zu einem bestimmten Punkt ein Unikat, aber eine Schule ist schematisch aufgebaut, da ist weitgehend abzusehen, was auf einen zukommt.«

Kurzum, ein Projekt wie gemacht für Goldbeck, zumal die Ausschreibung auch das Gebäudemanagement beinhaltete. Und exakt diese Leistung hat Goldbeck im umfangreichen Portfolio seiner Services GmbH. Iding: »Bei uns bekommt man alles rund um die Immobilie.« Schließlich wird bei Goldbeck nicht nur beim Bauen ganzheitlich gedacht. »Wer die Nutzung verantwortet, sollte sich auch um die Planung und den Bau mit kümmern, das wäre vernünftig.« Bekanntermaßen entfällt darauf, bezogen auf die Nutzungsdauer, ein Großteil der Kosten des Gebäudes. Iding meint: »Wir brauchen zunehmend eine optimierte Herangehensweise.«

In Würselen ist die Botschaft jedenfalls angekommen. Das Ergebnis des Ausschreibungsverfahrens veröffentlichte die Stadt in ihrer Bekanntmachung mit der Referenznummer FD 4.1 – 001/2016. Planung: Dohle & Lohse in Braunschweig; Bau: Goldbeck Ost GmbH; Gebäudemanagement Goldbeck Public Partner GmbH.

Nicht nur Würselen brauchte eine neue Schule. Ganz Deutschland braucht neue Schulen. Die Gewerkschaft Erziehung und Wissenschaft (GEW) hat vor einiger Zeit 2.700 Lehrer befragt. Ergebnis: 59 Prozent forderten für ihre Schulen größere Umbau- und Sanierungsmaßnahmen. Der WDR hat sich bei Schulleitern in Nordrhein-Westfalen umgehört. Resultat: 80 Prozent bezeichneten ihre Schulgebäude als mangelhaft bis »marode«. Allein in Berlin sollen 720 Schulen saniert und 60 neu gebaut werden.

Die Mängel reichen von kaputten Fenstern, undichten Dächern über unzureichende sanitäre Anlagen, Belastungen durch Schimmel und Asbest hin zu veralteten Strom- und Wasserleitungen sowie kaputten Wänden und Fußböden. »Schulen«, sagt Iding, »wurden insbesondere in den Neunziger- und Nullerjahren von der öffentlichen Hand stiefmütterlich behandelt.« Nun bezahlt sie dafür den Preis. Der Deutsche Städte- und Gemeindebund beziffert den Investitionsstau bei Schulen auf 48 Milliarden Euro. Der Lehrerverband kommt inklusive Technik und Digitalisierung auf 118 Milliarden Euro.

Das wirft die Frage auf: Woher nehmen und nicht stehlen? Die große Koalition hat 2017 insgesamt 3,5 Milliarden Euro für die Schulsanierung und fünf Milliarden für die Digitalisierung locker gemacht.

ÖPP könnte ein Teil der Lösung sein, glaubt Andreas Iding. Als promovierter Bauingenieur und diplomierter Kaufmann betrachtet er die Sache nicht nur von der technischen Seite. »Wir haben hier ein ökonomisch attraktives Organisationsmodell für die öffentliche Hand, das Sinn macht.« Erst recht mit Unternehmen wie Goldbeck. »Es ist ein Unterschied, ob man zehn Schulen im Jahr oder alle zehn Jahre eine Schule baut. Wir führen ständig den Dialog mit

Schulen, mit Städten und Kommunen, mit den zuständigen Beamten, wir kennen die Abläufe, die Psychologie hinter solchen Projekten.« Allein im Geschäftsjahr 2019/2020 wurden 14 Schulen und 28 Sonderbauten fertiggestellt.

Der Bauantrag für die Gesamtschule Würselen wurde im Januar 2018 gestellt. Spatenstich war im Mai, Richtfest im Oktober, Eröffnung im August 2019. Goldbeck hat das Budget für das Gebäude von 21,2 Millionen Euro eingehalten, inklusive technischer Ausstattung blieben die Kosten eine halbe Million unter der festgelegten Obergrenze. In Würselen können nun alle Schüler beispielsweise an interaktiven Tafeln unterrichtet werden; für deutsche Verhältnisse eine lobenswerte Ausnahme.

»Ich will nicht sagen, dass künftig alles über ÖPP laufen muss«, meint Iding, »aber wer sich mit dem Modell beschäftigt, wird schnell merken, wie gut es funktioniert. In Zeiten, in denen das Geld knapp ist, werden Kommunen ohnehin extrem beäugt.« Und noch ein Tipp zum Schluss: »Wenn ich Bürgermeister wäre und eine Wahl gewinnen wollte, würde ich mich um meine Schulen kümmern und weniger an ein neues Rathaus denken.«

Wohnanlage Park View Essen

Wohnungsbau

Vier Wände zum Glück

Deutschland fehlen Hunderttausende von Wohnungen in Ballungsräumen, für ältere Menschen und vor allem für sozial Schwache. Besuch auf einer Baustelle von Dreßler Bau, einem Spezialisten für schlüsselfertigen Wohnungsbau und Betonfertigteile.

Wohnungsbau

Berlin, Stadtteil Schmargendorf. Forckenbeckstraße 64–67. Auf der linken Seite ein Bauzaun, Wohncontainer, dahinter Rohbaufassaden. Hier muss es sein. Also parken und zu Fuß hinein in die Helene-Jacobs-Straße. Vorbei am ersten Rohbau. Vorbei am zweiten Rohbau. Auf der gegenüberliegenden Straßenseite stehen Wohnblöcke aus der Zeit, als noch Willy Brandt Bundeskanzler war. Westplatte. Einheitsdesign für die Wirtschaftswundermittelklasse.

Lukas Deitmer wartet hundert Meter weiter an der Kreuzung und winkt. In seiner E-Mail hieß es, festes Schuhwerk sei Pflicht. Schon klar. Ringsum Pfützen, Schotter, Löcher, aufgerissener Boden. An der Ecke Silos für die Putzkolonne. Überall Paletten. Dämmmaterial. Schweißbahnen. Dachabdichtungen. Vor der Baustelle eine Reihe von Containern, in denen sich die Büros der Firmen befinden. Unten der Generalunternehmer Dreßler Bau GmbH. Oben die Nachunternehmer, die den Ausbau besorgen. Männer mit Schutzhelmen und Sicherheitsschuhen kommen und gehen. Es ist November, kalt und feucht, der Winter nicht mehr weit.

Deitmer ist der Projektleiter bei Dreßler und zuständig für Block B eines Neubaugebiets, das unter Maximilians Quartier firmiert. Etwa 1.000 Wohnungen entstehen hier in mehreren Blöcken. Block B umfasst 253 Wohnungen zwischen ein und fünf Zimmern, dazu 150 Stellplätze, eine Kindertagesstätte. »Es wird ein Mix aus Eigentums- und Mietwohnungen werden«, sagt Deitmer, vermarket von einem Immobilieninvestor namens Baywobau Berlin. Dreßler hat das Baufeld im Mai 2019 übernommen, bis April 2022 muss alles fertig sein.

Als Projektleiter ist Deitmer verantwortlich für den Rohbau, die Anleitung und den Einsatz der Nachunternehmen und die schlüsselfertige Übergabe, inklusive Kostenmanagement in allen Phasen. Wenn Bauherr, Planer oder Behörden ein Anliegen haben, kommen sie zu Deitmer. Sollte etwas schieflaufen, muss er »den Kopf hinhalten«. Wie sich das verhindern lässt? Deitmer: »Man braucht ein gutes Team, das beginnt im eigenen Laden bei der Ausschreibung und geht vom Facharbeiter bis zum Polier, und du brauchst Nachunternehmer, die du kennst und auf die du dich verlassen kannst. Dann funktioniert so ein Bau wie ein Uhrwerk.« Es laufe super, so Deitmer, »wir sind eben sehr gut in dem, was wir machen.« Laut Ablaufplänen können sie bereits im Dezember 2021 übergeben.

250 Milliarden Euro werden hierzulande jährlich in Neubau und Sanierung von Wohnungen investiert. Seit einem Jahrzehnt boomt insbesondere der Markt mit neuen Immobilien. »Betongold« ist in der Branche zu einem geflügelten Wort geworden. Selbst Corona konnte den seit knapp zehn Jahren anhaltenden Boom im Wohnungsbau nicht aufhalten.

Die Gründe liegen auf der Hand: Laut Statistischem Bundesamt lebte 2019 jeder 14. Deutsche in einer zu kleinen Wohnung. In den sieben größten Städten waren es im Schnitt 39,2 Quadratmeter pro Person. Und die Zahl der Haushalte wird durch Zuwachs und Zuwanderung voraussichtlich bis 2035 weiter steigen. Das hat die Mieten, gerade in den Großstädten, in die Höhe schnellen lassen. In München liegt die durchschnittliche Mietspiegelmiete bereits bei 17,50 Euro pro Quadratmeter, in Frankfurt am Main bei 14,33 Euro. Auch in den kreisfreien Städten sind die Mieten in den letzten zehn Jahren um 50 Prozent gestiegen.

Deutschland braucht Wohnungen. Weshalb die Bundesregierung 2017 eine »Wohnraumoffensive« ausgerufen hat. Der Plan: 1,5 Millionen Wohnungen bis Ende 2021 oder 375.000 jährlich. Schon heute ist klar, dass das Ziel verfehlt werden wird. 2018 wurden 285.000 Wohnungen gebaut, 2019 waren es 293.000 und auch 2020 kamen nicht sehr viel mehr dazu. Köln liegt bei 46 Prozent des Bedarfs an neuen Wohnungen, Stuttgart bei 56 Prozent und in München sind es etwa zwei Drittel. Auch in Universitätsstädten wie Münster, Bochum oder Aachen wird zu wenig gebaut. Hinzu kommt die Herausforderung des demografischen Wandels. Momentan leben nur fünf Prozent der Senioren in einer altersgerechten Wohnung, allein bis 2030 werden davon drei Millionen benötigt.

Wohnungsbau

Marcel Fratzscher sieht hier weiter die öffentliche Hand in der Pflicht. In *Die Zeit* schreibt der Leiter des Deutschen Instituts für Wirtschaftsforschung (DIW): »Kommunen müssen vorausschauend Bauflächen bereithalten, entwickeln und dem Wohnungsmarkt zur Verfügung stellen. Baurechtliche Anforderungen und Genehmigungsprozesse müssen so gestaltet sein, dass auf Nachfragetrends zeitnah reagiert werden kann. Hierzu gehört neben einheitlichen Baustandards und vereinfachten Genehmigungsverfahren auch eine entsprechende personelle Ausstattung in den Bauämtern. In all diesen Bereichen gibt es in Deutschland Nachholbedarf. Die Hausaufgaben für die Politik sind klar: Bauen attraktiver zu machen und Prozesse zu beschleunigen.«

Dringend benötigt wird bezahlbarer Wohnraum. Das Pestel Institut hat errechnet, dass 6,3 Millionen Haushalte für eine Sozialwohnung infrage kämen. Die IG Bauen-Agrar-Umwelt schätzt, dass 8,5 Millionen Deutsche eine Wohnung mit reduzierter Miete benötigen. Tendenz steigend. Das sind alarmierende Zahlen bei einem Bestand von 1,2 Millionen Sozialwohnungen, der jährlich um 70.000 Einheiten schrumpft, während nur etwa 25.000 Sozialwohnungen neu gebaut werden. Wie lässt sich vor diesem Hintergrund erklären, dass die Bundesregierung 2019 die Mittel für sozialen Wohnungsbau gekappt hat? Bayerns ehemaliger Bauminister Hans Reichhart meinte: »Das ist unverständlich und genau das falsche Signal.« Robert Feiger, der Chef der IG Bauen-Agrar-Umwelt, fordert sogar eine »Sozialbauoffensive«.

Dass sie nicht nur nötig, sondern auch finanzierbar wäre, ist unstrittig. Eine Reihe von Bauunternehmen bietet seit einiger Zeit industriell und seriell gefertigte Module für den Wohnungsbau an. Die Produkte sind sowohl vertikal als auch horizontal kombinierbar und ermöglichen eine Vielzahl von Gebäudekonfigurationen. Die Module sind in kurzer Zeit, in großer Stückzahl und kostengünstig herzustellen. Ein Quadratmeter Wohnung wäre schon für 1.400 Euro zu haben. »Ein attraktiver Lösungsansatz«, sagt Hubertus Dreßler, der vor einigen Jahren der Politik einen eigenen, auf ein anderes Problem gemünzten Lösungsansatz vorstellte. Statt

Bretter- und Containerlagern für Flüchtlinge schlug er temporäre Unterkünfte unter reduzierten Bauauflagen vor, die später zu Sozialwohnungen hätten umgebaut werden können. Der Vorschlag fand kein Gehör.

Termin mit Hubertus Dreßler in der Firmenzentrale in Aschaffenburg. Nagelneu und imposant steht sie in der Nachmittagssonne. Die Fassade aus Architekturbeton erzeugt je nach Lichteinfall ein anderes Wellenbild. Eröffnet wurde der Firmensitz im Juli 2020, auf dem Grundstück, auf dem zuvor der Bekleidungshersteller Weiß residierte. Das Gebäude hatte damals auch Dreßler gebaut. Wie so vieles in Aschaffenburg, mit dem Hubertus Dreßler von Kindesbeinen an vertraut war. »Bauen war immer Thema Nummer eins zu Hause, beim Essen wurde darüber gesprochen, am Abend telefonierte der Vater oft noch mit Bauherren, am Wochenende nahm er mich mit in die Firma und erzählte mir ihre Geschichte.«

Die geht so: 1913 Gründung durch den Baumeister Gabriel Dreßler in Großostheim. 1932 Umzug nach Aschaffenburg. Aufstieg zum erfolgreichen Mittelständler, der überwiegend im Hochbau tätig ist. Nach dem Zweiten Weltkrieg konzentriert sich das Unternehmen auf Kasernenbau, Kanalarbeiten und Tiefbauprojekte. Große Aufträge im Autobahnbau sorgen dafür, dass Dreßler Deutschlands größtes Unternehmen im Erdbau wird. 1967 beginnt mit dem Aufbau des Fertigteilwerks im benachbarten Stockstadt die Umstrukturierung zum Generalunternehmer, ausgelöst durch einen Auftrag der Deutschen Post. Innerhalb von acht Jahren entstehen 370 Telefonvermittlungsstellen, deren Gebäudeteile in Serie produziert werden. »Man hat sich«, so Dreßler, »stets der Zeit angepasst und gebaut, was gefragt war.«

Heute ist Dreßler Bau, 540 Mitarbeiter, 320 Millionen Euro Umsatz, sechs Standorte, eines der größten familiengeführten Bauunternehmen Deutschlands. Im Schnitt werden jährlich 50, überwiegend größere Baustellen betreut. Das können Geschäftsbauten überall in Deutschland sein. Wie etwa die Bürogebäude mit raumhoher Verglasung für den Versicherer AXA in Offenbach und Wiesbaden

Wohnungsbau

oder die Fertigungs- und Verwaltungszentrale von Leica in Wetzlar. Das können Industriebauten sein wie im Bereich des Müllheizkraftwerkes für RWE in Essen, ein Parkhaus wie im Bereich des Weltkulturerbes Zollverein oder der Campus der Bundeswehrhochschule Mannheim, vier identische Gebäude mit 506 Zimmern, die komplett digital geplant und in 330 Tagen gebaut wurden.

Etwa die Hälfte des Umsatzes erzielt das Unternehmen im schlüsselfertigen Wohnungsbau. Das Spektrum reicht von einer luxuriösen Anlage im Dresdner Königspark mit Blick über die Stadt und das Elbtal bis zu dem komplett neu entstandenen Stadtteil Mühlbachareal in Offenburg, bestehend aus insgesamt 16 Gebäuden mit 21.000 Quadratmetern Wohnfläche. In Berlin Mitte entstanden zuletzt unter anderem 114 Wohnungen in der Nähe der Friedrichstraße, 114 Apartments, im Wedding waren es 81 Wohnungen.

»Wir haben«, sagt Hubertus Dreßler, »für jeden Bereich Spezialisten, die wissen, worauf es bei den jeweiligen Bauaufgaben ankommt, wie die Projekte kalkuliert und umgesetzt werden müssen. Durch diesen Fundus können wir auch besondere Projekte angehen, die mehrere Themenbereiche vereinen.« Das zahlt sich insbesondere bei den kulturhistorischen Projekten aus. Etwa der James-Simon-Galerie, dem Besucherzentrum der Berliner Museumsinsel, die mit zwei Architekturpreisen ausgezeichnet wurde. Mehr noch aber beim Berliner Humboldt Forum, für das Dreßler unter anderem die Architekturfassade an der Spreeseite erstellte. Beim Neuen Museum, ebenfalls in Berlin, war die Firma an Rekonstruktion und Wiederaufbau beteiligt. In Potsdam wird derzeit mit drei Millionen Ziegelsteinen die Garnisonskirche mit ihrem 88 Meter hohen Turm neu errichtet. Dreßler: »Das kann nicht jeder.«

Das Werk in Stockstadt, in dem Betonfertigteile in nahezu beliebiger Form, Größe und Beschaffenheit produziert werden, ist dabei von zentraler Bedeutung. Gleich hinter der Zufahrt ist eine Auswahl von ihnen zu besichtigen. Durch chemische Behandlung und Bearbeitung entstehen unterschiedlichste Oberflächen. Dreßlers Architekturbeton wird gesäuert, gestrahlt, geschliffen, gebürstet, gewaschen oder mit Matrizen versehen und wird, wenn gewünscht, in unterschiedlichen Farben geliefert. Dreßler spricht von Kreativität und Ästhetik: »Architekturbeton lebt.« Zu bestaunen ist auch ein acht Meter hohes, zwei Tonnen schweres vorgehängtes Fassadenelement. 1.400 davon wurden für das Hochhaus des Mineralölkonzerns Total am Berliner Hauptbahnhof verbaut.

In den Hallen werden die nächsten Aufträge gegossen, etwa die Fassade für das dritte Terminal des Frankfurter Flughafens. 16 Silos liefern Zuschläge für die Betonrezepturen, die im hauseigenen Betonlabor entwickelt werden. »Normalerweise gibt es da keine großen Geheimnisse«, sagt Dreßler, »meistens arbeiten wir mit gängigen Güteklassen wie C30/37.« Schwieriger wird es, wenn der Kunde spezielle Ansprüche ans Design des Betons stellt. So hatten sie vor nicht allzu langer Zeit einen Kaffeehersteller, der sich für eines seiner Gebäude einen speziellen Braunton wünschte. Gelegentlich kommt bei der Herstellung die monströse, kostspielige Schleifanlage zum Einsatz. Dreßler beschäftigt Betonkosmetiker, vieles entsteht in Handarbeit. Die Schalungen für die Fertigteile kommen aus der eigenen Schreinerei, die Stahlbewehrungen entstehen in der eigenen Eisenbiegerei und Schlosserei, gleich neben der Halle, in der Lkw-Waagen entstehen.

Hubertus Dreßler, Jahrgang 1974, eloquent, nackenlanges Haar, wollte zunächst nicht Bauunternehmer werden. Schon als Junge hat er unterschiedliche Versionen seines Traumhauses ins Freundschaftsalbum gezeichnet und als Berufswunsch Architekt angegeben. Nach dem Abitur absolvierte er eine Schreinerlehre, während des Studiums arbeitete er für mehrere Architekturbüros, ehe er nach seinem Abschluss bei den Bauunternehmen Bilfinger + Berger und Max Bögl als Bauleiter einstieg. »Ich wollte nie als Nachfahre der Baufamilie Dreßler gesehen werden.« 2004 kam er aber doch zurück nach Aschaffenburg, 2007 übernahm er die Leitung in Stockstadt, wo er den Umsatz auf 70 Millionen Euro verdreifachte. 2012 wurde er in die Geschäftsführung berufen, inzwischen leitet er das Unternehmen und ist für dessen Entwicklung verantwortlich.

Wohnungsbau

»Ich habe in der Branche bei Bilfinger und Bögl meine ersten Erfahrungen machen dürfen«, sagt Dreßler, »aber ein Unternehmen wie unseres zu führen, nötigt mir immer noch gehörigen Respekt ab, das Können dafür muss man sich hart erarbeiten.« Großer Vorteil: Bei Dreßler Bau haben die Mitarbeiter von jeher einen hohen Stellenwert, viele bleiben über Jahrzehnte, dass halbe Familien vom Großvater bis zum Enkel auf der Lohnliste stehen, ist keine Seltenheit. Das partnerschaftliche Verhältnis zum Personal, so Dreßler, habe sich stets bewährt: »Auf dem Bau bist du immer davon abhängig, die richtigen Leute zu haben.«

So gesehen trifft es sich gut, dass Dreßler in der Geschäftsleitung unterstützt wird von Peter Littauer, Jahrgang 1963, einem erfahrenen Kaufmann der alten Schule. Littauer ist seit 41 Jahren in der Baubranche tätig, er war 23 Jahre in unterschiedlichsten Funktionen bei Dywidag, bevor er 2002 Geschäftsführer bei Dreßler wurde. Littauers Vater war Schachtmeister, sein Kinderspielplatz war der Bauhof. »Ich kann nur Bauen«, sagt er, was in seiner Position allerdings von großem Nutzen ist. »Unser Selbstverständnis: Verantwortung, Kompetenz, Kreativität«, heißt es auf www.dresslerbau.de. Wichtig, so Littauer, sei aber auch eine schlüssige Strategie: »In unserer Branche wird oft kurzfristig gedacht, was zu kurz kommt, ist die Frage: Wie und in welche Richtung wollen wir uns entwickeln?«

Dreßler setzt hier zunehmend auf die Digitalisierung. »Wir müssen dahin kommen«, sagt Hubertus Dreßler, »dass erst gebaut wird, wenn das Projekt komplett digital geplant ist. Das Gebäudemodell, Terminplanung, Arbeitsvorbereitung, Materialfluss, alle Prozesse müssen stehen, damit alles beim Bau des Gebäudes effizient umgesetzt werden kann.« Das ist insofern entscheidend, als Dreßlers Wohnungsbauprojekte zu 70 Prozent von Nachunternehmern abhängen. Dreßler sagt: »Digitalisierung ist die Zukunft, aber auf dem Bau nicht ganz so leicht umzusetzen. Wir versuchen jeden Tag neue Informationen zu gewinnen und zu verarbeiten, doch wir haben noch viel zu tun.« Kombiniert wird die digitale Offensive mit Lean Management. »Alle für die Wertschöpfung notwendigen

Aktivitäten optimal aufeinander abzustimmen«, so Dreßler, »ist zentral für effizientes Bauen, Lean ist ein Erfolgsfaktor, davon bin ich überzeugt.«

Wie das in der Praxis aussieht, zeigt einem Paul Kochan, einer der Bauleiter auf der Baustelle im Schmargendorfer Maximilians Quartier. Morgendliche Besprechung im Keller. Kochan steht zusammen mit einem halben Dutzend Facharbeitern um einen Tisch. An der Wand hinter ihm hängt ein großes Board mit Namen, Zahlen und einem bunten Raster. Hier sind alle Gewerke aufgelistet. 1 steht für Elektro, 2 für Innenputz, 4 für Sanitär, 6 bedeutet Trockenbau. Insgesamt 13 Bereiche gibt es, die alle nach Farben geordnet sind. Rosa für Fliesenlege-, Gelb für Maler-, Blau für Schlosserarbeiten. Das Raster gibt Abläufe und Termine vor, in einer separaten Liste werden Pünktlichkeit, Qualität der Arbeiten und Sauberkeit gecheckt. Bei Orange herrscht Handlungsbedarf, bei Grün ist alles okay.

Nach der Besprechung checkt Kochan den Stand des Ausbaus. In einem der Häuser sind bereits die Leitungen für Strom, Wasser und Wärme verlegt, während im Erdgeschoss nebenan noch verputzt wird. Kochan sagt: »Wichtig ist, dass wir Mängel sofort erkennen und beseitigen, aber im Prinzip läuft auf dieser Baustelle alles wie am Fließband.« Ein passendes Bild, schließlich kommt Lean Management aus der Automobilindustrie, deren Ablaufplanung sich vor allem die Bauindustrie mehr und mehr aneignen möchte. »Wenn alles funktioniert«, sagt Kochan, »haben wir mehr Zeit für Sachen wie Schriftverkehr, Warenbestellung oder Qualitätskontrolle.« Und dann ist es auch möglich, eine große Baustelle fünf Monate vor Termin fertigzustellen.

Zum Schluss eine kleine Exkursion mit Projektleiter Deitmer. Raus aus dem Rohbau, über den Hof, der später einmal begrünt sein wird, Kinderspielplatz, Parkbänke, hinüber zu einem Gerüst und acht Stockwerke hinauf aufs Dach. Während Deitmer eine Leiter nach der anderen hinter sich lässt, erzählt er ein wenig von sich. Von seiner Mutter wisse er, dass er schon als Kind immer vor Baustellen gestanden habe. Spielzeug Nummer eins? Natürlich Lego. »Wir hatten einen großen Garten mit einer Bauecke, da habe ich Löcher gegraben oder Fundamente gegossen.« Die Berufswahl nach der Realschule: Maurer. Danach Fachabitur und Studium des Bauingenieurwesens in Aachen und Münster.

Irgendwann kam er nach Dresden, mochte die Stadt, suchte einen Job, bewarb sich bei Dreßlers Dresdner Niederlassung, wurde genommen und hat den Schritt nie bereut. »Stimmt schon«, sagt Deitmer, »wir sitzen hier zwei Jahre lang in Containern wie bei einem Campingurlaub und dann bist du für zwei Jahre woanders und alles fängt von vorne an.« Wieder Baugrube, Rohbau, Ausbau, ständig Provisorium. »Das muss man mögen.« Dafür gibt es aber auch Momente, die unvergesslich bleiben. Deitmer war auch bei der James-Simon-Galerie involviert. »Ein großartiges Gebäude, Sichtbeton, anspruchsvoller Entwurf, da konnte man alles, was man im Studium gelernt hatte, umsetzen. Von dieser Baustelle werde ich ein Leben lang zehren.«

Auf dem Dach angekommen, stehen wir und schauen. Links vor uns Vattenfalls Heizkraftwerk an der Stadtautobahn mit seinen drei monströsen Schornsteinen. Rechts davon Friedenau, wir blicken über Schöneberg, Tiergarten und Mitte bis in den Osten Berlins. »Von den Dächern hat man die schönsten Blicke«, sagt Deitmer. Wir drehen uns um, vor der Baustelle liegen die Wohnblöcke aus den Siebzigern an der Helene-Jacobs-Straße, dahinter Jugendstilvillen, hier und da Art déco. »Sehen Sie«, sagt Deitmer, »alle fünfzig Jahre ist hier etwas Neues entstanden.« Was es bewirkt, ist jedoch immer gleich geblieben. Auch im Maximilians Quartier werden Familien leben, Kinder spielen, Menschen sich zur Ruhe setzen. Eine neue Heimat finden, eine Zukunft, ein besseres Leben.

Logistikhalle der Firma GLP Zevenaar

Foto: Goldbeck GmbH

Gewerbebau

Das Erfolgssystem

Goldbeck ist spezialisiert auf Bürogebäude, Parkhäuser und Hallen. Das Unternehmen baut nur, was es plant, und plant nur, was es baut, immer häufiger auch Schulen und Sondergebäude. Zunehmend wichtiger dabei: Digitalisierung und Nachhaltigkeit.

Gewerbebau

Er kam per Privatjet, stieg in eines seiner Elektroautos und ließ sich nach Grünheide in Brandenburg chauffieren. Tags zuvor hatte er via Twitter angekündigt: »Recruiting ace engineers for Giga Berlin! Will interview in person tomorrow on site.«[7] Nach seiner Ankunft verschwand er in einem dreistöckigen Baucontainer. Das war's. Kein Statement, keine Pressekonferenz, kurz darauf war er wieder weg.

Natürlich stand die Story am nächsten Tag in allen Zeitungen. Weil Elon Musk nicht irgendein Unternehmer ist, nicht nur einer der reichsten Männer der Welt, sondern auch ein Popstar der Weltwirtschaft. Ein kapitalistischer Guru, bei dem alles überlebensgroß erscheint. Weshalb das, was auf einem gerodeten Waldstück am Berliner Ring, Ausfahrt Freienbrink, entsteht, nicht nur als Fabrik tituliert wird, sondern als Gigafactory. Auf 300 Hektar baut Tesla eine Halle mit 700.000 Quadratmeter Produktionsfläche, eine halbe Million Autos sollen dort jährlich gebaut werden, 12.000 Menschen Arbeit finden.

Wer die Fabrik baut, stand nicht in der Zeitung. Vielleicht weil die Unternehmer dahinter nicht auf Selbstdarstellung setzen und sich auch nicht auf Musks glamourösen Bühnen tummeln, sondern in Ostwestfalen zu Hause sind. Einer Gegend, die nicht bekannt ist für große Sprüche und Starallüren. In Ostwestfalen tragen Unternehmer Anzüge in gedeckten Farben und haben ein Faible für Understatement. Man schätzt Fleiß, Disziplin und Bescheidenheit. Man fragt: »Wie is?« Und antwortet: »Muss, und selbst?«

So hat die Region Unternehmen wie Bertelsmann, Miele, Dr. Oetker, Claas, Diebold Nixdorf, Porta, DMG Mori, Schüco oder itelligence hervorgebracht. Alle Paradebeispiele für Selfmade in Germany. Dazu gehört auch die Goldbeck GmbH, die wesentliche Teile von Teslas Gigafabrik in Grünheide baut und dazu beiträgt, dass Tesla voraussichtlich im Juli 2021 in die Produktion einsteigen kann.

---

[7] »Rekrutiere Spitzeningenieure für die Gigafabrik in Berlin. Werde morgen die Vorstellungsgespräche auf der Baustelle selbst führen.«

Das Erfolgssystem

Von Bielefeld aus über die B61 in den Stadtteil Brackwede, von dort weiter in den Ortsteil Ummeln und links in die Ummelner Straße 4 – 6. Hier befindet sich Goldbecks Stammsitz. Jan Majer-Leonhard, Leiter Marketing und Kommunikation, wartet schon im Foyer. Kurze Begrüßung und gleich hinein in den Showroom hinter dem Foyer mit Anschnitten von Parkhäusern, Bürogebäuden sowie Logistik- und Produktionshallen. Man blickt auf Fassaden, Fenster und Tore. Da sind Fundamente, Wandelemente und Stützen. Majer-Leonhardt sagt: »Damit Sie leichter verstehen, wer wir sind und was wir machen.«

Bevor wir tiefer einsteigen, eine kurze Zusammenfassung, wie Bauen üblicherweise funktioniert. Normalerweise gibt es einen Bauherrn, der einen Gebäudewunsch hat. Mit diesem geht er zu einem Architekten, der diesen allein oder zusammen mit einem Planer in eine Bauvorlage verwandelt. Mit der geht der Bauherr zu einem Bauunternehmer und beauftragt ihn mit der Umsetzung. Der Bauunternehmer erstellt also kein eigenständiges Produkt, er agiert wie ein Dienstleister.

Goldbeck ist komplett anders. Goldbeck versteht Gebäude als Produkte. Geschäftsführer Hans-Jörg Frieauff sagte dem Wirtschaftsmagazin *brand eins*: »Wir bauen nichts, was wir nicht selbst geplant haben, und wir planen nichts, was wir nicht selbst bauen. Wir sind ein Generalübernehmer, wir machen nur das volle, integrierte Programm.« Mit der Konsequenz, dass Goldbeck alle Arbeitsprozesse selbst entwickelt und die wesentlichen Konstruktionselemente selbst produziert. Jedes Jahr werden bei Goldbeck 400.000 Kubikmeter Beton sowie 90.000 Tonnen Stahl verarbeitet, nebenher entstehen Fenster, Türen und Fassadenelemente. Zehn Produktionswerke gehören zum Unternehmen. Mit seinen 1.200 Architekten und Ingenieuren für die Bauvorphase stellt Goldbeck wohl das größte Planungsbüro Deutschlands.

Sie nennen es systemisches oder elementiertes Bauen mit System. Im Prinzip ist es wie Lego, ein System perfekt aufeinander abgestimmter Komponenten und Details, übertragen auf schlüsselfertige Gewerbeimmobilien. Vorbild ist einmal mehr die Automobilindustrie. Viele Modelle auf einer Plattform. Klare und pragmatische Herangehensweise. Es gibt fixe Parameter, alles folgt der hauseigenen Systemlogik. Im Showroom präsentieren sie eine Betonstütze, die tausendfach in Goldbecks Gebäuden verbaut wird. Auf halber Höhe verjüngt sie sich. Das spart Beton, reduziert den CO_2-Fußabdruck bei der Herstellung und spart Material- und Transportkosten, ohne dass die Tragfähigkeit leidet.

Goldbecks Architekten und Ingenieure arbeiten kontinuierlich an neuen, verbesserten, effizienteren Systemelementen. Die Techniker im hauseigenen Betonlabor haben unlängst eine Deckenplatte aus Carbonbeton entwickelt, für die das Unternehmen mit einem Innovationspreis ausgezeichnet wurde. Am Ende kommt bei Goldbeck alles aus einer Hand, alles ist konsequent durchdacht inklusive millimetergenauen Aussparungen, Bolzen und Laschen. Das wiederum sorgt für eine unproblematische, schnelle Montage und auch hier zu weniger Kosten. Auf ihren Prospekten steht: »Genau so muss Bauen sein: wirtschaftlich, schnell und nachhaltig!«

Im Geschäftsjahr 2019/2020 hat die Goldbeck Gruppe mit diesem Geschäftsmodell 534 Gebäude übergeben. 7.800 Mitarbeiter in über 70 Niederlassungen erwirtschafteten damit etwa 3,5 Milliarden Euro, 19 Prozent mehr als im Jahr davor, mehr als doppelt so viel wie noch vor zehn Jahren. Bemerkenswert ist, dass bei Goldbeck inzwischen jedes Gebäude digital geplant wird. Es gibt im Unternehmen 1.600 aktive Anwender von Building Information Modelling (BIM), gearbeitet wird mit zehn Computersprachen. Würde man den im Bielefelder Rechenzentrum gespeicherten Bytes ein druckbares Symbol mit der Schriftgröße 10 Punkt zuweisen, entspräche die Textlänge der 1,6-fachen Entfernung zwischen Erde und Mond.

Gegründet wurde die Firma 1969 von Ortwin Goldbeck, dessen Großvater in Bielefeld eine Schmiede betrieb. Aus der Schmiede machte der Vater einen Schlossereibetrieb. Ortwin Goldbeck lernte ebenfalls Schlosser, erwarb den Meisterbrief und besuchte die Ingenieursschule. Nach einem Besuch in Berlin war klar: »Ich will Großes bewegen, ich will in die Welt hinaus.« Doch seine Mutter mahnte, er möge doch auch an den Familienbetrieb denken. Goldbeck blieb daheim, doch ihm schwebte mehr vor als eine Schlosserei. Er fragte sich: »Warum ist Bauen kompliziert und teuer?« Antwort: »Weil jedes Bauteil individuell produziert werden muss.« Nächste Frage: »Wie kann ich das verändern?« Antwort: »Mit serieller Fertigung.« Ein Betriebsberater der Handwerkskammer ließ sich davon überzeugen, versprach Unterstützung und vermittelte den Gründungskredit. Die Bürgschaft leistete Goldbecks Ehefrau Hildegard; als Lehrerin galt sie als hinreichend kreditwürdig.

Man trifft ihn in seinem Büro. Obwohl Goldbeck, geboren 1939, sich bereits 2007 aus der Geschäftsleitung verabschiedete und diese an seine Söhne Jörg-Uwe und Jan-Hendrik übergab, ist er immer noch gerne in der Firma. »Die Firma«, sagt Goldbeck, ein freundlicher Mann und leidenschaftlicher Erzähler, »ist mein Lebenswerk.« In Episoden macht er seinen Besucher nun damit vertraut. Wie alles begann mit einem Schulkameraden und einem Jugendfreund. Die ersten schlüsselfertigen Hallen 1980, für den Mittelstand der Region erdacht und gebaut. Die Mitarbeiterbeteiligung 1984. »Wer bei Goldbeck ist, hat unser Vertrauen, wir achten auf Respekt und Fairness, wollen aber auch, dass Mitarbeiter Verantwortung übernehmen.« Das erste Werk in Ostdeutschland, die ersten Werke in Osteuropa, die Erweiterung des Geschäfts über Deutschland hinaus. »Wir sind in ganz Europa vor Ort«, sagt Goldbeck, »weil Bauen ein regionales Geschäft ist.«

Die Erzählung mündet am Ende in drei Sätzen. Erstens: »Es war nie mein Ziel, schnell Geld zu verdienen, das Ziel war immer, Ideen umzusetzen.« Zweitens: »Bei Goldbeck schreiben wir Strategien mit Bleistift und Werte mit Füller.« Und: »Wenn man über 38 Jahre ein Unternehmen aufgebaut hat, ist es nicht leicht, loszulassen, aber dass die Nachfolge bei uns funktioniert hat, sieht man am Ergebnis.«

Es gab eine Zeit, in der Gebäude von Goldbeck einen ambivalenten Ruf hatten. Einerseits wirtschaftlich, zuverlässig, von langer Lebensdauer. Andererseits uniformiert, einheitlich, von der Stange. Der VW Golf des Gewerbebaus. Wer durch die aktuellen Prospekte des Unternehmens blättert, findet nichts davon. Jede Halle ist ein imposantes Unikat. Die Parkhäuser brillieren mit kreativen Hüllen, LED-Beleuchtung, attraktiven Treppenhäusern. Erst kürzlich wurde ein Projekt mit 50 Ladestellen für Elektroautos fertiggestellt. Schon heute stammt jedes zweite oberirdische Parkhaus in Deutschland von Goldbeck.

Der Prospekt für Bürogebäude hat 98 Seiten mit Kubaturen nach Maß, unterschiedlichen Foyers, Atrien, Treppen und Fassaden. Dazu die technische Gebäudeausstattung, Smart-Building-Komponenten und Serviceleistungen wie Solaranlagen. Wer Majer-Leonhard folgt, kann ein Stockwerk über dem Showroom mittels Virtual Reality in das Innenleben von Goldbecks Bürowelten eintauchen. Die VR-Brille macht Meetingroom, Workstation und Thinktank erlebbar. Alles lässt sich per Klick unterschiedlich gestalten. Einzelzimmer oder Teambox. Bodentiefe oder hüfthohe Fenster. Ausblick zum Flur oder geschlossene Räume. Dunkler Teppich, heller Teppich. Eine dreidimensionale Reise in die Zukunft. Majer-Leonhard sagt: »So können wir mit dem Kunden frühzeitig die Richtung besprechen.«

Natürlich spielen bei Goldbeck rechte Winkel und die gerade Linie immer noch eine große Rolle. Doch die Produktpalette ist längst eine Melange aus systematisiertem Ansatz und freier Gestaltung. Das Credo dahinter: Unsichtbare Elemente werden standardisiert, bei sichtbaren Elementen ist Spielraum für Ästhetik und Design. Der Unternehmensberater Peter May sagte kürzlich im Handelsblatt über die geschäftsführenden Brüder Jörg-Uwe und Jan-Hendrik: »«Sie haben eine gewaltige unternehmerische Leistung erbracht, sie haben sich und ihr Baugeschäft systematisch und mit einem unglaublichen Erfolgswillen weiterentwickelt. Mich wundert es von daher nicht, dass sie nun die Gigafabrik von Tesla bauen.« Was May vor allem gefällt: »«Sie agieren nicht verbissen, sondern spielerisch, sportlich. Die beiden Brüder ergänzen sich dramatisch gut, Jan-Hendrik ist der energische Vorwärtsstürmer, Jörg-Uwe der besonnene Stratege.«

Wer Jan-Hendrik Goldbeck besucht, ahnt, was Unternehmensberater May mit Vorwärtsstürmer gemeint haben könnte. Goldbeck ist mitteilsam, optimistisch, durchaus extrovertiert. Das Lob im Handelsblatt will er dennoch relativieren: »Wir brauchten als Nachfolger keine Revolution, wir konnten das Geschäft unseres Vaters evolutionär entwickeln. Wir mussten den von ihm eingeschlagenen Weg nur konsequent und beherzt weitergehen.« Mit anderen Worten: Goldbecks Kernidee funktioniert bis heute. Herausforderungen sieht Goldbeck vor allem in den Bereichen Nachhaltigkeit und Digitalisierung.

»Nachhaltigkeit ist für uns kein Zeitgeistthema, wir müssen dabei aber Cradle to Cradle denken – also von der Herstellung über das Bauen bis zum Abriss und der Wiederverwendung der Materialien.« Goldbecks Geschäftsmodell hat hier deutliche Vorteile. Bauen im System erzeugt nachweislich weniger CO_2-Emissionen. Hinzu kommt, dass Beton und Stahl sich gut recyceln lassen, das gilt auch für Aluminium, von dem Goldbeck ebenfalls große Mengen verbaut.

Was die Digitalisierung angeht, sind die Bielefelder eindeutig der Protagonist der Baubranche. 2019 wurde im Silicon Valley in Kalifornien eine kleine Forschungs- und Entwicklungseinheit gegründet. Gesucht werden exklusive Kooperationsmöglichkeiten mit Start-ups, die Digitalisierung und Bauen verbinden. Autodesk, das weltgrößte Bausoftwareunternehmen, ist ganz in der Nähe. Wie auch das Start-up Katerra, ein Hersteller von systematisierten Holzgebäuden, der das Bauen revolutionieren will. Und natürlich hat Goldbeck auch Kontakt zur Stanford University, die einen Lehrstuhl mit Schwerpunkt digitalisiertes Bauen unterhält. Martin Fischer, der in Stanford lehrt, sagt: »«Das Engagement der Goldbecks ist einzigartig, sie sind als erstes deutsches Bauunternehmen im Silicon Valley vertreten und konnten sich schon einen Namen machen.«

»Da entsteht etwas Neues«, glaubt Jan-Hendrik Goldbeck, »da wollen wir dabei sein.« Erst recht, weil sich systematisiertes Bauen für die Digitalisierung besonders eignet. Und die Entwicklung des Marktes bei Gewerbeimmobilien deutet darauf hin, dass es weiter aufwärts geht. Zuletzt wurden für Bürogebäude, Hotels, Einzelhandelsflächen, Logistik-, Produktions- und Lagerhallen in Deutschland jährlich 70 Milliarden Euro ausgegeben, sieben Mal mehr als 2010. Um die Beschaffenheit der Baustellen zu erfassen, werden inzwischen auch Drohnen, 3D-Scans und Fotogrammetrie eingesetzt. Bei repetitiven oder gefährlichen Arbeiten auf der Baustelle wird der Einsatz von Robotik geprüft. Spätestens jetzt wundert keinen mehr, dass Goldbeck sich nicht als Bauunternehmen versteht, sondern als Technologieunternehmen, das mit Bauen sein Geld verdient.

Die Digitalisierung spielt aber auch noch in einem anderen Bereich eine zentrale Rolle. »Wir wollen nicht nur bauen«, sagt Jan-Hendrik Goldbeck, »wir wollen auch in der Nutzungsphase Partner des Bauherrn bleiben.« Seine Forderung: »Wir müssen Gebäude in ihrem gesamten Lebenszyklus begreifen und optimieren.« Stichwort Facility und Property Management. Schließlich entstehen – bezogen auf die Lebensdauer eines Gebäudes – bis zu 80 Prozent der Kosten durch Betrieb, Unterhalt, Energieverbrauch. Für Goldbeck ist der Erbauer auch der ideale Betreuer während der Nutzungsphase eines Gebäudes.

Bereits über 150 Parkhäuser und 550 Gewerbeimmobilien werden von Goldbeck verwaltet, 1.000 Objekte durch den Geschäftsbereich Facility Services betreut, beraten, geprüft und optimiert. Das macht zusammen 13 Millionen Quadratmeter Fläche. Schon bald soll die Gebäudetechnik selbstständig mit dem Facility Management kommunizieren, um alle Abläufe innerhalb des Bauwerks über den gesamten Lebenszyklus transparent und effizient zu machen. Jörg-Uwe Goldbeck meint: »Planung und Bau haben wir in den letzten 51 Jahren bereits erfolgreich und eng verzahnt, unser nächster Meilenstein ist die Synthese von Bau und Betrieb.«

Sein Büro liegt gleich gegenüber dem seines Bruders. Jörg-Uwe ist acht Jahre älter, und es stimmt schon, er wirkt ruhiger, zurückhaltender. Ein großspuriges Zitat oder detaillierte Informationen zu Musks Gigafabrik wird man von ihm nicht bekommen. »Wir sind stolz darauf, Teil des Teams zu sein, das die neue Gigafactory baut.« Das muss reichen. »Man muss authentisch sein«, sagt Goldbeck, »du kannst nur eine Rolle spielen – deine.« Und dann erzählt er von einer Besprechung mit einer Führungskraft am Vormittag. Es solle ja immer noch Firmen geben, in denen klaglos gemacht werde, was der Chef vorgebe. Goldbeck sagt: »Ich bin aber in endlosen Disziplinen kein Fachmann, deshalb habe ich auch heute Vormittag ausführlich zugehört. Ich finde es gut, dass wir lieber drei Mal nachdenken, bevor wir eine Entscheidung treffen, das ist schon anstrengend, aber jede Entscheidung muss verstanden und akzeptiert werden. So hat das auch schon unser Vater praktiziert.«

Dazu passt, dass Goldbeck trotz seines fulminanten Wachstums im letzten Jahrzehnt nicht die Welt erobern will. Jörg-Uwe Goldbeck sagt: »Das kommende Jahrzehnt wird unsere europäische Dekade werden, bis auf unsere Dependance in Shanghai planen wir keine Ausflüge.« Es sei schwer genug, sich in Europa zu behaupten, so Goldbeck. »Die Engländer haben einen ganz anderen Zugang zu einer Halle als wir Deutschen, bei den Franzosen oder Italienern ist es kaum anders.« Wichtig sei auch, gesellschaftliche Entwicklungen im Auge zu behalten. Die E-Mobilität verändere die Infrastruktur des Parkhauses. New Work revolutioniere den Arbeitsplatz und damit das Bürogebäude. Goldbeck: »Die Frage ist nicht, wie kriege ich mein System in den Markt gedrückt, sondern wie schaffe ich Lösungen für eine veränderte Welt. Bauen ist ein interdependenter Prozess, der sich ständig neu formt.«

Schon klar, nichts ist so beständig wie der Wandel. Das heißt nicht, dass nicht einiges so bleibt wie es immer war, ganz wie sich das gehört für Unternehmer aus Ostwestfalen. Und damit sind nicht die Anzüge in gedeckten Farben und das Understatement bei öffentlichen Auftritten gemeint. »Wissen Sie«, sagt Jörg-Uwe Goldbeck, »wir haben uns nie mit dem Wettbewerb beschäftigt oder dem, was andere über uns sagen, wir haben uns stets auf die Kunden konzentriert und darauf, was wir verbessern können.«

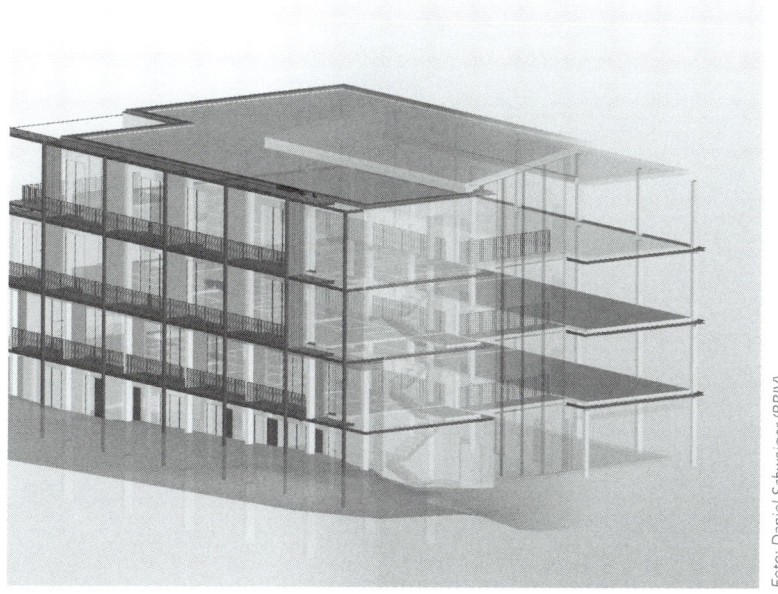

3D-Gebäudemodell

Digitalisierung

Wahrheit, Probleme, Prognosen
(von Mathias Obergrießer)

Die Digitalisierung transformiert die Welt und hat längst auch die Bauwirtschaft erfasst. Sie soll den Mitarbeitern die Arbeit erleichtern, die Produktivität der Unternehmen steigern und die Attraktivität der Branche verbessern. Ein Zwischenfazit.

Während laut Statistischem Bundesamt die Arbeitsproduktivität pro Erwerbstätigenstunde im Durchschnitt aller Wirtschaftsbereiche in den Jahren 1991 bis 2008 um etwa 40 Prozent gestiegen ist, blieb sie in der Baubranche nahezu unverändert. Dadurch entgehen diesem Sektor rund 100 Milliarden Euro jährlich. Die Digitalisierung birgt also enormes wirtschaftliches Potenzial. Da darüber hinaus das Thema Work-Life-Balance einen immer höheren Stellenwert bei der Berufswahl einnimmt, ist auch eine Verminderung der Arbeitsbelastung der in der Bauwirtschaft Beschäftigten anzustreben. Außerdem können mithilfe von Digitalisierung die Herausforderungen des Fachkräftemangels abgemildert, die Geschäftsprozesse optimiert und somit die Unternehmensgewinne gesteigert werden.

Was aber bedeutet Digitalisierung konkret? Handelt es sich dabei um ein technisches Aufrüsten durch den Einsatz von Software, Sensorik oder vernetzten Baumaschinen und Baugeräten? Ist es eine moderne Methode zur vernetzten Planung, Bauumsetzung oder zum Betrieb eines Bauwerks? Oder ist es eine neue Strategie für den Umgang mit Bauwerks- und Projektinformationen und den damit verbundenen Prozessen?

Viele Firmen im Bauwesen – ob groß oder klein – suchen nach Antworten auf diese Fragen. Mit mehr oder weniger Erfolg. Oft ist schwer zu erkennen, wo in den bestehenden Geschäfts- und Bauprozessen Digitalisierungspotenzial besteht, und auch die ressourcentechnischen Nebeneffekte einer Digitalisierung sind nicht leicht abzuschätzen. Man muss auch hinterfragen, welche Auswirkungen auf die Mitarbeiterleistung und -zufriedenheit sich aus der Transformation der Arbeitsprozesse ergeben, und wie sich die Einführung einer neuen Technologie ethisch vertreten lässt.

Vom analogen zum digitalen Planen und Bauen 4.0

Seit es Menschen gibt, werden Bauwerke geplant, gebaut und unterhalten. Zunächst wurden Höhlen genutzt, später waren es mobile Zelte in Form eines Baukastensystems, was bereits Planungs- und Prozessstruktur erforderte. Als der Mensch sesshaft wurde, mussten die Bauwerke massiver werden, um einen längeren Betriebslebenszyklus zu gewährleisten, wobei sich die Größe, der Komfort, die Komplexität, der Anspruch und die Vielfalt der Bauwerke über die Jahrtausende stark verändert haben. Mittlerweile werden Bauwerke mobil verlagert, es gibt Bauwerke, die digital vernetzt sind – Stichwort Smart Building – oder Bauwerke, die bis fast einen Kilometer in den Himmel ragen – alles Errungenschaften des Fortschritts und der damit einhergehenden Technologien.

Betrachtet man die verschiedenen Evolutionsstufen des Planens und Bauens von der Antike bis zum automatisierten und industrialisierten Planen und Bauen 4.0, fällt auf, dass sich der Prozess der Umsetzung eines Bauprojektes im Grunde nicht verändert hat. Nach wie vor existieren dieselben Prozessbausteine vom Entwerfen und Planen, der Vorbereitung zur Umsetzung eines Bauwerks über die Errichtung und den Betrieb bis hin zum Umbau oder Rückbau. Verändert hat sich lediglich die Art und Weise, wie und womit geplant und gebaut wird.

In der Planung manifestiert sich dies durch den Wandel vom Gedankenmodell im Kopf und der mündlichen Informationsübermittlung auf der Baustelle hin zur Abbildung und Kommunikation der Bauwerksdaten auf Papier mittels Stift, Lineal und Zirkel. Dieser papierbasierte Planungsprozess wurde durch Zeichenbretter und Rapidographen industrialisiert. Die Transformation von dieser analogen in die digitale Welt erfolgte durch die Einführung von Werkzeugen wie zweidimensionalen CAD-Systemen. Aktuell wird dies durch eine vernetzte und modellbasierte Arbeitsweise revolutioniert.

Dabei erfolgt die Planung eines Bauwerks mithilfe eines datenbankorientierten und mit vielen alphanumerischen und geometrischen

Digitalisierung

Informationen angereicherten dreidimensionalen Bauwerksinformationsmodells oder Building Information Model – kurz BIM. Künftig soll auf der Basis von BIM-Modellen beispielsweise die Steuerung der Fertigungsmaschinen in der Baufabrik oder die Steuerung der Maschinen auf der Baustelle erfolgen. Dies kann zur teilweisen oder vollständigen automatisierten Herstellung einzelner Bauteile oder ganzer Bauwerke führen. Eine hohe Ausnutzung der Wertschöpfungskette der einmal digital generierten Daten wäre die Folge.

Die Bauproduktion entwickelte sich analog. Lange wurden Bauteile händisch und ohne technische Hilfsmittel hergestellt. Heute gibt es ein umfangreiches Arsenal an Hilfsmitteln im Produktionsprozess oder auf der Baustelle, welche die Umsetzung der Bauaufgabe enorm erleichtern – von der Betonmischmaschine über hochleistungsfähige CNC-Fräsanlagen bis hin zu modernsten Vermessungsgeräten wie Laserscannern oder Coptersystemen. Dabei erfolgt die Realisierung des Bauwerks entweder traditionell auf Basis von Plandaten oder direkt durch eine integrierte Übergabe der digitalen Bauwerks- und Bauteilinformationen an die Fertigungs- und Vermessungsgeräte sowie die Baumaschinen. Die Machart des Bauteils bleibt jedoch gleich, nur die Art und Weise, wie es hergestellt wird, hat sich durch den Einsatz neuer Technologien verändert.

Während der gesamten Baugeschichte hat also eine kontinuierliche Modernisierung, sowohl beim Planen als auch beim Bauen, stattgefunden. Art und Umfang der Modernisierung orientieren sich dabei stets am aktuellen Baubedarf und der Komplexität der zu errichtenden und betreibenden Bauwerke. Weitere wichtige Faktoren sind die zur Verfügung stehenden Ressourcen oder Technologien. Somit kann die Digitalisierung als die Fortsetzung der bisher geleisteten Innovationen im Bauwesen gesehen werden.

Es gilt aber auch festzuhalten, dass die Digitalisierungsoffensive nicht nur das Ergebnis unseres bisherigen Schaffens ist. Sie resultiert auch aus der Erkenntnis, dass wiederkehrende Muster während der Planung, Umsetzung und des Betriebs eines Bauwerks auftreten. Diese bieten Ansätze für die Implementierung von Digitalisierungsstrategien mit passenden digitalen Werkzeugen. Standards und deren Skalierbarkeit stellen eine essenzielle Grundlage zur Digitalisierung eines Prozesses dar.

Standardisierte Abläufe und kreatives, flexibles Schaffen schließen sich keineswegs aus. Das Ziel muss vielmehr sein, Standards und Kreativität in Einklang zu bringen, indem interdisziplinäre, integrierte und digital vernetzte Strategien entwickelt werden, die beiden Ansätzen gerecht werden. Dabei geht es nicht nur um die Entwicklung von digitalen Werkzeugen, sondern um die Schärfung des Bewusstseins, wie künftig geplant und gebaut wird. Nicht isoliert, sondern kollaborativ, fächerübergreifend und partnerschaftlich im Team; am besten über alle Lebenszyklusphasen eines Bauwerks hinweg, was eine große Herausforderung für die Architektur- und Baubranche darstellt.

Die Digitalisierung als Querschnittsthema über die gesamte Prozesskette des Lebenszyklus eines Bauwerks zu betrachten, ist dabei von großer Bedeutung. Insbesondere, wenn die einzelnen Projektphasen und die hierzu erforderlichen Prozessbausteine zwar digital betrachtet, aber nicht vernetzt werden. Wenn entlang von Prozessketten erforderliche Daten wiederholt erfasst werden müssen, kann dies dazu führen, dass die Digitalisierung eines Ablaufs keine Minderung, sondern eher einen deutlichen Anstieg des Workloads und damit ein wirtschaftlich negatives Ergebnis erzeugt.

Aktuell zeigt sich das bei der aufwendigen Attribuierung und geometrischen Detailierung von 3D-Bauwerksmodellen in der Planungsphase, da der Nutzen der Daten erst in einer späteren Lebenszyklusphase, etwa der Bauausführung oder des Betriebs eintritt. Planer können häufig keinen Mehrwert erkennen oder generieren. Kritiker führen das gerne als Indiz für den mangelnden wirtschaftlichen Mehrwert der Digitalisierung an. Die Betrachtung des wirtschaftlichen und ressourcentechnischen Potenzials, das sich aus der Digitalisierung über den gesamten Lebenszyklus ergibt, bleibt dabei allerdings außen vor.

Zur Lösung dieses Problems sind drei Aufgaben zu bewältigen. Erstens: den Workload, der sich aus der Erfassung digitaler Daten ergibt, mit neuen digitalen Werkzeugen zu kompensieren; zweitens: die digitale Vernetzung der einzelnen am Projekt beteiligten Personen, Organisationen und Technologien durch die Förderung und Umsetzung einer interdisziplinären und kollaborativen Denk- und Arbeitsweise zu steigern; drittens: die Entwicklung sowie Anwendung praktikabler Digitalisierungsstrategien im Projekt oder im Unternehmen umzusetzen, indem effektive Prozessabläufe durch die Analyse und Visualisierung der bestehenden Prozesslandschaft herausgearbeitet werden.

Ansätze und Strategien

Hinter dem Schlagwort Digitalisierung verbirgt sich ein umfangreiches Portfolio an Methoden, Technologien und Kollaborationsstrategien. Eine der prominentesten Methoden auf dem Bau ist BIM (Building Information Model). BIM hat das Ziel, alle geometrischen und alphanumerischen Informationen, die während des Lebenszyklus eines Bauwerks entstehen, anhand eines zentral verwalteten und digitalen Bauwerksinformationsmodells abzubilden. Das macht die multiple Nutzung der hinterlegten Bauwerksdaten möglich, was zu einer Minimierung der Informationsverluste und einer Steigerung der Informationsqualität führt. BIM dient aber nicht nur dazu, anhand eines virtuellen Abbilds Daten zu sammeln. Es ermöglicht darüber hinaus eine koordinierte Verteilung der Informationen und die Steuerung der Prozesse zur Planung, Umsetzung, des Betriebs und Rückbaus eines Bauwerks.

Der Reifegrad des virtuellen, aber auch des realen Bauwerks dient dabei als Indikator für die Ableitung und Koordination der verschiedenen Informationsstufen, Prozessphasen und Prozessbausteine. BIM ist somit als digital vernetzte und kooperative Arbeitsmethode zu verstehen, mit deren Hilfe sich die notwendigen Lebenszyklusprozesse eines Bauwerks umsetzen lassen. Digitale Werkzeuge unterstützen diesen komplexen Vorgang.

Durch den Einsatz digitaler Werkzeuge und der Anwendung eines modellbasierten Ansatzes ist es mittels BIM möglich, den Prozess zur Planung eines Bauwerks in eine frühere Leistungsphase zu verlagern. Dadurch können die Kosten zur Planung und Umsetzung eines Bauwerks aufgrund der höheren Informationstiefe zu einem früheren Zeitpunkt beeinflusst werden. Ein Nebeneffekt dieser Verlagerung ist, dass die erforderlichen Bauwerksinformationen zur Planung und Umsetzung des Bauwerks ebenfalls zu einem früheren Zeitpunkt definiert werden respektive vorgehalten werden müssen. Im Gegensatz zum traditionellen Planen erfordert BIM bereits in einer sehr frühen Projektphase ein sehr hohes fachliches und detailliertes Wissen. Oftmals existieren diese Informationen zu diesem Zeitpunkt noch nicht oder benötigen noch eine Abstimmung mit den verschiedenen Prozessbeteiligten, die eventuell aufgrund der Vergabeform noch nicht feststehen. Dies führt zu Lücken in der Datenerfassung. Beispielsweise kann der Bauherr oftmals keine ausreichende Informationstiefe liefern, da er sich zu diesem frühen Zeitpunkt noch keine Gedanken über die Details - welche Fliesen, welche Putzstruktur, wo werden die Lampen und Steckdosen platziert, welche Heizung – gemacht hat.

In der Praxis wird dieses Problem mit vorgefertigten digitalen Bauteilbibliotheken wie Assistenten, Familien, Favoriten gelöst, die mit einer Vielzahl von Attributen und geometrischen Informationen ausgestattet sind. Die Entwicklung derartiger digitaler Werkzeuge stellt einen wichtigen Schlüssel zur erfolgreichen Implementierung und Akzeptanz von BIM in der Praxis dar. Leider existieren noch zu wenige derartiger Tools, da aktuell eine Vielzahl an digitalen Werkzeugen für die Ausführungs- und Konstruktionsphase geschaffen werden. Aus diesem Grund ist in vielen Bereichen des Bauwesens, etwa in der Modellgenerierung, bei der Modelldatennutzung und -auswertung, aber auch bei der Pflege der Modelldaten oder zur Rückkopplung der Bauwerksdaten ins Modell, noch softwarespezifische Entwicklungsarbeit zu leisten.

Die Anwendung von BIM allein stellt aber keine vollständige Digitalisierung der Baubranche dar. Weitere agile Methoden wie Lean Management, Last Planer oder Scrum, aber auch Automatisierungsstrategien, die den Einsatz von roboterunterstützen Linienproduktionen oder digital vernetzten Baumaschinen bis hin zu autonom fahrenden Baugeräten vorsehen, sind notwendige Komponenten, um eine vollständige und effiziente Digitalisierung der Baubranche umsetzen zu können. Selbst die Anwendung neuer modularer, serieller Bauweisen gilt es zu prüfen.

Die Digitalisierung der Baubranche bedeutet aber nicht nur den Einsatz von neuen Methoden und neuen Technologien. Vielmehr gilt es auch, alte festgefahrene Prozesswege und Strukturen zu öffnen und aufzubrechen, sodass der Einsatz neuer Ansätze wie BIM oder Lean, aber auch Robotik und Künstliche Intelligenz überhaupt möglich werden. Dabei spielt der Mensch eine zentrale Rolle. Dieser ist gewohnt, seine Arbeit immer auf eine gleiche und ihm bekannte Art und Weise zu verrichten. Ein Verlassen dieser Trampelpfade birgt für ihn oft ein Risiko oder bedeutet einen höheren Arbeitsaufwand. Umso wichtiger ist es, die Mitarbeiter an die neuen Arbeitsweisen heranzuführen, während gleichzeitig eine Eliminierung alter ineffizienter Arbeitsstrukturen erfolgt. Der Faktor Zeit ist dabei entscheidend.

Neben diesem kontinuierlichen Change-Management gilt es zudem, inselhafte Gedankenmuster oder festgefahrene Organisationsstrukturen aufzulösen und diese durch interdisziplinäre und kollaborative Arbeitsweisen zu ersetzen. Erst durch eine fächer- und prozessübergreifende Denkweise, die über die gesamte Lebenszyklusphase eines Bauprojektes besteht, lassen sich die enormen Potenziale der Digitalisierung nutzen. Dabei gilt es neue Vergabemodelle wie Design-and-Build zu testen. Vorurteile gegenüber anderen Prozessbeteiligten, etwa Fachplanern, Handwerkern oder Baufirmen, sind zu entschärfen und die inselhafte und unverzahnte Abarbeitung der einzelnen Aufgabenstellung zu beseitigen.

Fest steht: Die Digitalisierung ist ein Querschnittsthema über alle Disziplinen hinweg und muss daher auch als ein solches wahrgenommen werden. Eine Aktivierung der enormen Potenziale und Mehrwerte wird erst dann möglich sein, wenn die Abwicklung eines Bauprojektes als gemeinsame Aufgabe verstanden wird. Solange dies in der täglichen Praxis nicht erkannt und adaptiert wird, werden die Kosten der Digitalisierung größer sein als deren Nutzen.

Beispiele aus Praxis und Lehre

Zur Förderung der Zusammenarbeit zwischen den Fachdisziplinen Architektur, Bauingenieurwesen und Immobilienwirtschaft wurde von der Ostbayerischen Technischen Hochschule Regensburg, der Technischen Universität München und der Universität Regensburg ein gemeinsames Lehrkonzept ausgearbeitet.

Studierende aus den unterschiedlichen Fachbereichen wickelten dabei im Team ein Bauprojekt ab. Kompetenzen und Ressourcen wurden abgestimmt, freie Ressourcen für unterschiedlichste Aufgabenbereiche eingesetzt. Eine inselhafte Abarbeitung der Aufgabenstellung sollte vermieden werden, die Organisation und Entwicklung des Bauprojektes sollte mithilfe der BIM-Methode erfolgen. Zur Koordination des Projektes wurden Organisationsstrukturen festgelegt, gemeinsame Plattformen zum zentralen Austausch der Daten aufgesetzt und eine architektonische, bautechnische und betriebswirtschaftliche Bearbeitung des Projektes anhand eines modellbasierten Ansatzes durchgeführt.

Anfängliche Schwierigkeiten, die individuellen Bedürfnisse der einzelnen Fachdisziplinen zu verstehen und zu akzeptieren, wurden schnell überwunden, da erkannt wurde, dass eine kollaborative Arbeitsweise auf der Basis einer gemeinsamen digitalen Plattform schneller und ressourcenschonender zum Ziel führt. Weitere positive Ergebnisse: effizientere und sicherere Kalkulation; transparentere Kommunikation; Ermittlung der CO_2-Emissionen des Bauwerks sowie Nutzung des Modells für Vertriebszwecke durch den Einsatz von Virtual-Reality-Systemen und Mock-Up-Modellen. All das nehmen die zukünftigen Ingenieure sowie Betriebswirte in die Praxis mit.

Fazit und Ausblick

Digitale Werkzeuge, Kollaborativität und Prozesse sind zentrale Säulen für die erfolgreiche Abwicklung eines Bauprojektes. Dabei gilt es, das Projekt optimal zu organisieren, bestimmte Werte beziehungsweise eine Prozesskultur und deren Einhaltung zu vermitteln, aber auch einzufordern, sowie die Durchführung einer disziplinübergreifenden Zusammenarbeit sicherzustellen. Erfolgt eine Erweiterung dieser drei Säulen um die Säule der Technologie, steht der erfolgreichen Umsetzung eines digital gemanagten Bauprojektes nichts im Wege.

Allerdings müssen zur erfolgreichen Digitalisierung der Baubranche noch eine Vielzahl von Randbedingungen hinsichtlich Bauweisen, Vergütung, Datenhaltung, Normen und rechtlichen Fragen geklärt werden. Das lässt sich nicht von heute auf morgen umsetzen. Aber auch der Wechsel vom Zeichenbrett zum CAD-System oder von der manuellen Fertigung eines Dachstuhls zur Fertigung mittels Abbundmaschine benötigte eine Anlaufzeit. Das sollte trotz der rasanten Geschwindigkeit der Digitalisierung in anderen Branchen nicht vergessen werden.

Unser Alltag wird auch weiterhin mehr und mehr mit digitalen Komponenten verbunden sein. Dies gilt auch für die Baubranche. Die Abfolge, wie geplant und gebaut wird, wird in zehn bis 15 Jahren immer noch gleich sein. Was sich verändern wird, ist, mit welchen Hilfsmitteln geplant und gebaut wird – am Modell anstatt am Plan, mithilfe einer Maschine anstatt manuell und in Form eines Komponentensystems anstatt eines individuellen Einzelprojektes.

Prof. Dr. Ing. Mathias Obergrießer studierte Diplombauingenieurwesen und promovierte 2016 im Forschungsgebiet »Entwicklung von digitalen Werkzeugen im Infrastrukturbau«. Er war unter anderem für die Firmengruppe Max Bögl tätig, bei der er für die digitale und technische Entwicklung von Ingenieurbauprodukten zuständig war. 2018 wurde er an die OTH Regensburg berufen, wo er das Lehrgebiet »Digitalisiertes Bauen« liest. Zu seinen wissenschaftlichen Veröffentlichungen gehört unter anderem »Digitale Werkzeuge zur integrierten Infrastrukturbauwerksplanung am Beispiel des Schienen- und Straßenbaus« (Springer Viehweg, Berlin).

2
Beton

Zementwerk Rohrdorf

Graues Gold

Von Zement bis CO_2

Kein Baustoff prägt die moderne Welt wie Beton, ein faszinierendes Material mit vielen Vorzügen, einigen Nachteilen und einer sehr problematischen Seite. Der für die Herstellung notwendige Zement gilt als Klimakiller. Ein berechtigter Vorwurf?

> **»Beton** [beˈtõ], [beˈtɔŋ] (österr. und z. T. bayr. [beˈtoːn]; schweiz. und alem. 1. Silbe betont [ˈbetɔ̃]), vom gleichbedeutenden franz. Wort béton, ist ein Baustoff, der als Dispersion unter Zugabe von Flüssigkeit aus einem Bindemittel und Zuschlagstoffen angemischt wird. Der ausgehärtete Beton wird in manchen Zusammenhängen auch als Kunststein bezeichnet.«

So beginnt der Eintrag auf Wikipedia. Ein bisschen sperrig für den Jahrhundertbaustoff, dessen Vorzüge schier endlos sind: vielseitig, dauerhaft, brennt nicht, schnell herzustellen, widersteht härtesten Umwelteinflüssen, wasserundurchlässig, gute Dämmeigenschaften, der einzige Baustoff, der gleichzeitig raumabschließend ist und als tragendes Bauteil auf Zug und Druck beansprucht werden kann. Und das Beste neben etlichen anderen Eigenschaften, jedenfalls aus Sicht des japanischen Architekten und Betonliebhabers Tadao Andō: »Beton kann man in jede Form bringen. Er besitzt eine große Unabhängigkeit. Er gibt mir die Freiheit, alles zu tun.«

Beton hat aber nicht nur Freunde. Für viele ist er ein Synonym für Hässlichkeit. Grau, einförmig, brutal. Kein Baustil drückt das mehr aus als der Brutalismus, der sich vom französischen »Béton brut« ableitet. Das »brut« sollte die authentische, unverfälschte Aura von Sichtbeton ausdrücken. Angeführt von Architekten wie Le Corbusier, Kenzō Tange oder Gottfried Böhm entstanden vor allem in den Sechziger- und Siebzigerjahren eine Vielzahl von ungeschminkten Kolossal- und Sonderbauten. Le Corbusier ließ im indischen Chandigarh eine ganze Stadt aus Beton errichten, Oscar Niemeyer verwirklichte sich im Retortenprojekt Brasilia, in der Sowjetunion entstanden die Chruschtschowkas, normierte Plattenbauten, die im kapitalistischen Westen ihre Entsprechung unter anderem in den seelenlosen Banlieues am Pariser Stadtrand fanden. Wohnsilos, Protzdenkmäler, Behördenpaläste – die Enzyklopädie des Brutalismus ist gewaltig.

Der Béton brut ist Geschichte. Die Zeiten haben sich geändert und mit ihr die Architektur. Doch die Bedeutung von Beton ist ungebrochen. Denn die Weltbevölkerung wächst und wächst und mit ihr der Bedarf nach dem grauen Gold der Bauwirtschaft. Beton ist nach Wasser der am meisten verbrauchte Werkstoff. Jedes Jahr wird pro Mensch ein Kubikmeter davon verbaut. Einer Studie zufolge soll in jedem Jahrzehnt bis 2060 ein neues New York City entstehen. Das führt zu massivem Raubbau an der Natur, denn was bei Wikipedia mit Zuschlagstoffen umschrieben wird, sind meist Sand, Schotter und Kies, deren Vorkommen dramatisch zurückgehen. Weit mehr in der Kritik steht jedoch das oben erwähnte Bindemittel.

Zement ist der Stoff, der den Beton zusammenhält. Er basiert überwiegend auf Kalkstein, chemischer Name Calciumcarbonat, und Ton, chemischer Name Siliziumdioxid (SiO_2), verwendet wird auch Mergel, eine natürliche Verbindung aus Kalkstein und Ton. Um aus Calciumcarbonat ($CaCO_3$) das gewünschte Calziumoxid (CaO) zu gewinnen und Zementklinker zu erzeugen, muss der Ausgangsstoff bei Temperaturen um 1.450 Grad gebrannt werden. Dabei wird der Kalkstein entsäuert und Kohlendioxid (CO_2) freigesetzt. Hinzu kommt der Energieverbrauch des Brennprozesses, der ebenfalls klimaschädliche Emissionen zur Folge hat. Eine Tonne Portlandzement, die am häufigsten gehandelte Sorte, geht bis zu 92 Prozent auf Kalkstein und Ton zurück und produziert zwischen 590 und 920 Kilogramm CO_2.

Weltweit werden jährlich etwa 4,6 Milliarden Tonnen Zement produziert, fast die Hälfte davon in China. Zement ist der am meisten verwendete Werkstoff der Welt, die Zementindustrie ist der drittgrößte Energieverbraucher und verantwortlich für fünf bis acht Prozent des gesamten CO_2-Ausstoßes. Das alles hat Zement den Ruf als größter Klimakiller der modernen Welt eingebracht.

Auf der A8 Richtung Salzburg ist es die Ausfahrt Rohrdorf. Vorbei an der Ortschaft, dann links und nach einem Kilometer tauchen die Silos auf, umgeben von Hallen, Türmen und einem hohen, schlanken Kamin. Dahinter erstreckt sich ein breiter Steinbruch, der sich breit und weiß und terrassenförmig in die hügelige Landschaft gegraben hat. Hier lagert der legendäre Rohrdorfer Granitmarmor, ein

Kalkstein, der sich im 19. Jahrhundert unter den Baumeistern der bayerischen Monarchie großer Beliebtheit erfreute, weil leichter und einfacher zu verarbeiten als reiner Granit. In München wurde er beispielsweise in der Kirche St. Bonifatius, der Staatsbibliothek oder der Residenz verbaut, auch der Sockel der Bavaria stammt aus Rohrdorf.

Wenig später in einem Konferenzraum. Gekommen sind die Herren Edelmann, Godl und Bartinger. Mike Edelmann ist Geschäftsführer des Südbayerischen Portland-Zementwerks Gebr. Wiesböck & Co. GmbH. Gerhard Godl ist Verkaufsleiter Zement, Anton Bartinger ist Technischer Leiter. Das Zementwerk gehört zur Rohrdorfer Gruppe, 600 Millionen Euro Umsatz, 2.000 Mitarbeiter, die an mehr als 140 Standorten in Deutschland, Österreich, Ungarn und Italien neben Zement auch Transportbeton, Betonwaren und -fertigteile herstellt sowie Sand und Kies fördert und vertreibt.

Die Herren erzählen, wie alles begonnen hat auf dem Staucherhof, hundert Meter die Straße runter. Andreas Wiesböck übernimmt als ältester Sohn den Hof, die jüngeren Brüder Georg und Ludwig übernehmen den Steinbruch. 1929. Weltwirtschaftskrise. Schwere Zeit. Edelmann sagt: »Die beiden haben mit nichts angefangen und ein Zementwerk auf die Wiese gestellt, bezahlt werden konnte oft nur in Naturalien. Wenn kein Geld da war, wurde der Strom abgestellt, die Grundstücke ringsum wurden aufgekauft, damit sich das Unternehmen ausbreiten konnte.« Am Freitagnachmittag saßen die Brüder häufig auf einem Hügel neben dem Werk, um nach Pferdefuhrwerken Ausschau zu halten. Sollte noch ein Kunde kommen, würde es am Abend für eine Maß im Wirtshaus reichen.

Schwer kalkulierbar ist das Geschäft bis heute. »Wir sind abhängig von der Politik«, sagt Edelmann, »von Infrastrukturprogrammen, Wohnungsbauförderung und natürlich immer auch von der Konjunktur.« In einem Satz: »Wenn es der Wirtschaft gut geht, steigt der Bedarf an Beton.« Wenn nicht, bricht er ein. Dieses Auf und Ab lässt sich an der Geschichte des Südbayerischen Portland-Zementwerks gut nachvollziehen. Wiederaufbau nach dem Zweiten

Weltkrieg: rauf; Wirtschaftswunderzeit; noch mehr rauf; Ölkrise: runter; Achtzigerjahre: Absturz; Wiedervereinigung: kurzes Zwischenhoch; 2001: »das schwerste Jahr« (Edelmann). 1994 wurden in Deutschland 46 Millionen Tonnen Zement hergestellt. 2001 waren es nur noch 27,5 Millionen Tonnen. Seither geht es leicht aufwärts. Derzeit werden in Deutschland jährlich etwa 30 Millionen Tonnen produziert, die für zwei Prozent des CO_2-Ausstoßes verantwortlich sind.

In Rohrdorf entstehen jährlich 750.000 Tonnen Zement. Sie haben 13 Sorten für Transportbeton, Fertigteile oder Spezialanwendungen. Drei Sorten erwirtschaften 80 Prozent des Umsatzes. Ein Drittel der Produktion wird an Unternehmen des eigenen Firmenverbunds verkauft. Dass bei Rohrdorfer die Zahlen stimmen, liegt neben dem Bauboom auch an einer vorausschauenden Geschäftspolitik. »Wir wollten immer in der Region bleiben, und wir haben immer versucht, mit Akquisitionen und Diversifizierung das Unternehmen zu stabilisieren, es galt immer der Grundsatz: Erst kommt die Firma, dann kommen die Gesellschafter.«

Verkaufsleiter Godl ergänzt: »Wir haben hochwertige Produkte, wir sind nahe am Markt, wir wissen, was der Kunde will.« Und sollte der einmal übersehen, dass aufgrund geänderter EU-Normen bestimmte Betonsorten nicht mehr zulässig sind, wird er von Godl geduldig daran erinnert, verbunden mit einer Empfehlung für das passende Ersatzprodukt, etwa den CO_2-armen Portlandkompositzement »Futuro 2021« für 135,20 Euro pro Tonne.

Das Engagement hat seinen Grund. Der Spielraum für Fehlentscheidungen in der Zementbranche ist klein. Wie überall gibt es auch hier Trickser, Täuscher und aggressive Mitbewerber. Hinzu kommen Strom, Brenn- und Rohstoffe, Technik, Unterhalt, Reparatur, Fracht – alles wenig bis gar nicht beeinflussbare Kostenfaktoren. Anton Bartinger sagt: »Zehn Prozent unseres Umsatzes geben wir allein für den Transport unserer Ware aus, da kann man sich keine großen Umsatzeinbrüche leisten.« Die Kapazität in Rohrdorf beträgt 30.000 Tonnen pro Woche. Mindestauslastung, um profitabel zu wirtschaften: 75 Prozent. »Derzeit«, so Bartinger, »liegen wir bei 90 bis 95 Prozent.«

Die Geschichte ist typisch für den deutschen Mittelstand. Ein Unternehmen, das aus eigener Kraft entstanden ist, sich seinen Erfolg hart erarbeitet und seine Anfänge nicht vergessen hat. Natürlich gehört auch ein charismatischer Chef dazu. Georg Wiesböck schenkte seinen Mitarbeitern Grundstücke, ließ seinen Bauingenieur Baupläne zeichnen und schickte Maschinen aus dem Betrieb für den Bau. So entstand die Zementwerkssiedlung im benachbarten Neubeuern.

Was zählt, ist nicht nur das Geschäft. Dieser Geist lebt bis heute. Auch wenn Rohrdorfer über die Jahrzehnte massiv expandierte, die Standorte sollen weiter möglichst nahe am Hauptsitz der Firma liegen. Godl verkauft seinen Zement gerne an langjährige Kundschaft: »Wir haben einen Grundsatz: Dauerwechsler, Billigsucher, das schnelle Tagesgeschäft interessieren uns nicht.« Bartinger ergänzt: »Wir bieten eine ordentliche Qualität und wollen auf der anderen Seite auch eine ordentliche Qualität haben.«

»Beton und der darin enthaltene Zement hat in der öffentlichen Diskussion meiner Meinung nach zu Unrecht ein schlechtes Image«, sagt Angelika Mettke, »denn die Zementindustrie forscht seit Jahren intensiv daran, den Zement und den Beton klimafreundlicher zu machen.« Die Aussage hat Gewicht. Mettke ist Professorin für Recycling an der TU Cottbus-Senftenberg und Trägerin des Deutschen Umweltpreises. Mettke sagt: »Positive Ergebnisse sind nachweisbar.«

So haben die deutschen Zementwerke mit 70 Prozent weltweit den höchsten Effizienzgrad. Sie haben den Verbrauch ihrer fossilen Brennstoffe, überwiegend Braun- und Steinkohle, durch den Einsatz von alternativen Brennstoffen wie Tetra-Pak-Rezyklen[8],

---

[8] Rezyklen sind Reststoffe aus der Papierherstellung, die sich nicht mehr weiterverarbeiten lassen.

Altöl oder Klärschlamm um 65 Prozent gesenkt. Der Zementklinker wird inzwischen häufig mit ungebranntem Kalkstein, Hüttensand aus der Roheisenherstellung oder Flugasche aus Kohlekraftwerken gemischt. Dadurch wird deutlich weniger CO_2 emittiert. Untersuchungen haben ergeben, dass selbst Mischungen aus 35 Prozent Klinker, 35 Prozent Kalkstein und 30 Prozent Hüttensand brauchbaren Zement ergeben. Darüber hinaus benutzt die Zementherstellung geschlossene Wasser-, Wertstoff- und Wiederverwertungskreisläufe. Und: Im Vergleich mit anderen Baustoffen stehen Zement und Beton nicht schlecht da. »Normaler Holzbau«, sagt Bartinger, »hat keinen besseren ökologischen Fußabdruck als Beton.«

»Für die Gesamtbetrachtung«, sagt Martin Schneider, Hauptgeschäftsführer des Vereins Deutscher Zementwerke (VDZ), »spielt neben der Herstellung der Baustoffe natürlich auch die Nutzungslänge eines Bauwerks eine wichtige Rolle. Gerade über den Lebenszyklus hinweg zeigt Beton seine außergewöhnlichen Eigenschaften. So dient seine große thermische Masse der Energiespeicherung. Beton schafft ein gutes Raumklima und senkt den Heizenergieverbrauch. Darüber hinaus kann er, was nicht überall bekannt ist, CO_2 aus der Umgebung aufnehmen und damit seinen CO_2-Footprint über den gesamten Lebenszyklus verbessern. Wir gehen davon aus, dass Beton durch die sogenannte Recarbonatisierung rund 15 bis 25 Prozent der ursprünglich bei der Zementherstellung angefallenen Emissionen wieder einbindet.«

Das Problem ist weniger der Stoff als die produzierte Menge. »Die Zementindustrie weiß das schon lange«, sagt Edelmann, »deshalb handeln wir entsprechend.« In Rohrdorf wurde schon 2012 ein Katalysator eingebaut, obwohl dieser hierzulande erst für 2022 vorgeschrieben ist. Ein Abwärmesystem samt einem Kraftwerk mit sechs Megawatt elektrischer Leistung wurde installiert. Seither stellt Rohrdorf ein Drittel des für die Zementherstellung benötigten Stroms selbst her. »Früher haben wir jährlich 140.000 Tonnen Kohle verbraucht, jetzt sind es noch 15.000 bis 20.000 Tonnen.« Laut Bartinger sei der CO_2-Ausstoß in Rohrdorf seit 1990 über 30 Prozent gesunken, eine jährliche Einsparung von 260.000 Tonnen. Ergibt laut *Süddeutscher Zeitung* »eines der modernsten und saubersten Zementwerke der Welt«.

Insgesamt 175 Millionen Euro wurden in Rohrdorf seit 2006 in Modernisierungen und Klimaschutz investiert. Bis 2025 soll der CO_2-Ausstoß im Vergleich zu 1990 bei minus 45 Prozent liegen; bis 2050 muss Klimaneutralität erreicht werden. »Man kann über Gesetze und Verordnungen diskutieren«, sagt Edelmann, »aber nicht über die Umwelt.« Kein Wunder, dass von der Spedition, die ihren Zement abholt, wie Godl sagt, »ein sauberes Auto und ein anständiger Fahrer erwartet werden, aber auch, dass dort über Energieeinsparung nachgedacht wird, billig fahren allein ist uns nicht genug«.

Kalkstein ist eines der am häufigsten vorkommenden Sedimentgesteine, entstanden vor 65 bis 250 Millionen Jahren aus Mikroorganismen und Meereslebewesen. Fünf Prozent der Erdkruste besteht aus Kalkstein. Auch Sand, Schotter und Kies kommen weltweit an natürlichen Lagerstätten vor. Naheliegend, dass beide Materialien schon lange verarbeitet werden. In der Türkei wurden 10.000 Jahre alte Mörtelreste mit gebranntem Kalk gefunden. Die Ägypter verwendeten beim Bau der Pyramiden ebenfalls gebrannten Kalk. Die Phönizier reicherten ihren Kalkmörtel mit Vulkangestein an, wodurch er auch unter Wasser aushärten konnte. Diese Rezeptur wurde von den Römern übernommen, die Kalk bei 900 Grad brannten und mit Sand, Puzzolanen[9], Ziegelmehl und Wasser vermengten. Das dadurch gewonnene Bindemittel füllten sie zusammen mit Feldsteinen in Gräben, Schalungen oder zwischen gemauerte Wände. Name der Bautechnik: Opus Caementitium, woraus sich Zement ableitet.

Mit Opus Caementitium bauten die Römer Thermen, Basiliken, Staudämme, Hafenmolen, Abwasserkanäle, gewaltige Arenen wie das Kolosseum oder Wohngebäude mit zehn Stockwerken.

---

9 Laut Wikipedia sind Puzzolane »künstliche oder natürliche Gesteine aus Siliciumdioxid, Tonerde, Kalkstein, Eisenoxid und alkalischen Stoffen, die zumeist unter Hitzeeinwirkung entstanden sind«. Zusammen mit Calciumhydroxid und Wasser sind sie bindefähig.

Als Meisterwerk des Opus Caementitium gilt das von 115 bis 126 n. Chr. entstandene Pantheon in Rom, dessen Kuppel eine für die Antike geradezu gigantische Spannweite von 43 Metern aufweist; eine technische Leistung, die erst 1912 von der Jahrhunderthalle in Breslau überboten wurde. Untersuchungen an der Rheinisch-Westfälischen Technischen Hochschule in Aachen haben ergeben, dass die Römer mit einer Festigkeit bauten, die heutigem Beton entspricht. Heinz-Otto Lamprecht schreibt: »Man kann sicher sagen, dass Opus Caementitium eine wichtige Grundlage für den jahrhundertelangen Bestand des römischen Weltreichs bildete.«[10]

Umso rätselhafter, dass mit dem römischen Reich auch seine Betontechnik unterging. Es dauert bis 1753, als ein französischer Armeeingenieur in einem Buch über Wasserbau erstmals von Béton spricht. Über die Herkunft des Wortes gibt es keine eindeutige Theorie. Eine besagt, es leite sich vom altfranzösischen »Betun« ab, das Mörtel oder Zement bedeutet und vom lateinischen »Bitumen« für schlammigen Sand, Teer oder Kitt abstammt. Eine andere besagt, Betón gehe auf das altfranzösische »beter« für gerinnen, erstarren zurück. Jedenfalls suchten Wissenschaftler danach verzweifelt nach einem Rezept für Mörtel, der ohne Vulkangestein wasserfest ist. Gefunden hat es 1824 der englische Maurer Joseph Aspdin, der Kalk und Ton vermengte, das Gemisch bis zur Sintergrenze[11] erhitzte, die entstandenen Klumpen mahlte, das gewonnene Pulver mit Wasser anrührte und damit extrem stabile Kunststeine herstellte. Da sie so grau und hart waren wie Steine von der Isle of Portland nannte er seine Erfindung Portland Cement.

Beton aus Portland Cement ist widerstandsfähig gegen Druck, aber er kann nur geringe Zugspannungen aufnehmen, ohne zu reißen. Die Zugfestigkeit beträgt nur ein Zehntel der Druckfestigkeit.

---

10 Heinz-Otto Lamprecht: *Opus Caementitium – Bautechnik der Römer*; 1984, Beton-Verlag, Düsseldorf.

11 Mit Sintern bezeichnet man ein Verfahren, mit dem Werkstoffe hergestellt oder verändert werden, indem feinkörnige keramische oder metallische Stoffe erhitzt werden. Die Sintergrenze bezeichnet die Temperatur, bei der die Rohstoffe zu schmelzen beginnen; diese ist von Rohstoff zu Rohstoff unterschiedlich.

Diese Erfahrung macht auch der Pariser Gärtner Joseph Monier, der mit Blumentöpfen aus Beton experimentiert. Um ihre Stabilität zu verbessern, verbindet er den Beton mit Drahtschlingen. Voilà, es klappt. 1867 erhält Monier ein Patent für die Herstellung »beweglicher Kübel und Behälter aus Eisen und Zement für den Gartenbau«; 1868 für die Fertigung von eisenbewehrten Rohren, 1869 für Betonplatten; 1873 für Brücken, Stege und Gewölbe. Der Erfolg der Erfindung beruht auch auf einer Laune der Natur. Beton und Stahl haben einen ähnlichen Wärmeausdehnungskoeffizienten und der basische pH-Wert des Betons verhindert die Korrosion des Stahls. Im Brandfall verhindert er zudem den temperaturbedingten Festigkeitsverlust von ungeschütztem Stahl.

Das Moniereisen, wie Betonstahl fortan genannt wird, verändert die Geschichte des Bauens. Die Industrialisierung bringt immer größere Fabriken, Werkshallen und Verwaltungsgebäude hervor, aus Städten werden Großstädte, aus Großstädten werden Metropolen. Im 1884 begonnenen Berliner Reichstagsgebäude wird bereits mit tragenden Deckenplatten und Gewölben nach dem System Monier gearbeitet. Das 1891 errichtete Casino von Biarritz besteht aus Stahlbetonfertigteilen, 1902 entsteht in Cincinnati das erste Hochhaus aus Stahlbeton. In der Zwischenzeit hatte ein deutscher Ingenieur für den nächsten Quantensprung gesorgt. 1890 lässt sich C. F. W. Döhring die Erfindung des Spannbetons patentieren. Die der Armierung dienenden Stahlseile im Beton werden dabei künstlich gespannt, was die Zugfestigkeit um ein Vielfaches erhöht.

Heute besteht jedes zweite Bauwerk aus Beton. Viele wären ohne Beton nicht denkbar. Nahezu in jedem modernen Bauwerk – ob im Hochbau, Tiefbau oder Ingenieurbau – spielt er eine zentrale Rolle. Als Fundament, Stütze oder tragende Konstruktion, als energetisch aktiviertes Bauteil oder Tragstruktur für große Deckenspannweiten, als Tunnelsegment, als Brückensegment, als Dämmmaterial. Und das wäre erst der Anfang. Vom Wohngebäude bis zum Staudamm, vom Fernsehturm bis zur Flugpiste, vom Parkhaus über die Tiefgarage bis zum Kraftwerk, von der Fabrik bis zur Lagerhalle und zur Sportarena – die moderne Welt ist geprägt von Beton.

So banal die Feststellung, so komplex und kompliziert die Branche dahinter. Beton ist längst nicht mehr eine Mixtur aus Zement und Wasser sowie Sand, Schotter und Kies. Betonwerke haben Hunderte von Sorten im Angebot: normal, fest, hochfest, ultrahochfest, selbstverdichtend, selbstreinigend, selbstheilend. Hinzu kommen innovative Sorten wie Carbon-, Infraleicht-, Gradienten-, Lichtbeton und Sondermischungen für den 3D-Druck (siehe den folgenden Abschnitt »Innovation«). Die Eigenschaften des Betons verändern sich dabei mit der Qualität des Zements und den verwendeten Gesteinskörnungen und Zuschlägen. Deren Spektrum reicht mittlerweile von Bims, Tuff, Kieselgur, Lavasand und -kies bis zu Hüttensand, Hochofenschlacke, Flugasche und Schmelzkammergranulat. In Beton werden aber auch Blähglas, Hämatit[12], Kunststoffe, Klinkerbruch, Gießereirestsand oder Hausverbrennungsasche verarbeitet. Hauseigene Betonlabore sind bei großen Bauunternehmen längst Standard.

Zurück in Rohrdorf. Werksrundgang mit Anton Bartinger, einem Österreicher, der erst Pfarrer werden wollte, sich aber doch lieber für ein Bergbaustudium entschied. Zuerst über eine lange Metalltreppe zum zentralen Leitstand, wo zwei Mitarbeiter auf acht großen Monitoren mit Hunderten von Einzeleinstellungen jeden Winkel des Zementwerks im Blick haben. Danach wieder hinunter und hinein in die Halle, in der Kalk und Mergel für die Produktion lagern, später werden sie für eine bessere Sinterung mit aluminium- und eisenoxidhaltigen Materialien vermengt. In Rohrdorf, so Bartinger, kämen unter anderem alte Autoreifen und Altpapier zum Einsatz: »In den Reifen sind Stahlkarkassen, im Papier ist Calcium, Silicium und ein bisschen Aluminium, alles Substanzen, die wir im Zementklinker haben wollen.« Verwertet wird auch der kommunale Klärschlamm, wobei Antibiotika und Hormone verbrennen, oder Polypropylen. Eine andere Form der Sondermüllentsorgung, wenn man so will.

Wenig später unter dem gewaltigen Drehrohrofen mit seinem zylinderförmigen Stahlrohr, 84 Meter lang, 5,20 Meter Durchmesser.

---

12 Hämatit ist ein häufig vorkommendes Eisenoxid mit der Summenformel Fe_2O_3.

Leicht geneigt dreht es sich waagrecht um die eigene Achse. Ein sonores Wummern und Dröhnen liegt in der heißen Luft. Bartinger spricht von zwölf Zentimeter dickem Stahl, innen 20 Zentimeter dick mit Schamott ausgelegt. Er spricht von der Hauptflamme, die mit 2.000 Grad in das Rohr eintritt, und von der Sinterung, die das zugeführte Material bei 1.450 Grad an ihren Korngrenzen verschmelzen lässt. Der gebrannte Zementklinker wird in Rohrdorf mit Hüttensand und Kalksandstein vermischt und anschließend in Mühlen mit 15 bis 90 Millimeter starken Stahlkugeln zu Pulver gemahlen, ehe die Ware in riesigen Silos mit 60.000 Tonnen Fassungsvermögen gelagert wird. Tag und Nacht ist die Anlage in Betrieb. Bartinger: »Ein erneutes Anfeuern würde drei Tage dauern und 60.000 Liter Heizöl verbrauchen.«

Wo Industrie ist, sind Emissionen. Das lässt sich nur bedingt vermeiden. Weshalb es bei der Diskussion über Zement immer häufiger um Carbon Capture and Storage (CCS) geht. Gemeint ist das Abtrennen und unterirdische Einlagern von Kohlendioxid. In einer Versuchsanlage in Belgien ist es bereits gelungen, CO_2 mit einem Reinheitsgrad von 95 Prozent abzuschneiden. HeidelbergCement, weltweit die Nummer zwei bei der Zementherstellung und mit 23 Prozent an der Rohrdorfer Gruppe beteiligt, will von 2023 an mit dem norwegischen Energiekonzern Equinor jährlich 400.000 Tonnen CO_2 aus einem Zementwerk in Brevik in leere Öl- und Erdgasfelder in der Nordsee speichern. Auch eine Kombination mit der Weiterverarbeitung des abgeschnittenen CO_2, genannt Carbon Capture Usage and Storage (CCUS), ist im Gespräch. Mike Edelmann meint: »Ohne CO_2-Abscheidung sind unsere Klimaziele nur schwer zu erreichen.«

CO_2-Abschneidung ist allerdings in Deutschland ein heikles Thema, vor allem eine Lagerung in der Nordsee ist umstritten. Umweltschützer sprechen von einer Ausrede der Industrie, um nicht mehr aktiven Klimaschutz betreiben zu müssen. Mit dem gleichen Argument, heißt es, könne der Kohleausstieg revidiert werden. Die Weiterverwertung von Kohlendioxid – beispielsweise als Grundstoff für die chemische Industrie, zur Produktion synthetischer

Kraftstoffe oder auch in der Baustoffindustrie – mache eine aufwendige Infrastruktur nötig. »Das ist viel zu langwierig, aufwendig und teuer«, sagte der Baustoffexperte Peter Stemmermann vom Karlsruher Institut für Technologie kürzlich im *Handelsblatt*. Vor allem, wenn damit lediglich 30 Zementwerke in Deutschland vernetzt würden. Martin Schneider vom Verein Deutscher Zementindustrie konterte: »Eine CO_2-Pipeline wird man langfristig nicht ausschließen können, schließlich muss es von A nach B. Und wir sind nicht die Einzigen, die auf so eine Infrastruktur angewiesen sind.«

In Mergelstetten, auf halbem Weg zwischen Augsburg und Stuttgart, baut ein Konsortium deutscher Zementhersteller bereits eine Anlage, die das anfallende CO_2 mit relativ geringem Energieaufwand abschneidet und anschließend in sogenannte E-Fuels, also klimaneutrale synthetische Kraftstoffe wie Kerosin, umwandeln soll. Das ändere aber nichts am »Grundproblem« der Zementindustrie, wie Jürgen Sütter vom Öko-Institut feststellt. »Bei Stahl und Chemie haben wir eine ungefähre Vorstellung, wie wir klimaneutral werden können, aber hier ist es ja der Stoff selbst, der die größten Emissionen verursacht.« Kalkstein und Klinker zu ersetzen ist eben nur teilweise möglich und selbst dafür reichen die industriellen Reststoffe nicht aus. Durch das Zurückfahren der Kohleverstromung gibt es etwa bei Flugasche bereits Lieferengpässe.

Die Debatte wird wohl bleiben, solange es Zement gibt. Doch die Frage ist, ob sie überhaupt Sinn macht. Der japanische Architekt Tadao Andō meint: »Baumaterial stellt grundsätzlich eine ökologische Belastung dar. Die Wahrheit ist, man muss die Natur ausbeuten, um Architektur zu erschaffen. Holz bekommt man nur, indem man Bäume fällt. Glas geht auf Kosten unserer irdischen Silikatvorräte. Betonherstellung produziert Abfallprodukte. Die Mehrheit sollte das Problem direkter angehen. Wir müssen die Zahl unserer Gebäude reduzieren und stattdessen bestehende Gebäude aufrechterhalten und länger nutzen.« Professorin Mettke moniert, dass von den in Deutschland als Bauabfällen anfallenden Mineralstoffen erst ein Drittel recycelt werde: »Das Potenzial wird nicht ausgeschöpft, für die Herstellung einer Tonne Stahlbeton braucht man sechs Tonnen Naturrohstoffe.«

Apropos Natur. Am Schluss führt Bartinger seinen Besuch noch auf das Dach eines 72 Meter hohen Turms über dem Drehrohrofen. Schöner Ausblick auf Rohrdorf und den Chiemgau. Hinter der Straße ist der Staucherhof zu erkennen. Auf dem Turm kreucht und fleucht und wimmelt es. Käfer, Libellen, Insekten aller Art. Das liege an den stillgelegten Abbauflächen im Steinbruch, so Bartinger: »Wenn wir sagen würden, wir schütten das zu, würden die Biologen schreien: ›Nein, nein, bloß nicht!‹«

Die Hälfte aller Abbauflächen für die Zementherstellung wird nach der Nutzung renaturiert oder rekultiviert. Sie schaffen wertvolle, weitgehend unberührte Lebensräume für seltene Pflanzen und Tiere, die in der deutschen Kulturlandschaft anderswo kaum noch zu finden sind. Bartinger meint: »Da soll noch einer sagen, dass ein Zementwerk nicht umweltverträglich ist.«

Konzerthaus Blaibach

Inspiration

Das Wunder von Blaibach

Ein Architekt und ein Opernsänger haben eine verrückte Idee: Ein Konzerthaus in einem Dorf im Bayerischen Wald. Geht nicht? Geht doch und ist ein grandioses Dokument für Heimatliebe, Überzeugung und die Faszination, die von Beton ausgehen kann.

Inspiration

Auf dem Programm stehen Bach-Kantaten. Erst »Ich habe genug«, BWV 82[13], danach »Jauchzet Gott in allen Landen!«, BWV 51. Punkt 19 Uhr betritt Thomas Bauer, der Direktor des Hauses, der auch die erste Kantate singen wird, die Bühne. Guten Abend allerseits und ein paar Worte zum besseren Verständnis. In Bachs Kantaten, so Bauer, ginge es um »das zentrale Menschsein«, die wichtigen Fragen des Lebens. »Wo komme ich her? Wo gehe ich hin? Verstehe ich, was ich tue?« »Ich habe genug« käme in diesem Kontext »eher im dunklen Gewand daher«, »Jauchzet Gott in allen Landen!« hingegen sei nicht zuletzt wegen der Instrumentierung und des hellen Soprans hochinteressant, ein kompliziertes Stück voller Rätsel. »Die Trompete fungiert als Baumeister, die anderen Instrumente sind Gehilfen, die Geigen spielen verrückt, doch am Ende mündet alles in ein bewegendes Halleluja.«

Blaibach im Bayerischen Wald, 1972 Einwohner, 15 Kilometer südöstlich von Cham. Wie eine zur Hälfte verbuddelte Schachtel steckt das Konzerthaus zwischen Kirche und Kramerladen schräg im Dorfplatz. Die Fassade aus Platten mit in Beton eingelegten, grob behauenen Granitsteinen. Das Innenleben aus Sichtbeton, genauer Glasschaumschotterbeton, der für seine Dämmeigenschaften und sein geringes Eigengewicht bekannt ist. In der Körnung 0/16 und der Druckfestigkeitsklasse LC 8/9 wurde er in Blaibach angeblich zum ersten Mal verbaut. Wände und Decken des Konzertsaals bestehen aus Betonsegmenten, die in verschiedene Richtungen gekippt wurden. Das Erscheinungsbild des Raumes umschreiben manche mit einem archaischen Kristall, manche mit einem zerknitterten Zementsack.

Hochkultur und ambitionierte Architektur im Bayerwald. Wer wissen will, wie es dazu kam, muss nach München. Das Büro von Peter Haimerl befindet sich im Stadtteil Haidhausen, erster Hinterhof, dritter Stock; vorher war in den Räumen eine Werkzeugmacherei. Der vielfach ausgezeichnete Architekt Haimerl ist bekannt. Sein

---

[13] Das Bach-Werke-Verzeichnis (BWV), das thematisch geordnet ist, ist das bedeutendste Verzeichnis der Werke von Johann Sebastian Bach.

Ruf: genial, herausfordernd, Dickschädel. Als junger Mann interessiert er sich für Philosophie und will Physik studieren. Doch dann entdeckt er Peter Eisenmans Buch *House X*. Ein Erweckungserlebnis. »Der hat ein Haus gebaut, wie ich immer gedacht habe: Alles entwickelt sich selbstverständlich aus ganz wenig.« Im Architekturstudium quält er die Dozenten mit seiner Überzeugung von »innerer Eigenständigkeit und Logik«. Sein Credo: »Architektur ist in erster Linie ein Gedankenraum.«

Nach dem Studium gründet Haimerl den Thinktank »OpenCity«, der heute unter »ZoomTown« firmiert und sich mit strukturellen Ideen für die moderne Stadt beschäftigt. Seinen Auftraggebern verpasst er schon mal ein Siedlungshaus, das komplett mit Bitumenschindeln bedeckt ist, eine 600-Quadratmeter-Villa samt Satteldach komplett aus Beton oder ein Wohnhaus wie ein Wabensystem ohne rechten Winkel. Geht nur in Beton. Das Obergeschoss der Münchner Salvatorgarage bekam eine Borte aus lasergeschnittenen Stahlplatten.

Haimerl kommt aus Viechtach, Vater Zimmerer mit Baggerbetrieb, dazu eine kleine Landwirtschaft. Zwei Kühe, neun Tagwerk Grund, ein bisschen Kartoffeln, Rüben, Äpfel. Nicht weit von Haimerls Elternhaus, wo der asphaltierte Weg aufhört, gibt es ein altes Bauernhaus, ein Waldlerhaus, wie sie in der Gegend sagen. Laut Katasterauszügen wurde es 1840 gebaut, mehrere Besitzerwechsel sind dokumentiert. Die letzte Bewohnerin, Cilli Sigl, stirbt 1974. Danach ist das Haus auf sich allein gestellt. Bis Haimerl es übernimmt und dort die Wochenenden mit seiner Familie verbringt. Das Waldlerhaus spiegelt das bäuerliche Leben einer fast vergessenen Zeit wider. Stall im Haus. Austragskammerl an der Nordseite. Dachboden als Kornspeicher. Streuschupfen unter dem bis zum Boden herabgezogenen Dach. Einzig beheizbarer Raum ist die Stube. »Wir waren gern im Haus«, sagt Haimerl, »wir wollten aber nicht mehr frieren.«

»Eine Tipptopp-Jodelhüttenrenovierung für mein altes Bauernhaus kommt nicht infrage«, stellt Haimerls Frau, die Künstlerin Jutta Görlich fest: »Ich möchte, dass das Flickwerkhafte, Angestückelte des alten Hauses sichtbar bleibt. Man soll die Stellen sehen, wo es mit den Bedürfnissen der Bewohner wachsen musste. So ist dem Gebäude auch seine Geschichte ablesbar. Das Haus soll ländlich bleiben und nicht städtisch mit Bayerwaldfolklore werden.« Auch Haimerl verabscheut die »Disneyisierung« der ländlichen Baukultur zwischen Starnberg und Kitzbühel. Beschlossen wird: Die Räume des Altbaus bleiben, wie sie sind, es wird kaum Bestehendes entfernt, das gilt auch für Fensterrahmen, Bodenfliesen und andere Einbauten. Wenn etwas entfernt werden muss, wird es zu Möbeln verarbeitet, nur schadhafter Putz wird ausgebessert.

Die Ansage ist klar, doch wie das morsche Haus dämmen und gleichzeitig stützen und mit welchem Material? Neues Holz empfindet Haimerl als zu glatt, zu wenig eigenständig. Immer wieder sei ihm aufgefallen, dass es nur ein Material gebe, »das mit altem Holz mithalten kann: Beton. Wenn man nicht versucht, den Beton schön zu machen, hat er eine innere Selbstverständlichkeit, wie eine Person, die sich nicht schminken muss.« Also werden in vier Räumen Betonkuben platziert, die Hülle bleibt unverändert. Durch große Öffnungen in den Wänden des Einbaus bleibt das Alte weiter sichtbar. Früher, so Haimerl, hätten sich Holz und Naturstein organisch verbunden, hier sind es altes Holz und Kunststein: »Beton ist der perfekte Mittler zwischen Tradition und Moderne.«

Verwendet wird ein Leichtbeton mit Schaumglasschotter aus recyceltem Altglas, hochdämmend, umweltverträglich, mit einem hohen Anteil an Weißzement zur farblichen Aufhellung des Betons, der in der Stube zusätzlich weiß lasiert wird. Das Glas im Beton hat auch eine symbolische Bedeutung. Durch den nordöstlichen Teil des Bayerischen Waldes verläuft auf etwa 150 Kilometer Länge der sogenannte Pfahl, eine geologische Formation aus Quarz. »Birg mich, Cilli!«, wie Haimerl das Haus nennt, wird 2008 mit dem Architekturpreis Beton ausgezeichnet. Begründung der Jury: »Ein Beispiel kreativer Denkmalpflege voller Poesie, das einem charaktervollen Haus zu überleben hilft.« Über 100 Zeitungen und Zeitschriften aus aller Welt berichten über das »radikale Hinterwäldlerprojekt« (*brand eins,* Wirtschaftsmagazin).

Thomas Bauer, geboren in Metten in Niederbayern, ist in so einem Haus aufgewachsen.

Kein fließendes Wasser, Steinfußboden, grobe Balken, kalte Mauern, schiefe Türen. Noch heute sieht er den Großvater stumm in der ärmlichen Kuchel sitzen, die Großmutter, wie sie auf einer Holzbank schläft. Als Bauer Kind ist, sind 40 Prozent der Männer im Bayerischen Wald arbeitslos, viele verdingen sich als Monteure in München, Akkordarbeiter, die auf den Baustellen schlafen und nur am Wochenende heimkommen. Bauer bleibt dieses Schicksal erspart, auch weil dem Schuldirektor in Edenstetten, der im Unterricht Klavier spielt, auffällt, dass der kleine Thomas schön singen kann. Dieser kommt nach Regensburg zu den Domspatzen, studiert in München an der Hochschule für Musik und Theater, wird ein international renommierter, preisgekrönter Bariton, lebt in Paris, München und Tokio. In den Bayerwald kommt er nur noch in den Ferien.

Als Bauer von »Birg mich, Cilli!« hört, ist er schlagartig berührt. So ein Waldlerhaus hätte auch er gerne. Er nimmt Kontakt auf mit Haimerl, der inzwischen die Interessensgemeinschaft »Hauspaten Bayerwald« gegründet hat und Investoren für weitere Rettungsaktionen sucht. Haimerl kennt ein Haus, das Bauer gefallen könnte: das Schurmann-Haus in Blaibach. Als typisches Waldlerhaus wurde es früher sogar auf Ansichtskarten abgebildet. Es steht neben dem Bürgerhaus, das Haimerl – wieder mit viel Beton – ausgebaut und modernisiert hat. Die Finanzierung kam von der EU, bei der sich Blaibach mithilfe des Architekten um Fördermittel beworben hatte. Als Bauer fragt, wie die Bausubstanz des Schurmann-Hauses sei, sagt Haimerl: »Super.«

Mit großen Erwartungen kommt Bauer in Blaibach an und findet einen »mustergültig verrohten Ort«. Die alten Gasthäuser zu, das Freibad zu, viele Junge schon weg. Landflucht, Leerstand, ein Dorf stirbt. Das Schurmann-Haus, erbaut 1580, mit Fenstern aus dem späten 18. Jahrhundert, ist eine Ruine. Von wegen super. Bauer kauft es trotzdem, schließlich ist es prädestiniert für Haimerls Betonheilverfahren. Irgendwann während der Umbauarbeiten sitzen Bauer und Haimerl auf der Bank vor dem Haus und blicken auf die benachbarte Scheune. Bauer meint, die könne man doch ausbauen für Musikabende, Schubertlieder, ein bisschen Mozart, solche Sachen. Haimerl: »Das willst du im Leben nicht.« Wenn schon, dann ein moderner, innovativer, architektonisch anspruchsvoller Raum. Bauer: »Innerhalb von fünf Minuten entstand der Plan inklusive der ersten Skizze mit dem schrägen Schuhkarton.«

Zwei eigenwillige Typen und eine gspinnerte Idee – so entstehen große Geschichten. »Entweder man bleibt ein Spinner im Elfenbeinturm«, sagt Bauer, »oder man sieht sich als Akteur.« Lieber Letzteres, was zunächst nicht nur Begeisterung ausgelöst. »Man konkurriert ja mit den lokalen Kirchenmusikern, den Kunstvereinen und der bayerisch-böhmischen Knödelwoche, auch die Sport- und Trachtenvereine schimpfen: ›Jetzt wollen die auch noch Steuergelder!‹« Der Großteil der 1,6 Millionen Euro für den Bau kommt aus dem Städtebauprogramm »Ort schafft Mitte«, eine weitere Million über Spenden, einen Förderverein und vom bayerischen Staatsministerium für Wissenschaft und Kunst; auch das Bauunternehmen zeigt sich großzügig.

Die Gemeinde besteht allerdings darauf, dass Bauer mit seiner Kulturwald GmbH die Betriebskosten des Konzerthauses von jährlich circa einer Million Euro übernimmt. Seine ganze Altersversorgung steckt im Projekt. Allein die Ausstattung des Saales für 196 Zuschauer inklusive Bestuhlung – Wire Chair DKR, verchromt, von Vitra – hat 300.000 Euro gekostet.

Doch zur Eröffnung im September 2014, nach nur einem Jahr Bauzeit, mündet alles in ein bewegendes Halleluja. Das Medienecho ist gewaltig. Die Veranstaltungen sind ausverkauft. Selbst die bayerische Politprominenz pilgert nach Blaibach. Etwa zeitgleich mit dem Konzerthaus wird der Wellnessbereich des benachbarten Hotel Schlossgarten Rösch fertig, das Gasthaus am Dorfplatz hatte schon vorher einen neuen Pächter gefunden. 2015 gibt es den Architekturpreis Beton für das Blaibacher Konzerthaus. Und weil bei jeder Gelegenheit der Bayerische Rundfunk mit einem Übertragungswagen anrollt, dürfte es noch lange im Gespräch bleiben. Dafür braucht es nicht mal den Vergleich mit »Fitzcarraldo«, Werner Herzogs Film über einen exzentrischen Abenteurer und Opernliebhaber, der im Dschungel ein Opernhaus bauen und Enrico Caruso engagieren will.

Klischees passen nicht zum Wunder von Blaibach, außerdem ist ein Konzerthaus eine ernste Angelegenheit. Das demonstrieren allein die Debatten um die Akustik, die das Feuilleton auch hier beschäftigte. Haimerl behauptet: »Wir haben eine der zehn besten Akustiken der Welt.« Wie soll das gehen bei Beton, auch wenn die Wandsegmente verquer und in unterschiedlichen Winkeln angebracht sind? »Wir haben die Schalung so angebracht, dass Betonierfehler entstanden. Der Zufall war kalkuliert, das Ergebnis willkürlich.« Nun hat die Oberfläche Unebenheiten, Löcher, Falten, Lufteinschlüsse, an einer Seite klafft ein tiefer Riss parallel zur Tribüne fast durch den ganzen Saal. All das, glaubt der Architekt, lenke die Schallwellen in verschiedene Richtungen und verdichte den Klang im Konzertsaal.

Am Aussehen stört Haimerl sich nicht: »Das sind für mich keine Fehler, sondern Charaktermerkmale, wie ein Ast im Holz. In Beton steckt ja so viel drin: Kraft, Lässigkeit, Groove, Eleganz, Intelligenz.« Viele Besucher hätten ihm gesagt, sie würden in den Wandmustern Nebelschleier, Wälder oder Wolken erkennen. Wie heißt es so schön in Bachs Kantate: »Jauchzet Gott in allen Landen!/Was der Himmel und die Welt/An Geschöpfen in sich hält.«

Carbonbeton-Herstellung

Innovation

Carbon, Poren, Bakterien

Beton hat viele positive Eigenschaften, aber er muss sich ändern. Und zwar möglichst schnell. Klimawandel und Rohstoffknappheit verlangen nach innovativen Lösungen. Auf Spurensuche mit den Visionären Konrad Bergmeister und Werner Sobek.

Innovation

Er nimmt eine Visitenkarte, faltet sie und trennt einen schmalen Streifen ab. Danach schiebt er zwei Espressotassen zusammen und legt den abgetrennten Karton hochkant darüber. »Angenommen, das ist ein Tragwerk, sagen wir, eine Brücke.« Er drückt mit dem Zeigefinger auf den Streifen. »Oben Druck, unten Zug, das ist klar, oder?« Jetzt nimmt er einen Zahnstocher und perforiert den Karton. Ein Loch, zwei Löcher, viele kleine Löcher. Gleiche Prozedur über den Espressotassen. »Und was passiert jetzt?« »Die Brücke bricht zusammen? »Nein, das ist ja das Interessante, genau das tut sie nicht. So in etwa funktioniert der Gradientenbeton.«

Innsbruck-Ost, auf der Terrasse eines Lokals mit Blick auf die Inntal Autobahn. Am Vormittag war Konrad Bergmeister noch in München, in ein paar Stunden muss er in Gries am Brenner sein, an der Luegbrücke, mit 1.804 Metern die längste Brücke der Brennerautobahn. Bergmeister berät die ASFINAG[14]. Die Brücke geht dem Ende ihrer Nutzungsdauer entgegen. Neubau oder ein Tunnel? Schwere Entscheidung. Aber irgendeine technische Herausforderung wartet immer auf Bergmeister und sein Ingenieurbüro in Brixen, sei es eine Fußgängerbrücke in einem Naturschutzgebiet, eine Ortsumfahrung oder eine komplizierte Dachkonstruktion im Ansitz des berühmtesten Bergsteigers der Welt, mit dem er befreundet ist.

Bergmeister hat in Bozen Maschinenbau und in Innsbruck Bauingenieurwesen studiert. Er hat in Belgien, Texas und Stuttgart geforscht, er war Chefingenieur der Brenner Autobahn, Präsident der Freien Universität Bozen, der Südtiroler KlimaHaus-Agentur und von 2006 bis 2019 Vorstand der BBT SE und damit verantwortlich für Planung und Bau des Brennerbasistunnels. Er ist Professor am Institut für Konstruktiven Ingenieurbau in Wien, Chefredakteur der Zeitschrift *Beton- und Stahlbetonbau* und einer von drei Heraus-

---

14 Die Autobahnen- und Schnellstraßen-Finanzierungs-Aktiengesellschaft (ASFINAG) ist eine staatliche österreichische Infrastrukturgesellschaft. Sie ist für Finanzierung, Planung, Bau und Erhalt von Bundesstraßen sowie die Einhebung von Mauten zuständig.

gebern des »Beton-Kalender«, dem immer noch meistverkauften Buch im Bauwesen.

Ein kluger Kopf, ein Multitalent und ein leidenschaftlicher Erzähler, der schon mal aufspringt und eine Betonsäule streichelt, um ein bautechnisches Detail zu erläutern. Vor allem aber hat Bergmeister die Gabe, im Kleinen das Große zu erklären, begleitet von hübschen Allegorien.

Nehmen wir Beton. Schon ist Bergmeister beim Brot, das auch längst nicht mehr aus Mehl, Wasser und Salz bestünde und bei dem es sich verhalte wie bei Baguette und Vollkornbrot. Beim Brot sind Getreidesorte, Ausmahlgrad oder Hefen entscheidend, beim Beton Gesteinskörnungen, Zusätze oder strukturierte Poren. »Mal abgesehen davon, dass in beiden Fällen Methodik, Temperatur und Feuchtigkeit eine Rolle spielen, allein Zement ist eine Wissenschaft für sich.« Apropos. »Wussten Sie, dass 10 bis 15 Prozent des Zements im Beton gar nicht hydratisiert?« Heißt das, er bleibt ungebunden, in Pulverform erhalten? Bergmeister: »So ist es, das weiß man noch gar nicht so lange, es hat aber enorme Bedeutung.«

»Wir müssen die aktuellen Forschungserkenntnisse in den Beton einbauen«, sagt Bergmeister, »die natürlichen Ressourcen wie Gesteinskörnungen mit ihren Kornverzahnungen effizient nutzen und den Zement mit Zumahlstoffen und neuen Mischtechnologien integraler gestalten wie den Teig beim Brot. Dadurch entstehen effiziente und nachhaltige Betone, die bei sorgfältiger Planung, Verarbeitung und Nachbehandlung mehrere Hundert Jahre halten können.«

Kurzweiliges Gespräch. Als nächstes geht es um den neuen Gotthardtunnel, mit 57 Kilometern der längste Eisenbahntunnel der Welt, Teil der Neuen Eisenbahn-Alpentransversale (NEAT), eingeweiht 2016. Bergmeister lobt die technische Ausführung, die pünktliche Fertigstellung, die Einhaltung des Budgets. »Ein kleines Land mit 8,5 Millionen Einwohnern hat es mal wieder allen gezeigt.« Oder die neue Morandi-Brücke in Genua. »Bemerkenswert, wie hier alle Bürokratien überwunden, Planung und Ausführung zusammengebracht wurden und der Bau innerhalb kürzester Zeit abgewickelt werden konnte.« Bergmeister sagt: »So wie der Mensch sich mit Bauen abbildet, bilden sich auch Staaten mit Bauen ab, das war bei den Pharaonen nicht anders.« Für ihn war es ein geschichtsträchtiger Moment, als der Schweizer Bundespräsident bei der Eröffnung des Gotthardtunnels von einem »Jahrhundertwerk« sprach. »Da fragt man sich: Welches Bauwerk steht für Frau Merkel?«

Bergmeister hat einen Aufsatz mitgebracht. »Opus Caementitium Montiummagistrale – von der Idee zum Bau.« Opus Caementitium ist die legendäre Bautechnik der Römer. Montiummagistrale ließe sich übersetzen mit »bergmeisterlich«. Der Aufsatz handelt vom Bau der St. Wendelin-Kapelle am südlichen Eingang des Padastertals, gleich neben der größten Erdaushubdeponie Europas. Bergmeister hat Ausbruchsmaterial des Brennerbasistunnels genommen, in eine Schalung gegeben, dabei gezielt die Kornverzahnungen des Gesteins genutzt und mit selbstverdichtendem Beton aufgefüllt. Wie es auch die Römer praktizierten. Da aber bei Bergmeister die Schalung innen mit Schaumstoff ausgelegt war, ist die Oberfläche der Wände nicht glatt, sondern präsentiert das Gestein mit seinen Formen und Farben: glitzernder Glimmer, leuchtender Quarz, düsterer Schwarzphyllit. »Ich sehe beim Beton nie das reine Produkt«, sagt Bergmeister, »ich sehe immer die Ingredienzien und ihre Wirkungen.«

Und wie ist er gleich nochmal auf den Gradientenbeton gekommen? Gute Frage, aber Bergmeister muss los, der Termin an der Luegbrücke wartet. »Fahren Sie am besten nach Stuttgart zu Werner Sobek, der weiß alles darüber.«

Erstes Suchergebnis bei Google: »Werner Sobek, geboren 1953, ist ein deutscher Bauingenieur und Architekt, er ist ordentlicher Professor an der Universität Stuttgart und Gründer des Instituts für Leichtbau Entwerfen und Konstruieren (ILEK). Er ist einer der Initiatoren der Deutschen Gesellschaft für Nachhaltiges Bauen.« In

Sobeks Wikipedia-Eintrag sind über 70 seiner wissenschaftlichen Veröffentlichungen, Auszeichnungen und Preise sowie Ausstellungen gelistet. Zu sehen sind auch zwei imposante Gebäude: der Post Tower in Bonn und ein Testturm von thyssenkrupp mit einer Membrane aus Glasfasergewebe.

Auf der Webseite der LafargeHolcim Foundation[15] findet sich eine erste Erklärung zu Gradientenbeton: »Das ILEK forscht seit 2006 an Gradientenbetonen. Die Forscher haben die Eigenschaften des Betons durch eine Gradierung der Porosität im Inneren tragender Bauteile verändert. Dadurch wird eine präzisere Anpassung der Materialeigenschaft an die tatsächliche Beanspruchung erreicht. Zudem wird auf überflüssiges Material verzichtet. Bisher sind Gradientenbetone noch ein Thema der Forschung. In Zukunft kann diese Bauweise aber eine Reduktion von Gewicht, Ressourcenverbrauch, Müllaufkommen, Emissionen und Energieverbrauch bei der Herstellung von Bauteilen aus Beton ermöglichen.«

»Sowohl der weltweite Verbrauch von Rohstoffen«, sagt Sobek am Telefon, »als auch die Produktion von gasförmigem und festem Abfall hängt wesentlich vom Bauwesen ab. Zum Schutz unserer Umwelt muss es uns gelingen, beide genannten Faktoren schnell und massiv zu senken. Gradientenbeton ist dafür prädestiniert. Kommen Sie vorbei.«

Das Thema ist virulent. Der ökologische Fußabdruck von Zement und Beton sowie der zunehmende Mangel an Rohstoffen wie Sand, Schotter und Kies, aber auch anderen Mineralien, die beim Bauen eingesetzt werden, sorgen dauerhaft für Schlagzeilen. Weshalb seit Längerem geforscht, experimentiert, spekuliert wird. Weniger Zement im Beton. Leichtere Bauteile. Neue Werkstoffe, die Beton ersetzen können. Mehr Effizienz am Bau. Recycling. Alles, was Klimaschutz oder Materialeinsparung verspricht, ist im Gespräch. Schließlich gibt es, wie die *Frankfurter Allgemeine Zeitung* festge-

---

15 Die LafargeHolcim Foundation ist die Stiftung der gleichnamigen Schweizer Aktiengesellschaft, die mit 26,7 Milliarden Schweizer Franken Umsatz zu den größten Baustoffkonzernen der Welt gehört.

stellt hat, keine Alternative: »Beton hat viele positive Eigenschaften, trotzdem muss er sich ändern.«

Am meisten Aufmerksamkeit erregte bislang Carbon, nicht zuletzt wegen des Forschungsprojektes »Carbon Concrete Composite«, auch unter C3 bekannt. Das Projekt, das vom Bundesministerium für Bildung und Forschung mit 45 Millionen Euro unterstützt wird, verbindet 160 Partner aus Forschung und Wirtschaft. Die Leitung hat die Technische Universität Dresden. Im Mittelpunkt steht die Frage, ob und inwieweit kohlenstofffaserverstärkter Kunststoff als Bewehrung im Beton eingesetzt werden kann. Die Vorteile wären enorm. Carbon hat bei gleichem Volumen nur 25 Prozent des Gewichts von Stahl, ist aber sechsmal tragfähiger; er korrodiert nicht, was den Einsatz von Beton zusätzlich vermindert. Carbon und Beton lassen sich beim Rückbau problemlos trennen, auch gesundheitliche Belastungen wie etwa bei Asbest werden ausgeschlossen.

In Dresden wurden unter anderem bereits Carbonbetonplatten für die Verkleidung von Fassaden hergestellt, die lediglich zwei Zentimeter dick waren. Rohstoffersparnis: 75 Prozent. Ein Musterhaus, das fast ausschließlich aus Carbonbetonteilen besteht, wird derzeit gebaut. Bereits 2015 wurde in Albstadt-Ebingen in der Schwäbischen Alb eine Fußgänger- und Radwegbrücke errichtet. Die erste ihrer Art weltweit. Mit 90 Millimeter dicken Bodenplatten und 70 Millimeter dicken Trogwänden wiegt sie nur halb so viel wie eine vergleichbare Brücke aus Stahlbeton. Erste Erfolge vermeldet auch die Bauindustrie. So hat der Bielefelder Gewerbebauspezialist Goldbeck für ein Mitarbeiterparkhaus eine Bodenplatte aus Carbonbeton entwickelt, die nur 190 Gramm pro Quadratmeter wiegt – 42,6-mal weniger als die Ausführung in Stahlbeton. Dafür gab es 2020 bei der Internationalen Fachmesse für Bauen und Gebäudetechnik, bautec, einen Innovationspreis.

»Der Einsatz von Carbonbeton bei Neubauprojekten«, so Oliver Heppes von Goldbeck, »ist eines unserer wichtigsten Zukunftsthemen.« Allerdings wird der Einsatz vorerst auf Parkhäuser beschränkt werden. Noch wollen sich die Kunden die Innovation nicht leisten. Ein Kilogramm Stahl kostet etwa einen Euro, ein Kilogramm Carbon liegt bei zwölf bis 15 Euro. Obwohl ein Carbonbeton der Marke Tuladit bereits 2014 die bauaufsichtliche Zulassung durch das Deutsche Institut für Bautechnik erhielt, sind die Brandschutzvorschriften weiter eine kritische Hürde für die Markttauglichkeit.

Um Materialersparnis geht es auch bei Infraleichtbetonen, deren Trockenrohdichte bei 550 Kilogramm pro Kubikmeter liegt, etwa ein Sechstel des Wertes von Stahlbeton. Zuschläge aus Blähglas, Blähton oder Bims, die den Anteil an Luftporen im Beton erhöhen, machen es möglich. Infraleichtbeton hat zehn Mal bessere Dämmwerte als Normalbeton, allerdings auch zehn Mal schlechtere als Styropor. Dennoch gibt es einen Bedarf für die innovative Betonsorte, vor allem bei Bauherren, die Sichtbeton favorisieren und deshalb auf eine Außendämmung verzichten wollen. Entwicklungen wie transluzente, mit Kunststoffen versetzte Lichtbetone oder mit Farbstoffsolarzellen beschichtete Betone, die Strom erzeugen und leiten können, spielen hingegen kommerziell noch keine Rolle.

Ein großes Problem bei Beton ist die Carbonatisierung. Dringen durch Risse Feuchtigkeit und Luft ein, wird das Calciumhydroxid im Beton in Carbonat umgewandelt. Der Kunststein verliert seine alkalischen Fähigkeiten, der Stahl fängt an zu rosten, sein Volumen vergrößert sich. Schließlich platzt die Überdeckung ab, was zu schwerwiegenden Schäden führen kann. Um diesem Prozess entgegenzuwirken, hat ein niederländischer Biologe Kügelchen aus Bakteriensporen und Nährlösung entwickelt. Härtet der Beton aus, schlafen die Bakterien quasi ein und können in diesem Zustand jahrzehntelang überleben; dringt Wasser und Luft in den Beton, wachen sie auf, fressen die Nährflüssigkeit und scheiden Kalk aus, der die Risse kittet.

Eine Anwendung dieser Methode würde sich bei schwer zugänglichen Bereichen wie Kellern oder Tunneln anbieten, aber auch bei Brücken, deren Wartung und Reparatur aufwendig und teuer sind.

Auch die Technische Universität München (TUM) experimentiert mit Bakterien, die Calciumcarbonat, das wie ein Betonkleber wirkt, produzieren. Darüber hinaus gibt es Versuche mit Hydrogelen, die auch in Windeln stecken, kleine, mit Harz gefüllte Kapseln. Reißt der Beton, platzt die Kapsel, das Harz läuft aus und schließt 80 bis 90 Prozent der Risse. »Im Prinzip«, so Professor Christoph Gehlen von der TUM, »sind diese Verfahren alle vielversprechend, für eine breite Anwendung aber viel zu wenig erforscht und auch zu teuer.«

Der Architekt Dirk Hebel, Professor für Nachhaltiges Bauen am Karlsruher Institut für Technologie, hat deshalb den Versuch unternommen, Beton komplett auszuschalten. Die Idee dazu entstand in Äthiopien, wo Baumaterial traditionell knapp ist, weil Stahl und Beton importiert werden müssen. Hebel arbeitet viel mit Bambus, gibt aber auch Pilzsporen, Holzwolle und Bioabfälle mit Wasser in eine Verschalung. Der Pilz bildet innerhalb weniger Wochen ein Myzelium, das jeden Winkel der Verschalung ausfüllt. Nach kurzer Erhitzung auf 60 bis 80 Grad stirbt der Pilz ab und hinterlässt eine homogene, knochenharte Masse.

Für Furore hat Hebel auf der Bundesgartenschau 2019 in Heilbronn gesorgt. Sein »Mehr.WERT.Pavillon« bestand vollständig aus recyceltem Material: Beton- und Ziegelbruch in verschiedenen Körnungen, Porzellanbruch aus ausrangierten Waschbecken, Flaschenglas sowie Textilfasern aus alten Jeans. »Wir sollten vielmehr den ganzen Lebenszyklus unserer Gebäude betrachten«, sagt Hebel. »Wie stehen mir die Materialien nach der Nutzung wieder sortenrein zur Verfügung, welche Konstruktionsmethoden müssen dafür zur Anwendung kommen?« Zusammen mit Werner Sobek hat er kürzlich nach dieser Prämisse das Pilotprojekt »Urban Mining and Recycling« in der Schweiz geplant und gebaut.

Stuttgart, Stadtteil Degerloch. Ein Bürogebäude oberhalb der S-Bahn-Station Albstraße. Neben Werner Sobeks Schreibtisch steht ein mannshohes Gebilde aus Papier mit Waben und wilden Verästelungen. Davor ein Mosaik aus großen bunten Fliesen. Ein erster Hinweis, dass es bei dem Gespräch nicht nur um Technik und Betonrezepturen gehen wird. Der nächste ist das Begrüßungsgeschenk: Der Geschäftsbericht 2019/2020 der Zumtobel Group, einem österreichischen, auf Lichttechnik spezialisierten Unternehmen, für dessen Gestaltung Sobek verantwortlich war.

Es ist ein Geschäftsbericht der außergewöhnlichen Art. Großformatig, plakativ, konsequent in Rot und Weiß gehalten. Das Thema: Nachhaltigkeit. »Anmutung, Ausstattung und Verarbeitung [...] sind integraler Bestandteil meines gestalterischen Gesamtkonzepts«, schreibt Sobek im Vorwort, »Das Format der Broschüre ergab sich beispielsweise aus der Forderung, die Druckbögen maximal auszunutzen, also beim Schneiden der Seiten möglichst wenig Verschnitt zu erzeugen.« Zum gestalterischen Gesamtkonzept gehört auch ungestrichenes Naturpapier aus zertifiziert nachhaltiger Forstwirtschaft und der Verzicht auf einen Einband; zusammengehalten wird das Heft von einem roten Faden. Die Farbe ist mineralölfrei und das ganze Werk natürlich zu 100 Prozent rückstandsfrei zu recyceln. Gedruckt hat die DZA Druckerei in Altenburg, eine der ältesten Druckereien der Welt.

17 Thesen offeriert Sobek als Begleitung zu den Geschäftsdaten der Zumtobel Group, darunter: Die Weltbevölkerung wächst im Schnitt um 2,6 Menschen pro Sekunde; die große Tragödie der Menschheit besteht darin, dass CO_2 durchsichtig und geruchslos ist; wir haben kein Energieproblem, sondern ein Emissionsproblem; es ist falsch, den Fokus nur auf die Energieeffizienz in der Nutzungsphase zu richten; das Bauschaffen produziert zu viel gasförmigen Abfall; wir müssen mit weniger Stahlbeton bauen; die Menschheit verfügt über zu wenig Bauholz, wir brauchen mehr Bäume; das Bauschaffen verbraucht zu viele Ressourcen; die Menschen müssen anders bauen.

Sobek kommt von der Ostalb, »einer einstmals armen Gegend«, wie er sagt, »mit aufrichtigen, fleißigen Menschen«. Die schon im 15. Jahrhundert Eisenerz gefördert haben und mit wenig zurechtkommen mussten. »Achte die Natur und die Dinge«, sagt Sobek, »damit bin ich aufgewachsen.« Als er 1974 anfängt, Bauingenieurwesen zu studieren, ist Deutschland gelähmt von der Ölkrise. Er könne sich schon mal auf die Arbeitslosigkeit vorbereiten, unkt sein Umfeld. Sobek hat ein anderes Problem. Er stellt fest: »Bauingenieure sind zumeist Analytiker, deren Handeln im Rahmen der Naturwissenschaften rein defensiv ist. Sie erklären, was wie funktioniert. Architekten arbeiten konzeptionell, synthetisierend, verstehen aber die Analysen der Ingenieure oft nur unvollständig.« Er beschließt, parallel Architektur zu studieren. Und er stößt wieder auf die Bücher seiner Jugend, die Schriften von Ernst Bloch, den Philosophen der Tagträume und der konkreten Utopien, der das Prinzip Hoffnung propagiert. Später wird er stark beeinflusst vom Architekten Frei Otto, einem Pionier des Leichtbaus und Freund der Symbiose von Architektur und Natur.

»Bauen ist die Antizipation von Zukunft«, sagt Sobek, »wenn wir heute ein Krankenhaus planen, müssen wir wissen, wie ein Krankenhaus in fünf, zehn Jahren funktionieren wird.« Wer heute in der Bauwirtschaft tätig sei, müsse sich darüber Gedanken machen, dass 60 Prozent des Massenmüllaufkommens durch Bauen entstünde und Sand immer knapper werde, auch weil er in Autoreifen, Kunststoff, Smartphones, Computerchips oder Zahnpasta verwendet werde. Zur Antizipation der Zukunft gehört für Sobek aber auch die Empfindung, wie Gebäude auf Menschen wirken. »Architektur soll ein Gefühl von Heimat erzeugen, Bauen soll Heimat schaffen.« Deswegen versuche er sich stets in das Gefühl des Betrachters zu versetzen, der mit seinen Entwurf konfrontiert werde, sei es ein siebenjähriger Junge oder eine ältere Dame. Das gehe bis ins letzte Detail: »Handläufe, feuerverzinkt, Stahlprofil, halten 1.000 Jahre – aber werden sie ihrem Namen gerecht, wenn sie die Wärme aus den Händen nehmen? Läuft die Hand wirklich auf ihnen?«

Die Überleitung zum Leichtbau gelingt ihm spielerisch. »Wenn es um das Gefühl von Heimat in der Architektur geht, stellt sich die Frage: Schafft weniger Masse in einem Gebäude nicht vielleicht sogar mehr Heimatgefühl?« Es gibt dazu natürlich auch eine Anekdote. Sobek hat einmal einen Messestand gebaut, »eine Stabgeometrie, die nicht nur die gängigen, langweiligen Winkel, also 30,

45, 60, 90 Grad, hatte, darüber wurde eine Kunststofffolie gezogen, die verschlossen wurde, und danach wurde die Luft abgesaugt. Die Folie schmiegte sich faltenreich an die Struktur«. Es handelte sich übrigens um die erste Fassade mit Unterdruckfunktion weltweit. »Menschen standen minutenlang davor und haben die Folie gestreichelt, da wusste ich, dass ich was richtig gemacht habe. Auf der Suche nach dem Minimum ist es ja wie bei einem Formel-1-Wagen, man muss sehr genau wissen, was man tut, wenn man ein paar Hundert Gramm wegnimmt.«

Stichwort wegnehmen. Beim Gradientenbeton geht es genau darum. Ein Großteil des Betons, der verbaut werde, so Sobek, sei aus statischen Gründen gar nicht notwendig. »Der Beton wird nicht über den gesamten Bauteilquerschnitt in gleich starker Weise beansprucht.« Manche Bauteile brauchten an manchen Stellen mehr Festigkeit, an anderen weniger und umgekehrt. »Sie können sich also an manchen Stellen eine höhere Porosität leisten, und wo Poren sind, ist kein Beton.« Eine Vorstellung des Prinzips vermittle der Aufbau von Knochen, die an Stellen, die Stabilität erfordern, auch massiver ausgeprägt und an weniger beanspruchten Stellen poröser oder gar hohl seien. Gradientenbeton benötigt dadurch bei gleicher Leistungsfähigkeit mindestens 50 Prozent weniger Rohstoffeinsatz und verursacht konsequenterweise mindestens 50 Prozent weniger Emissionen.

Bleibt die Frage: Wie kommen die Hohlräume in den Beton? Die Antwort sind einerseits Luftporenbildner, chemische Substanzen wie Wurzelharze, Sulfonate oder Proteinsäuren, die Bläschen im Zementleim erzeugen, die auch während des Mischens und Verdichtens stabil bleiben. Andererseits wird mit Kugeln, die aus Zementmilch gegossen werden, experimentiert; ein Exemplar davon lässt Sobek über den Tisch rollen. Es hat einen Durchmesser von 15 Zentimetern, die Schale ist 2 Millimeter dick. Diese Kugeln werden in der Schalung platziert. In Mannheim wurden bereits Decken mit einer Nutzfläche von 24.300 Quadratmetern mit ähnlichen Kugeln betoniert. Gewichtsminderung: 1.613 Tonnen. CO_2-Einsparung: 136 Tonnen. Neuerdings testen Sobek und das ILEK kleinere Hohl-

Innovation

körper, die aussehen wie Erdnüsse und mit Stiften bestückt sind, um sie in der Schalung besser fixieren zu können.

Derzeit werden weltweit jährlich etwa 60 Milliarden Tonnen Baustoffe verbraucht. Tendenz steigend. Allein Afrika wächst jährlich um 40 Millionen Menschen. »In Afrika«, sagt Sobek, »wird in den nächsten zehn Jahren mehr Material verbaut werden als in ganz Europa in den letzten 100 Jahren.« Die Konsequenzen sind bekannt. Sobek: »Wenn wir unser Klimaziel von 1,5 Grad Erderwärmung bis 2050 halten wollen, bleiben uns beim gegenwärtigen CO_2-Ausstoß noch sieben Jahre, um die Kurve zu kriegen.« Wie wichtig dabei die CO_2-Einsparung im Bausektor ist, zeigt ein einfaches Rechenbeispiel. Ein Kubikmeter Stahlbeton verursacht etwa 350 Kilogramm CO_2. Ein gesunder Baum kann pro Tag maximal 100 Gramm CO_2 binden. Ergo braucht ein Baum zehn Jahre, um den CO_2-Fußbabdruck von einem Kubikmeter Beton auszugleichen. »Es geht nicht um die Verteufelung einzelner Materialien«, sagt Sobek, »sondern um deren bewussten und sparsamen Einsatz und deren Wiederverwendung. Und da ist Gradientenbeton eine wunderbare Lösung.«

Die Forschung läuft. Die Rückmeldungen sind positiv. Die Bauwirtschaft zeigt sich interessiert. Sobek: »Die Nachfrage ist da.« Die Unterstützung der Bevölkerung sowieso. »Als akademischer Lehrer merke ich doch, wie die jungen Menschen drauf sind, wenn sie sagen, wir würden ihnen die Zukunft vermasseln.« Was fehlt, so Sobek, sei der politische Wille, Innovationen im Markt zu etablieren. So lange der klimaschädlichere unter den angebotenen Betonen billiger sei, könne niemand einen Sinneswandel erwarten. »Hier ist der Gesetzgeber in der Pflicht. Würden wir endlich eine wirksame CO_2-Steuer einführen, um der globalen Erwärmung entgegenzuwirken, dann hätte der Gradientenbeton bereits in zwei Jahren einen signifikanten Marktanteil.«

3 Bau-geschichten

Ewald Weber

Unternehmer

Mit Herz und Verstand

Die Baubranche leidet unter ihrem ambivalenten Image, zu dem nicht zuletzt der deutsche Fernsehkrimi beigetragen hat. Dabei sind gerade Bauunternehmer weit besser als ihr Ruf. Ein Besuch bei Ewald Weber von der Franz Kassecker GmbH.

Unternehmer

Einer ist immer der Böse. Das muss so sein im deutschen Fernsehkrimi, weil im deutschen Fernsehkrimi die Welt aus Schwarz und Weiß besteht. Gut und schlecht. Opfer und Täter. Eine spezielle Rolle spielt dabei die Baubranche. »Wer wissen will, wie es um ihr Image bestellt ist, zappe sich durch das deutsche TV-Programm«, schreibt Heidrun Rau, »die Baubranche wird fast immer auf der dunklen Seite der Macht verortet. Besonders hart trifft es die Immobilien- und Bauunternehmer, zwischen deren Berufsbildern so ein Alltagsfilm sowieso nicht unterscheidet.«

Rau ist Diplom-Ingenieurin Architektur bei Communication Consultants, einer Stuttgarter PR-Agentur, und auf die Vermittlung technisch komplexer Themen spezialisiert. Und dass ihre Einschätzung nicht aus der Luft gegriffen ist, kann niemand bestreiten. Nicht einmal die Betroffenen. Egal, wo man hinkommt, ob zu einem kleinen mittelständischen Betrieb oder einem großen Baukonzern – ein Bonmot begegnet einem garantiert. »Wissen Sie, dass in jedem zweiten ›Tatort‹ der Hauptverdächtige ein Bauunternehmer ist?« Eine empirisch natürlich nicht fundierte Aussage, die bestenfalls dokumentiert, wie die Branche unter dem Klischee leidet. Selbst wenn sie nicht mit Mord und Totschlag assoziiert wird, mit krummen Deals, Schwarzgeld und Korruption wird sie es allemal.

»Solche Vorurteile«, sagt Ewald Weber, »sind natürlich ein Ärgernis.« Der geschäftsführende Gesellschafter der Franz Kassecker GmbH in Waldsassen behauptet vielmehr: »Die Baubranche ist ein hochprofessionelles Geschäft.« Kassecker, 480 Mitarbeiter, 135 Millionen Euro Umsatz, eigener Stahl- und Metallbaubetrieb, betreut überwiegend größere Projekte, viele davon mit der öffentlichen Hand als Bauherrn. »Ohne einwandfreies Führungszeugnis«, so Weber, »können Sie an deren Ausschreibungen gar nicht teilnehmen. Schwarzgeld ist bei uns ein Fremdwort. Überhaupt: Kriminelle Handlungen gefährden die Existenz der Firma, ihrer Mitarbeiter und deren Familien.« Kassecker hat sich stattdessen dem EMB-Wertemanagement Bau e. V. angeschlossen. Weber: »Da geht es übrigens nicht nur um Compliance, zum Wertemanagement gehören auch Moral, Anstand und der respektvolle Umgang miteinander.«

In einem Interview mit dem Magazin ID des Bayerischen Bauindustrieverbandes sagte Weber im September 2017 auf die Frage, wie sich das ambivalente Image der Baubranche erkläre: »Man muss zwei Aspekte berücksichtigen. Erstens gibt es in Deutschland 74.000 Bauunternehmen mit 800.000 Mitarbeitern, im Schnitt elf Mitarbeiter pro Unternehmen. Das heißt, die meisten erfahren die Branche in einem kleinen, persönlichen Rahmen, etwa im Zuge eines Eigenheimbaus. Oder ich muss etwas reparieren lassen. Das macht der Sepp, den kenne ich aus dem Sportverein, da geht das ohne Rechnung. Das ist der Kern unserer Wahrnehmung. Nur 0,3 Prozent der Unternehmen haben mehr als 200 Mitarbeiter. Das ist die Welt der Bauindustrie, das ist auch meine Welt.«

Und der zweite Aspekt? »Die Bauwirtschaft«, so Weber, »ist ein weites Feld, auf dem sich neben Unternehmen der Bauindustrie auch Investoren, Bauträger, Makler, ausländische Nachunternehmer und viele andere Akteure tummeln. Investoren und Immobilienwirtschaft sind häufig spekulativ unterwegs. Mit dem handfesten Geschäft der Bauindustrie hat das nichts zu tun. In der Öffentlichkeit wird leider nicht immer sauber differenziert, wer was macht und wer wofür verantwortlich ist.«

In Regensburg gab es vor einigen Jahren einen Korruptionsskandal, in den der damalige Oberbürgermeister Joachim Wolbergs involviert war. Es ging um große Immobilienprojekte, Grundstücksgeschäfte und damit verbundene Parteispenden. Die Story schaffte es bis in den *Spiegel*. Weber ärgert, dass in der Medienberichterstattung fast immer von Bauunternehmern gesprochen wurde, dabei waren Bauträger in den Fall verstrickt. Großer Unterschied. Weber: »Die Bauindustrie wird da schnell mal in ein falsches Licht gerückt, während die Politik, die Investoren, die Unternehmensberater, Rechtsanwälte und Marketingberater, also diejenigen, die tatsächlich unsaubere Geschäfte machen, nicht an den Pranger gestellt werden.«

Er kommt aus Lam im Bayerischen Wald, einen kleinen Markt direkt an der tschechischen Grenze, auf halbem Weg zwischen Neukirchen beim Heiligen Blut und Bayerisch Eisenstein. Aufgewachsen in einfachen Verhältnissen. Der Vater gelernter Kaminkehrer, die Mutter hatte einen Kramerladen. Mehrmals kam der Lehrer zu den Eltern und forderte: »Der Bub muss aufs Gymnasium.« Weber sagt: »Ich hatte denkende Eltern.« So kommt er nach Regensburg, wo er Bauingenieurwesen studiert. In den ersten Berufsjahren ist er pausenlos unterwegs, übernachtet mit den Arbeitern im Baucontainer, viele Baustellen, viele Entbehrungen, aber auch viele Erfahrungen. Weber: »Wenn man nicht als Chefsohn geboren wurde, fällt einem das gar nicht so schwer.«

Er ist 30, als er als technischer Abteilungsleiter zu Kassecker nach Waldsassen kommt. Das Familienunternehmen gehört damals zu 60 Prozent der Bilfinger + Berger Bauaktiengesellschaft. Die geschäftliche Liaison ist problematisch. Weber erinnert sich: »Am Anfang hatten wir einen Vorstand, der kam einmal im Jahr, sein Nachfolger kam kaum öfter, am Ende wollte auch noch ein Aufsichtsratsvorsitzender mitregieren.« Dessen Ziel: eine Mittelstandsgesellschaft innerhalb des Konzerns mit Kassecker im Zentrum. »Das«, so Weber, »wollte ich nicht mehr mitmachen.« Also tat er sich mit drei leitenden Angestellten zusammen, ging zur Bank und organisierte 2010 einen Management-Buy-out. Weber sagt: »Es war klar, wenn Kassecker in der Konzernstruktur bleibt, wird die Firma zerstört.«

Zehn Jahre später ist Kassecker ein Unternehmen, das auf Teamgeist und flache Hierarchien setzt. Wertschätzung für das Personal ist keine hohle Phrase. Die Firma offeriert ihren Mitarbeitern Zuschüsse zur privaten Altersvorsorge und Krankenzusatzversicherung. Es gibt finanzielle Unterstützung für Sport in der Freizeit, eine Bonuskarte für den täglichen Einkauf und an Weihnachten ist es schon mal eine Wanderjacke von Schöffel; im Jahr darauf gibt es die passende Weste dazu. Bei 480 Mitarbeitern ein sechsstelliger Betrag. Und jeder, der für sie arbeitet, soll möglichst lange bleiben. In Workshops mit Polieren, Bauleitern und anderen Führungskräften geht es beispielsweise um die Früherkennung von Stress, um Burn-outs zu vermeiden. Kasseckers Credo: Der Mensch steht im Mittelpunkt.

»Uns geht es wie allen Unternehmen«, sagt Ewald Weber, »wir müssen Geld verdienen, dass wir wirtschaftlich funktionieren, aber wir sind keine Gewinnmaximierer. Jeder hat seinen Anteil am Erfolg, deshalb wollen wir ihn mit unseren Mitarbeitern teilen. Mehr als gut leben kann ich nicht, alles darüber hinaus wäre Geld scheffeln.« Als Weber seinem Vater erzählte, er würde die Firma kaufen, sagte der Vater: »Aufpassen!« Was er damit meinte? »Bleib der, der du bist, denk immer daran, wo du herkommst.«

Von Bayreuth aus über die E48 durch das Fichtelgebirge nach Marktredwitz, von dort über die A93 nach Mitterteich und dann links ab Richtung Cheb und Františkovy Lázně.

Waldsassen in der Oberpfalz, Landkreis Tirschenreuth, 6.700 Einwohner, kämpft von jeher mit seiner geografischen Lage. Am Ende der Straße. Weit weg von allen Metropolen. Vom Johannisplatz mit der Stiftsbasilika bis zum Grenzübergang Hundsbach-Svatý Kříž, wo früher der Eiserne Vorhang Europa durchtrennte, sind es knapp sechs Kilometer. In Bayern ist jeder 15. Arbeitsplatz mit der Baubranche verbunden, in der Oberpfalz ist es jeder zehnte. Kassecker ist der größte Arbeitgeber im Landkreis, die Hälfte der Mitarbeiter stammt aus der Gegend.

Egerer Straße 36. Ein rot-weißes Verwaltungsgebäude. Das Büro des Geschäftsführers Weber liegt im ersten Stock. Weiße Wände, blauer Teppichboden, schwarze Regale. Hinter dem Schreibtisch eine abstrakte Explosion in Gelb. Zwischen akkurat aufgeräumten Aktenordnern stehen Modellautos. Weber hat ein Faible für Oldtimer, unter anderem besitzt er zwei Porsche 356, seine Frau hat einen MG. Man könnte jetzt lange über alte Autos plaudern, doch Weber kommt gerade aus Regensburg, wo er einige Tage zu tun hatte. Kassecker hat die alteingesessene Ferdinand Tausendpfund Bauunternehmung gekauft. Die Eigentümer waren weit über siebzig; innerhalb der Familie gab es keine Nachfolger. »Sie wollten«, so Weber, »das Erbe des Großvaters in gute Hände geben und die Tradition erhalten.« Über den Kaufpreis spricht er nicht. »Geld ist nie entscheidend, Vertrauen ist viel wichtiger, es muss mensch-

Unternehmer

lich funktionieren.« Nur so viel: Die Bank haben sie diesmal nicht gebraucht.

Kassecker ist innerhalb der letzten zehn Jahre um weit über 50 Prozent gewachsen, nicht zuletzt wegen seines konsequenten Geschäftsmodells. Kassecker macht Projektgeschäft, Dazu gehören komplexe Aufträge im Bahn- und Ingenieurbau, etwa beim barrierefreien Umbau von Bahnhöfen. Fünf bis zehn Bahnhöfe sind es im Schnitt jährlich, zurzeit sind sie unter anderem am Umbau des Hauptbahnhofs in Frankfurt am Main beteiligt. Sie machen anspruchsvolle Hochbauten wie zuletzt das Headquarter von Puma in Herzogenaurach oder das Bürogebäude eines Computerunternehmens. Dazu Tief- und Rohrleitungsbau sowie Projektentwicklung. Bei den anstehenden Arbeiten an den Stromtrassen Südlink und Südostlink gehört Kassecker zu den Bewerbern. Ihre Stahl- und Metallbau GmbH produziert Aluminiumfassaden, Fenster und Türen, mit denen auch andere Bauunternehmen beliefert werden. Zuletzt wurden 2.500 Fenster für den Neubau des Polizeipräsidiums in Potsdam geliefert und montiert.

»Wir machen kein Nullachtfünfzehn und haben uns Produkte gesucht, die wir gut herstellen können«, sagt Weber. »Um erfolgreich zu sein, musst du dich spezialisieren, eine Nische finden.« Und es braucht eine Strategie und langfristige Ziele. »Wir haben zum Beispiel schon 2018 festgelegt, wo wir 2030 sein wollen.« Die Akquisition von Tausendpfund ist nur ein logischer Schritt auf diesem Weg: Nicht nur, weil Kassecker organisch nicht mehr wachsen kann und dessen Einzugsgebiet in Waldsassen begrenzt ist. Tausendpfund ist Spezialist im Energiesektor, baut etwa Umspannwerke und hat das FTMehrHAUS1000 entwickelt, das nachhaltig konzipiert und betriebskostenoptimiert ist, es kann zudem schnell errichtet und sowohl als Büro- als auch als Wohngebäude genutzt werden. Weber glaubt: »Die Energiewende ist der nächste große Geschäftsbereich – andere Energiegewinnung, andere Bausysteme, andere Heizverfahren, das wird unsere Branche stark verändern.«

Viele Bauunternehmer sind wie Weber gelernte Techniker. Weshalb sie weniger in Problemen denken als in Lösungen. Darüber hinaus sind sie nicht selten Multitalente. Denn mit fachlicher Expertise und unternehmerischem Ehrgeiz allein ist es nicht getan. Ein erfolgreicher Bauunternehmer braucht kaufmännisches Talent, Herz und Verstand, eine große Portion Mut, Visionen und eine Mischung aus Eigensinn, Durchsetzungsvermögen und Diplomatie. Schließlich muss er nicht nur mit einer Vielzahl von Mitarbeitern und Partnern von der Bürokraft bis zum Architekten umgehen können. Kommunikative Talente sind auch im Umgang mit Politik, Bürokratie, Medien und den Mitbürgern gefragt. Nicht immer einfach, wenn Bagger, Kräne und Gerüste in das Leben von Menschen eingreifen.

Begegnungen mit Bauunternehmern sind daher selten langweilig. Schließlich können sie über ihren lokalen Abgeordneten genauso referieren wie über europäische Politik in Brüssel. Sie kennen die Nöte und Bedürfnisse ihrer Region und die Megatrends der modernen Welt. Die meisten pflegen einen Führungsstil der offenen Türe und mischen sich nicht nur während der Weihnachtsfeier unter ihre Leute. Und nicht wenige schwärmen über Bauprojekte wie andere über ihre Geliebte. Bauunternehmer sind in aller Regel spannende Charaktere ohne Allüren, eher zupackend als zaudernd, die in jeder Krise auch eine Chance sehen und gleichermaßen erfolgs- wie gemeinwohlorientiert denken. Von wegen üblicher Verdächtiger.

Nehmen wir zwei Brüder, die irgendwo in der Provinz in vierter Generation ein mittelständisches Unternehmen führen. Zwei gastfreundliche, zuvorkommende Herren Mitte fünfzig, die sagen: »Sorgen hat man in diesem Geschäft immer, da hilft weder Aspirin noch Alkohol und schon gar kein Psychiater.« Vielmehr seien Gelassenheit, Ausdauer und gute Nerven gefragt. Und wenn man wissen will, warum sie sich das alles antun, sagen sie: »Wir verstehen unsere Arbeit auch als Dienst für die Allgemeinheit. Was wir bauen, sind nicht nur Häuser, Schulen, Straßen, Brücken oder Kanäle, es ist das Fundament unserer Gesellschaft.« Kurzum, zwei Musterknaben des Baugewerbes. Wie gemacht für ein Buch über Bauen in Deutschland. Doch auf die Frage, ob sie in einem solchen präsentiert werden dürften, sagt einer der Brüder am Telefon: »Nein, bitte nicht, wir wollen nicht deutschlandweit in Erscheinung treten.«

Ewald Weber hält das für die falsche Attitüde. Sein Motto: »Tue Gutes und rede darüber.« Das tut er nicht nur an der OTH Regensburg, wo er Vorlesungen hält, »um jungen Menschen die Perspektiven auf dem Bau aufzuzeigen«. Weber fordert: »Wir müssen unsere Werte besser transportieren, unsere Botschaft mehr unter die Leute bringen, um unsere Wahrnehmung in der Öffentlichkeit zu verbessern.« Der Fachkräftemangel auf dem Bau geht auch auf das Image der Branche zurück. »Fragen Sie mal jemanden am Gymnasium, welches Ansehen Bauberufe haben.« Eine Studie der Bertelsmann Stiftung hat 2015 ergeben, dass in Deutschland inzwischen jährlich mehr junge Menschen ein Studium beginnen als eine Ausbildung. Dieser Trend zur Akademisierung ist laut Weber gerade für das Baugewerbe fatal. »Dagegen müssen wir etwas unternehmen, alle, die in der Verantwortung stehen, ob Unternehmer, leitende Angestellte oder in den Verbänden müssen sich da einbringen.«

Für einen wie Weber eine Selbstverständlichkeit. Er selbst engagiert sich, wo er kann. Etwa im Bauindustrieverband in Bayern als Vorsitzender des Bezirksverbands Ostbayern und in Berlin in der Fachabteilung Leitungsbau. Im Rohrleitungsbauverband, beim Verband Güteschutz Kanalbau. Weber war Aufsichtsrat einer Bürgergenossenschaft für regenerative Energien in Regensburg, er war im Elternbeirat der Schule seiner Tochter, er hat bei allen Sportvereinen mitgearbeitet, in denen die Familie aktiv ist, und organisiert alljährlich ein Golfturnier für einen wohltätigen Zweck. Seine Frau, so Weber, frage ihn manchmal, warum er das tue und gebe sich die Antwort meist selbst: »Weil du ein sturer Hund bist.« Und? »Sie hat recht.« Wenngleich: »Gescheit daherreden und kritisieren ist einfacher und bequemer als sich aktiv einzubringen, und ich bin einfach der Meinung, dass man bei allem etwas bewirkt, wenn man Einsatz zeigt und nicht nur an den persönlichen Vorteil denkt.«

Es gibt eine Geschichte, die den Menschen hinter der optimistischen These ganz gut erklärt. Vor einiger Zeit hatte Kassecker einen Auftrag in München am Marienhof, mitten in der Stadt, Vorwegmaßnahmen für den Bau der Zweiten Stammstrecke. Als er die Baustelle besuchte, hörte er einen langjährigen Mitarbeiter zu einem Kollegen sagen: »Schau, da vorn, da ist der Haxnbauer. So eine schöne, über Buchenholz gegrillte Kalbshaxe, das wäre mal wieder was.« Darauf der Kollege: »Dann geh doch mal hin.« Antwortet der Mitarbeiter: »Lieber nicht, ist mir zu teuer.« Am Ende seines Besuchs ging Weber zum Bauleiter und sagte: »Bitte lade alle aus unserer Partie zum Haxnbauer ein, ihr macht ein schönes Fest, und danach bringst du mir die Rechnung.« Wenig später machte die Episode überall in Waldsassen die Runde. Schon gehört? Die waren beim Haxnbauer. »Das neue iPhone«, sagt Weber, »wird in ein paar Jahren ersetzt, solche Sachen bleiben.«

Felix von Cranach, Nathalie Zeiler, Matthias Scholz (v. l. n. r.) von SSF Ingenieure

Ingenieure

Baumeister 2.0

Bauingenieure besetzen eine Schlüsselstelle im Bauprozess. Was sie analysieren, berechnen, zeichnen, planen und prüfen, bestimmt die Abläufe eines Projektes und entscheidet über Erfolg und Misserfolg. Annäherung an einen unsichtbaren Berufsstand.

Ingenieure

Was macht ein junger Münchner, der nach seinem Abitur feststellt, dass er vieles mag und vieles kann und nicht Arzt werden möchte? Was ihm gefällt, ist der Job seines Vaters, eines Zimmerers und Bauingenieurs, der seiner Ansicht nach zu wenig Wertschätzung genießt. Antwort: Matthias Scholz studiert Bauingenieurwesen und landet in einem Ingenieurbüro in München.

Was macht eine junge Frau aus Markdorf am Bodensee, die Mathematik und Physik liebt, Statik spannend findet und deren Vater, ein Elektrotechniker, sagt: »Als Ingenieurin steht dir die Welt offen«? Antwort: Nathalie Zeiler studiert Bauingenieurwesen, unter anderem in Madrid und Washington D.C., und nimmt nach ihrer Diplomarbeit das Angebot eines Münchner Ingenieurbüros an.

Was macht ein Junge aus dem Allgäu, dessen Oma eine alte Dampfmaschine besitzt, der Baustellen liebt und bei einem Lego-Wettbewerb für den Nachbau eines Braunkohlebaggers einen Preis gewinnt? Antwort: Helmut Wolf absolviert eine Schlosserlehre, macht über den zweiten Bildungsweg Fachabitur, studiert Stahlbau und Schweißfachingenieur und kommt als Werkstudent zu einem Ingenieurbüro in München, das ihn umgehend engagiert.

Willkommen bei SSF Ingenieure, 40 Millionen Euro Jahresumsatz, 290 Mitarbeiter, das Gros davon in München, dazu vier Niederlassungen in Deutschland, Partnerfirmen in Polen und China, Beteiligungen in Rumänien. SSF Ingenieure ist eine der renommiertesten Adressen der Branche. Die meisten Aufträge kommen von der öffentlichen Hand, oft große, komplexe, nicht selten komplizierte Bauvorhaben. Bei größeren Eisenbahnprojekten ist SSF Ingenieure auch international gefragt, obwohl es gemessen an den personellen Ressourcen weit potentere Konkurrenz gibt.

Helmut Wolf, inzwischen Vorstand des Unternehmens, das als Aktiengesellschaft eingetragen ist, sagt: »Anders als die meisten Büros machen wir nicht nur den ersten konzeptionellen Entwurf, wir begleiten die Projekte planerisch über alle Phasen bis zur Realisierung des Bauprojektes. Wir sind auch deshalb eine Leuchtturmfirma, weil wir alles von vorne bis hinten betreuen, steuern und darstellen, technisch und wirtschaftlich, bis zum letzten Bewehrungseisen, bis zur letzten Abrechnungsposition.«

Domagkstraße 1a, ein Meetingraum im Erdgeschoss eines lichten, eleganten Bürogebäudes. Viel Glas, grauer Fußboden, die weißen Wände voller gerahmter Urkunden. Landesbaupreis. Deutscher Ingenieurbaupreis. Nominierung Deutscher Brückenbaupreis. Patente. Über eine große weiße Leinwand huschen Grafiken und Bilder. Eine Auswahl der Bereiche, in denen SSF Ingenieure tätig ist, von A bis Z: Autobahnen, Bahnhöfe, Brücken, Häfen, Kanäle, Kraftwerke, Laborgebäude, Offshore-Windkraftanlagen, PWC-Anlagen[16], Sendemasten, Stadtbahnen, Tiefgaragen, Tunnel, Türme, U-Bahnen, Verwaltungsgebäude, Wasserbauwerke.

Konkret reichen die Projekte von der Münchner BMW Welt über die Expos in Mailand und Shanghai, den Dresdner Hauptbahnhof, den Münchner Flughafen, die Strelasundquerung nach Rügen, einer Brücke über die Ijssel, U-Bahnen in Doha, Delhi und Algier bis zu Viadukten in Siebenbürgen. Für eine 242 Meter lange Fußgängerbrücke über 37 Gleise vor dem Münchner Hauptbahnhof gab es bei einem Wettbewerb den ersten Preis. Eine Autobahnüberführung bei Lichtenfels, die ein schwieriges Genehmigungsverfahren durchlaufen musste, gilt inzwischen als Aushängeschild für die bayerische Bauindustrie. In Baku, Aserbeidschan, realisierte SSF Ingenieure in weniger als einem Jahr eine Multifunktionshalle für 16.000 Besucher. »Es handelte sich um eine komplexe Stahlkonstruktion«, so Wolf, »kurzfristige Vergabe, kein Spielraum zum Herumbasteln – für so was braucht man ausgewiesene Experten.«

SSF Ingenieure wird 1971 von Victor Schmitt gegründet. Als jüngstes von neun Kindern wächst er mit seinen Eltern auf einem Bauernhof in Saarlouis auf. Damals steht das Saarland noch unter

---

16 Die deutsche Autobahnverwaltung spricht bei Rastplätzen mit Sanitäranlage von einem PWC (Parkplatz mit WC), also von einer PWC-Anlage.

französischem Protektorat. Sein erster Ausweis vermerkt unter Nationalität »République Française Sarrois«. Schmitt, Jahrgang 1938, hat einen Onkel, der Architekturdozent ist und den er sehr bewundert. Nach dem Abitur bewirbt er sich an der Universität Karlsruhe für den Studiengang Architektur. Da er den Numerus Clausus nicht erfüllt, steht er auf der Warteliste. Bei der Bewerbung für die Technische Universität München (TUM), Studiengang Bauingenieurwesen, entscheiden die Abiturnoten in Deutsch, Mathematik und Physik. Nach acht Tagen hat Schmitt eine Zusage. »Im Nachhinein ein glücklicher Umstand.«

Die berufliche Laufbahn beginnt bei der Münchner Baufirma Heilmann & Littmann. Schmitt plant Hochbauten und Brücken und fühlt sich »wie ein König«. Nach seinem Wechsel zur Karl Stöhr KG leitet er eine Planungsgruppe mit 20 Mitarbeitern und baut überwiegend in Nordrhein-Westfalen. Wieder geht es um Brücken wie beim Autobahnkreuz Wuppertal-Sonnborn, Schmitt ist aber auch zuständig für die Tragwerksplanung des Flugsteigs B am Düsseldorfer Flughafen. Der junge Mann ist ehrgeizig, fleißig, arbeitet viel. Er wird befördert. Er erkrankt an einer Herzentzündung. Weiter geht es. Wirtschaftswunderzeit. Schmitt sagt: »Wuppertal-Sonnborn muss inzwischen komplett erneuert werden, der Flugsteig B ist abgebrannt, manches andere ist auch schon nicht mehr da – damit Sie sehen, wie lange ich schon in diesem Geschäft bin.«

Während seiner Zeit bei Stöhr trifft sich die Belegschaft am Freitagabend in der Kneipe. Schmitt sagt zu den Kollegen: »Wenn wir beruflich an die Spitze kommen wollen, dann müssen wir uns selbstständig machen.« Dieter Stumpf ist sofort dabei. Die Firma etabliert sich schnell. Stumpf hat gute Kontakte zur Bahn. Das hilft enorm. Nachdem sich die Firma etabliert, kommt Wolfgang Frühauf von Bilfinger + Berger dazu. Schmitt. Stumpf. Frühauf. So kommt der Firmenname zustande. »Frühauf konnte Tunnel und U-Bahnen«, so Schmitt. Seine Rolle war stets eine andere: »Ich habe mich immer als Teamspieler gesehen, der Leute gewinnen und einbinden und Mannschaften führen kann.«

So hat er in der Firmenzentrale in der Domagkstraße auf offene Räumlichkeiten bestanden, damit am Arbeitsplatz Begegnungen und Austausch möglich sind. Seine Bürotür war ohnehin nie geschlossen. Schmitt sagt: »Die Mitarbeiter sollen wissen, dass ihre Meinung gefragt ist, sie müssen sich anerkannt fühlen, anders kannst du in unserem Planungsgeschäft nicht bestehen.« Er habe seinen Projektleitern immer gepredigt: »Hört auf eure Leute, jeder trägt seinen Anteil zum Gelingen eines Projektes bei, wer nicht auf seine Leute hört und Leistung anerkennt, ist kein guter Projektleiter.« 2010 hat er auf sein Gefühl gehört, das ihm sagte, es wäre Zeit für frischen Wind in der Geschäftsleitung; seither fungiert er als Aufsichtsratsvorsitzender.

Dieser Elan, diese Begeisterung. In diesem Alter. Es ist ein Vergnügen, ihm zuzuhören. Schmitt lobt seine Mitarbeiter, insbesondere die weiblichen, darunter die Kollegin, die sich in Rosenheim um das Projekt Westumgehung kümmert. »Die hatten 20 Jahre Widerstand, jetzt wird gebaut mit 60 Meter tiefen Bohrungen, und es gibt keine Proteste, keine Demo, auch weil unsere Kollegin als Bauherrenassistentin alle Bauvorgänge mit der Stadt und der Bevölkerung bespricht.« Schmitts Fazit: »Bauherren waren nie große Meister der Kommunikation.« Lob hat er dagegen für die Bauunternehmen, mit denen SSF Ingenieure häufig kooperiert. Max Bögl: »Erstaunlich, was da für ein Bauwissen vorhanden ist.« Geiger in Oberstdorf: »Bewundernswert, was die aufgebaut haben.« Ein kurzer Exkurs zum Niedergang der deutschen Baukonzerne. In den Fünfziger- und Sechzigerjahren sei SSF Ingenieure mit Unternehmen wie Dywidag und Holzmann auf der ganzen Welt im Einsatz gewesen. Vorbei. Auch das SSF-Büro in Sao Paulo musste aufgegeben werden.

Das schmerzt ihn; er ist gerne im Ausland, schwärmt von Bukarest, Mailand, Paris, Bordeaux, Lissabon. In der »Planung der öffentlichen Freiräume« sieht Schmitt »eine Zukunftsaufgabe unseres Büros«. 2050 sollen 80 bis 90 Prozent der Weltbevölkerung in Städten oder Metropolregionen leben. »Stadtplanung wird immer wichtiger, aber dafür braucht es Konzepte«, sagt Schmitt, »Architekten denken private Funktionen in Räume um, wenn sie Stadtentwicklung gemacht haben wie Le Corbusier oder Oscar Niemeyer, dann war das schablonenhaft. Wohnzentrum, Industriezentrum, Bürokratiezentrum, und dazwischen fahren die Menschen mit dem Auto hin und her. Aber so einfach ist es nicht.« Er kenne da eine Kollegin, die hätte das Zeug dazu, diesen Planungsbereich bei SSF Ingenieure zu entwickeln: Er meint Nathalie Zeiler, bislang zuständig für die Gesamtkoordination von großen Infrastrukturprojekten.

Bauingenieure nehmen im Bauprozess eine entscheidende Rolle ein. Sie vertreten den Bauherrn, arbeiten aber auch mit Architekten und Bauunternehmen. Was sie berechnen, zeichnen, planen, liefert Anleitung und Vorgaben für alle weiteren Abläufe. Letztlich sind Bauingenieure dafür verantwortlich, dass ein Vorhaben umsetzbar ist, und bestimmen maßgeblich, ob ein Projekt langfristig funktioniert. Sie sind gewissermaßen moderne Baumeister und dennoch unsichtbare Helden. Im Mittelpunkt steht der Bauherr. Den Ruhm erntet der Architekt. Kritik landet meistens bei den Bauunternehmen. Der Bauingenieur taucht öffentlich eher nicht auf. Weil all seine Berechnungen, Zeichnungen und strategischen Überlegungen nur für Insider bestimmt sind. Wolf sagt: »Nach der Fertigstellung ist unsere Arbeit nicht mehr sichtbar.«

Was den Beruf ausmacht, erklärte 2017 ein Professor der Universität Kassel der Wochenzeitung *Die Zeit*. »Computer spielen eine zentrale Rolle« sagte Konrad Sprang, spezialisiert auf Projektmanagement, »ohne IT können Sie keine Brücke mehr planen.« Dabei würde in Rechenmodellen 3D-Technik mit der Dimension Zeit und der Dimension Kosten verbunden. »So kann man den Bauprozess in 5D abbilden.« Und: »Heute spielen neben fachlichen Kenntnissen auch Kommunikation und Bereitschaft zur Transparenz eine ganz wichtige Rolle. Je stärker ein Projekt in die Umwelt und das öffentliche Leben eingreift, desto mehr müssen Sie kommunizieren. Großprojekte erfordern einen ganzheitlichen Ansatz, also auch Kenntnisse in Recht und Betriebswirtschaft. Die Kosten im Blick zu behalten ist ein elementarer Teil des Jobs.«

Wer hätte es gewusst? Es ist aber auch nicht so, dass Bauingenieure zu den großen Gesprächsthemen der Republik gehörten. Die Bundesagentur für Arbeit erfasst sie in ihrem »Blickpunkt Arbeitsmarkt Ingenieure und Ingenieurinnen« vom März 2019 noch nicht einmal. Immerhin lässt sich einer der letzten Ausgaben des Fachmagazins *Beratende Ingenieure* entnehmen, dass ihr durchschnittliches Jahreseinkommen bei 62.600 Euro liege und der Berufsstand im Zuge des Baubooms extrem nachgefragt sei. Wie überall auf dem Bau herrscht auch hier Mangel an Personal und Nachwuchs.

Wer mehr über die Ausbildung erfahren will, findet auf *bauingenieur24.de* einige interessante Aussagen. Peter Hübner, Präsident des Hauptverbandes der Deutschen Bauindustrie, gesteht, dass ihn die theoretischen Anforderungen des Studiums anfangs »etwas erschrocken« hätten. Viel Mathematik, technische Mechanik, Baukonstruktion, Bauphysik, Baustoffkunde. All dies habe ihm aber genutzt, meint Hübner: »Das führt am Ende zu einer allgemeinen Erweiterung der geistigen Fähigkeiten, was im Leben immer von Vorteil ist. Ich erwarte von einem jungen Bauingenieur nicht zuerst die fachliche Kenntnis der genauen Zusammensetzung von Gussasphalt, sondern vor allem logisches Denken.«

Das mit dem logischen Denken gilt immer noch. Ansonsten hat sich einiges getan seit Hübners Studium in den frühen Achtzigerjahren. Damals waren über 90 Prozent der Studierenden männlich, heute sind 40 bis 50 Prozent weiblich. Was auch daran liegt, dass neben Naturwissenschaft und Bautechnik neuerdings Geotechnik, die Funktionalität von Materialien oder ökologische Aspekte wie Wasser, Verkehr und Umwelt auf dem Lehrplan stehen. Die Ingenieurfakultät der Technischen Universität München heißt inzwischen »Bau Geo Umwelt«. Regen Zuspruch findet auch das Duale Studium, das mit einer Lehre in einem Bauhandwerksberuf wie Beton- und Stahlbetonbauer oder Rohrleitungsbauer verbunden ist.

Das Spektrum der Möglichkeiten ist groß: Hochbau, Tiefbau, Spezialtiefbau. Bauingenieure können Straßen, Brücken, Tunnel entwerfen, berechnen, konstruieren und planen, Einfamilienhäuser, gigantische Infrastrukturprojekte und alles dazwischen. Herausforderungen finden sich überall auf der Welt, sagen wir, als Leiter einer Planungsabteilung Ingenieurbau mit Hunderten Mitarbeitern bei einem multinationalen Baukonzern inklusive Stationen in Australien, Afrika und den USA, gefolgt von einer Professur mit innovativen Forschungsvorhaben und Zugang zu einem hochmodernen, experimentellen Materialprüfamt, ganz abgesehen von der Berufung zum Prüfingenieur bei komplexen Bauvorhaben wie etwa der Zweiten S-Bahn-Stammstrecke in München.

Das wäre der berufliche Werdegang von Oliver Fischer, Leiter des Lehrstuhls für Massivbau an der TUM. Fischer ist auch Veranstalter des Münchener Massivbau Seminar, bei dem einmal im Jahr projektbezogene Fragen des Konstruktiven Ingenieurbaus, neue Technologien und Materialien und die aktuelle Forschung diskutiert werden. Konkret geht es dabei um Hochleistungsbetone, korrosionsfreie Bewehrung, Mess- und Monitoringverfahren, aber auch interdisziplinäre Themen wie additive Fertigung und Künstliche Intelligenz. Das demonstriert, wie umfassend und tiefgehend das Berufsfeld ist. Allerdings kein Grund für Angeberei, wie Fischer feststellt: »Wir erkennen im Studium bereits früh, wie viel wir lernen müssen und wie komplex und vielschichtig die Zusammenhänge sind.«

»Das ist die Bescheidenheit des Bauingenieurs«, sagt Matthias Scholz. »Die Bauindustrie wird nicht wahrgenommen, weil sie zu wenig über ihre teilweise grandiosen Leistungen spricht, wir werden übersehen, weil uns der Enthusiasmus fehlt, unsere Geschichten zu erzählen. Wir denken: Alle anderen haben spannende Storys, nur wir nicht.« Man müsse sich nicht wundern, so Scholz, wenn in der Öffentlichkeit über Bauingenieure wenig mehr bekannt sei als Klischees. »Auf Werbefotos sieht man immer nur Menschen mit Schutzhelm und in Signalwesten, die lächelnd auf Papierplane blicken. Und ansonsten denken die Leute, wir sitzen mit einem Feinminenstift von Faber vor einem karierten Notizblock.« Und? »Alles Unsinn!«

Scholz, Leiter Geschäftsbereich Tunnelbau und Spezialtiefbau bei SSF Ingenieure, ist ein kräftiger Mann, leidenschaftlich, begeisterungsfähig. »Ich frage mich immer noch, warum ich diesen Beruf gewählt habe, bis ich eine Antwort finde, mache ich einfach weiter.« Nach seinem Studium hat er sich intensiv mit EDV beschäftigt und mit 27 ein Betriebswirtschaftsstudium an der Abendschule begonnen. »Ist immer gut, wenn man BWL versteht.«

Sein Arbeitstag, so Scholz, beginne morgens meist mit einer Klausur (»Da muss ich über Fragenstellungen nachdenken«), mittags geht es um die Aufgabenverteilung, danach Rechnen, Zeichnen, Zwischenstände auf der Baustelle einholen, Teamsitzungen bis in den Abend. Ein Job, der inhaltlich faszinierend, aber auch fordernd ist. Professor Sprang meint: »Der Bauingenieurberuf ist vor allem bei Großbaustellen ein Traumjob mit viel Stress und wenig Freizeit.« Scholz ergänzt: »Nehmen wir eine U-Bahn: Das ist nicht nur eine Röhre, durch die ein Zug fährt, da geht es um Standsicherheit und Gebrauchstauglichkeit, um Feuchtigkeit, Temperatur, Feinstaub, Brandschutz, Erschütterung, Recycling beim Rückbau und vieles mehr – auch in der tiefsten Station muss eine Toilette für den Zugführer sein.«

Alles andere als Arbeitsprozesse von der Stange, so Scholz, jedenfalls nicht vergleichbar mit einem Beleuchtungssystem für einen Mittelklassewagen. »Als Bauingenieur betreust du bei einem Brückenbau bestimmte Lösungsansätze unter Umständen allein, kein Ingenieur bei BMW könnte wichtige Teile eines Auto allein konzipieren.« Herausforderungen ohne Ende. Beim Münchner Rathaus plante SSF Ingenieure vor einer Baumaßnahme die großflächige Vereisung des Untergrunds, um Setzungen, die verheerende Folgen hätten haben können, zu verhindern. Beim aktuellen Umbau des U-Bahnhofs Sendlinger Straße müssen bei den Planungen täglich 100.000 Fahrgäste berücksichtigt werden. Nicht zu vergessen der Lärmschutzkorridor, den SSF entwickelt hat – »ästhetisch, vorbildlich, weltausstellungsfähig«.

Mag sein, dass sich andere schwer tun mit dem Erzählen. Scholz nicht. Er könnte stundenlang weitermachen. Kommunikation, sagt er, sei »wahnsinnig wichtig, nicht nur der Dialog im eigenen Laden, ich versuche stets mit allen Beteiligten eines Projektes zu sprechen, mit den Architekten, den Fachplanern und Gutachtern, den Bauunternehmen, mit dem Bauamt. Wie sieht es aus? Wo habt ihr Probleme? Was habt ihr vor? Ach, da soll die Feuerwehr durchfahren? Lasst uns gemeinsam überlegen, wie wir das angehen können.« Mangelnde Kommunikation, so Scholz, sei die Wurzel aller Missverständnisse, Missverständnisse ergäben Funktionsstörungen und viele Funktionsstörungen führten zu Baudesastern wie beim Flughafen Berlin Brandenburg. »Die Wahrheit ist: Wir brauchen diesen Austausch auch, weil alle Beteiligten voneinander abhängig sind.«

Ein Beispiel. Doha, Hauptstadt von Katar, es geht um den Bau einer Metro. Für die Entwicklung des Schienensystems ist die Deutsche Bahn zuständig. SSF Ingenieure ist mit Scholz' Team vertreten, in dem Nathalie Zeiler die Objektplanung und Felix von Cranach die Ausführungsplanung betreuen. Zeiler hat beim Transrapid viel Objekt- und Tragwerksplanung gemacht. »Das hat mich richtig begeistert, Brückenbau, Umweltplanung, Kontakt zu Behörden.« Cranach hat zuvor unter anderem eine Metro in Delhi gebaut. Scholz: »Ein absoluter Teamplayer, aber auch ein Macher, der Probleme anpackt, keinen Konflikt scheut und direkt sagt, was er denkt.«

Nun also drei U-Bahnlinien am Persischen Golf, 85 Kilometer Gesamtlänge, unterirdisch, überirdisch, kein Selbstläufer. Umso besser, dass die Kommunikation mit Markus Kretschmer, dem Projektleiter der Bahn in Doha, bestens funktioniert. Ein entscheidender Aspekt für das Gelingen des Projektes. Kretschmer ist später Gesamtprojektleiter[17] der Zweiten Stammstrecke in München, wo Objekt- und Ausführungsplanung am Marienhof wieder von Zeiler und Cranach betreut werden. Auch Bauingenieure begegnen sich zweimal im Leben.

---

17 Am 1. Januar 2020 wurde Markus Kretschmer als Gesamtprojektleiter der Zweiten Stammstrecke von Kai Kruschinski abgelöst.

Zurück zum Meetingraum in der Domagkstraße. Auch Johannes Frühauf hat eine Geschichte. Er ist der Sohn von Wolfgang Frühauf, einem der Mitbegründer von SSF Ingenieure. Logisch, dass er sich schon als Jugendlicher mit dem Beruf befasste. »Bauingenieur hatte damals aber noch ein verstaubtes Image, in den Neunzigerjahren waren kreative Beruf einfach populärer.« Frühauf wollte deshalb »lieber in Richtung Architektur gehen«. Angesichts der damaligen Architektenschwemme überlegte er es sich anders. Nun doch Bauingenieurwesen. Beim Berufseinstieg im Berliner Büro von SSF Ingenieure wurde er »sofort ins kalte Wasser der praktischen Arbeit geworfen«, wenig später landete er in China, wo SSF Ingenieure seit 2004 in einer Arbeitsgemeinschaft mit einheimischen Firmen am Hochgeschwindigkeitsnetz der chinesischen Eisenbahn arbeitet.

Inzwischen ist er Leiter Projektmanagement International. Eines seiner aktuellen Bauvorhaben ist eine über 1.000 Kilometer lange Eisenbahnlinie von Daressalam nach Mwanza am Victoriasee. Sie führt entlang der Route, die zwischen 1907 und 1914 gebaut wurde, als Tansania noch Teil der Kolonie Deutsch-Ostafrika war. »Die Strecke wird immer noch genutzt«, erzählt Frühauf, »die Bahnhöfe sind noch da, es gibt noch alte Weichen, Lokomotivhallen, Güterwaggons.« Spannende Geschichte. Interessant fand der Bauingenieur Frühauf auch, dass ihm die Einheimischen – wie bereits zuvor in China – stets »mit großer Hochachtung begegnen«. Selbst in Italien spreche man respektvoll vom »Dottore Ingegnere«. Nur in Deutschland sei das anders. Dabei ließe sich das mit wenig Aufwand ändern. Vor einiger Zeit hielt Frühauf einen Vortrag in einer Schule. »Wir schaffen etwas Substanzielles, etwas Praktisches, zu dem jeder einen Bezug herstellen kann, die Kinder waren absolut begeistert.«

Paul Böhm

Architekten

Vision und Widerspruch

Kaum ein Berufsstand wird so zelebriert, aber auch angefeindet wie der des Architekten. Doch was wissen wir über ihn? Was sind seine Motive und Ambitionen, welchen Zwängen ist er unterworfen? Zwei Porträts und ein ironischer Zwischenruf.

Architekten

Der Star

Köln, Auf dem Römerberg 25. Das Haus hinter der weißen, efeubewachsenen Mauer sticht heraus aus dem Mischmasch der Wohnhäuser ringsum. Formal zurückgenommen, kubische Außenformen, klare Linienführung. 1928, als es entstand, galt das als modernes Bauen. Der Bauherr: Dominikus Böhm[18], einer der berühmtesten Kirchenbauer Deutschlands und bekannt für sein Credo: »Ich baue, was ich glaube.« Einer seiner drei Söhne, Gottfried Böhm[19], hat es mit skulpturalen Bauten aus Beton, Stahl und Glas zu Weltruhm gebracht und wurde als erster Deutscher mit dem renommierten Pritzker-Preis[20] ausgezeichnet.

Auf dem Römerberg ist das Büro von Paul Böhm, dem Sohn von Gottfried und Enkel von Dominikus. Ein ruhiger, entspannt wirkender Mann mit hoher Stirn. Schmales Brillengestell, das Leinenjackett ein wenig ausgebeult, Hemdkragen offen, Jeans zu eleganten Schuhen. Die Begrüßung distanziert, aber freundlich. Der Besucher wird ins ehemalige Wohnzimmer des Großvaters geführt, aus einem kleinen Atrium fällt der Blick auf den Garten mit einem großen, in Stein gefassten Bassin. Auf einem Sockel eine Bronzebüste von Dominikus. Auf einer Fensterbank Architekturmodelle. Ein japanischer Pavillon. Der Entwurf für ein Konzerthaus in Luxemburg. In der Ecke eine rustikale Holzskulptur aus dem Salzkammergut.

---

18 Dominikus Böhm (* 23. Oktober 1880 in Jettingen; † 6. August 1955 in Köln) wirkte im 20. Jahrhundert als Architekt, Kirchenbauer und Hochschullehrer. Papst Pius XII. verlieh ihm 1952 den päpstlichen Silvesterorden.1954 erhielt Böhm das Große Verdienstkreuz der Bundesrepublik Deutschland sowie den Großen Preis für Baukunst des Landes Nordrhein-Westfalen.

19 Gottfried Böhm (* 23. Januar 1920 in Offenbach am Main) ist ein deutscher Architekt und Bildhauer, dessen überwiegend skulpturalen Gebäude als Architekturikonen des 20. Jahrhunderts gelten. Die Kölner Kapelle »Madonna in den Trümmern« war Böhms erster eigenständiger Bau; der Mariendom in Neviges gilt als sein bedeutendstes Werk.

20 Der Pritzker-Preis – die korrekte englische Bezeichnung lautet Pritzker Architecture Prize – ist die weltweit angesehenste Auszeichnung für Architekten. Der Preis, der jährlich vergeben wird, ist mit 100.000 US-Dollar dotiert.

In der Branche kennt jeder die Böhms, auch Pauls Brüder Peter und Stephan sind Architekten. Paul Böhm legt Wert auf die Feststellung: »Das ist nicht mein Verdienst, ich habe mir nicht ausgesucht, in diese Familie hineingeboren zu werden.« Als Kind habe er es als »anstrengend« empfunden, dass sich zu Hause alles um Architektur drehte. Aber dann war da die Geschichte mit dem Esel. »Ein Freund, seine Schwester und ich hatten uns in den Kopf gesetzt, einen Esel haben zu wollen. Meine Eltern wähnten sich schlau und gaben zu bedenken, dass man für einen Esel einen Stall und eine Scheune bauen müsste. Also fingen wir an zu zeichnen und zu bauen, und ich musste feststellen, dass mir das Entwerfen und Bauen viel mehr Spaß machte, als mir lieb war.«

Böhm arbeitet zunächst bei einem Landschaftsarchitekten in München, der ihn von einem Architekturstudium überzeugt. Böhm landet in Berlin bei Otto Steidle, der ihn beeindruckt, »weil Steidles Überlegungen immer sehr nah am Menschen waren«. Diese »Menschlichkeit« erkennt er nun auch in seinem Vater und dessen Arbeiten. »Die Auseinandersetzung mit der Familie hat mir viel gegeben, dadurch habe ich wahnsinnig viel für diesen Beruf gelernt.« Nach dem Studium geht er zu Richard Meier nach New York, lässt sich inspirieren von Renzo Piano, Richard Rogers und Louis I. Kahn, ehe er in die Firma des Vaters eintritt.

2001, »relativ spät« – er ist bereits 41 –, macht er sich selbstständig und schnell einen Namen mit dem Seminargebäude der Universität zu Köln sowie der Kirche St. Theodor in Köln-Vingst. Ein Kaufhaus für Peek & Cloppenburg in Wuppertal entsteht, die Freilichtbühne Gärten der Welt in Berlin. Daneben diverse Wohnhäuser in Köln und Bonn. Zuletzt hat er mit seinem Büro, 15 Angestellte, darunter zwölf Architekten, das Gemeindezentrum in Neuss fertiggestellt, das Rathaus in Bocholt renoviert, für den Wettbewerb um ein Maritimmuseum in Shenzen, China, wurde ein Entwurf eingereicht. »Wir können keine Kernkraftwerke oder Munitionsfabriken, ansonsten sind wir vielfältig interessiert.«

Jeder bekannte Architekt hat ein Bauwerk, das seinen Ruf manifestiert. Bei Paul Böhm ist es die Zentralmoschee in Köln-Ehrenfeld. Damit ist er nicht nur »der Familiengeschichte entwachsen«, der Job ging wegen der Bauherrin weit über Architektur hinaus. Die Türkisch-Islamische Union der Anstalt für Religion (türkisch: Diyanet İşleri Türk İslam Birliği, kurz DİTİB) gilt als Organ der türkischen Regierung. Zehn Jahre dauerten Planung und Bau, begleitet von öffentlichen Anfeindungen. Böhm sagt: »Manchmal fragte ich mich: Geht es jetzt um Politik, Gesellschaft oder Architektur? Und musste feststellen, dass das alles den Beruf des Architekten ausmacht.« Als der Rohbau stand, entzweite ein Streit Bauherrin und Architekt. Böhm fungierte bis zur finalen Umsetzung seines Werks nur noch als Berater.

Bemerkenswert, was unter diesen Umständen entstanden ist. Ein monumentaler, 35 Meter hoher Kuppelbau, der gleichzeitig fein und elegant anmutet. Die *Deutsche BauZeitschrift* (DBZ) findet: »Er biedert sich nicht dem Zeitgeist an, [...] die Moschee ist echte, erdenschwere Architektur, gleichzeitig aber auch leicht und zerbrechlich, hell und sympathisch, großzügig und transparent.« Böhm selbst hat die unterschiedlichen Segmente des Gewölbes einmal mit den Fingern einer schützenden Hand, zwischen denen der unendliche Himmel sichtbar werde, verglichen. Welche Bedeutung das Bauwerk hat? »Leider bin ich im Analysieren nicht gut, das Deuten geht ja immer weiter, wenn ein Jahr vergangen ist, sieht man viele Dinge anders, man möchte eigentlich immer zwei Mal bauen.«

Architektur ist immer auch ein Produkt ihrer Zeit. Dem Niederländer Rem Koolhaas wird die Aussage zugeschrieben: »Was ich baue, ist ein Spiegel der Gesellschaft.« Böhm meint: »Ich will nicht nur einen Spiegel hinhalten, Architektur muss in jedem Fall die Gesellschaft mitnehmen.« Ein Gebäude brauche Inhalt, Funktion und eine städtebauliche Berechtigung. Das versuche er auch als Professor am Institut für Entwerfen Konstruieren-Gebäudelehre an der Technischen Hochschule Köln zu vermitteln. Keine leichte Aufgabe, auch weil seine Schüler kaum Vorbildung mitbrächten. »Überhaupt nicht ertragen kann ich, wenn jemand sagt: ›Ich mache hier mal einen Kreis, einfach aus einer Laune heraus.‹ Es gibt Kollegen, die eine Architektursprache vermitteln wollen, ich will Leidenschaft vermitteln, Leidenschaft und Verantwortungsbewusstsein. Man braucht eine Vision, die man mit seiner Architektur vertreten möchte.«

Von der Architekturkritik gibt es meist Anerkennung für seine Arbeiten. Die Zentralmoschee, so die *DBZ*, sei »längst ins Kölner Stadtbild hineingewachsen. Es ist ein außergewöhnlicher Bau, groß im Volumen und in der Gestik und gerade so fremd, dass das Unbekannte lockt«. Über das Seminargebäude der Kölner Universität, die Deutschlands Beitrag zur Architekturbiennale 2011 in São Paulo war: »Der Bau ist insgesamt streng, fast minimalistisch, nur die Außentreppen haben etwas Skulpturales«; über Böhms Kirchenbau St. Theodor: »Ein ruhiger Rundbau aus Beton [...], das städtebauliche Umfeld ist durch die Gesamtanlage neu sortiert und durch die Schaffung eines neuen Platzes erheblich aufgewertet.« Nicht zu vergessen die »kontemplative Stimmung« im Inneren. Eindeutige Referenzen an den Künstler im Architekten.

»Ich weiß gar nicht, ob ich mich als Künstler bezeichnen würde«, sagt Böhm, »als Architekt ist man primär Auftragnehmer. Die Kunst der Architektur ist nicht frei. Sie ist den Vorgaben des Bauherrn, der Statik, des Rechts, der Denkmalpflege und meist auch den Grenzen des Budgets unterworfen. Man beschäftigt sich mit dem, was der Auftraggeber will, man versucht, die verschiedensten Parameter in Einklang zu bringen und dafür müssen auf vielfältige Art und Weise Kompromisse gefunden werden.« Das führe zwangsläufig zu Diskussionen mit dem Bauherrn. Dieser wiederum müsse verstehen, »dass er eine Verantwortung gegenüber der Gemeinschaft hat, wenn Mist gebaut wird, wird ein Ort entwertet. Ich will nicht entwerten, ich will Stadtraum aufwerten, ich will der Gesellschaft etwas geben.«

Scheint mit der Zentralmoschee gelungen zu sein. Lindert das den Schmerz über das Zerwürfnis? Böhm sagt: »Jeder Architekt hat auf seinem Weg Höhen und Tiefen.« Thema abgehakt. Zu den Tiefen gehört für Böhm eher das Postgebäude in Bonn; sein Entwurf hatte den Wettbewerb gewonnen und wurde dennoch nicht umgesetzt. In Halle an der Saale sollte Böhm einmal am Marktplatz ein Gebäude zwischen die gotische Marktkirche und den Roten Turm stellen. Böhm hatte den Bauherrn, eine Bank, von einem Turm aus Leichtbeton überzeugt. Der Keller war schon betoniert, als sich der Bürgermeister einschaltete. »Man könne ehemaligen DDR-Bürgern an diesem Platz keinen Betonbau zumuten, hieß es.« Baustopp und Ende. »Meine Gebäude werden mein Erbe sein«, sagte die Architektin Julia Morgan, »sie werden für mich sprechen, auch lange nachdem ich fort bin.« Auch die nicht gebauten Gebäude leben weiter – in den Albträumen der Architekten.

Zum Glück wartet jeden Morgen im Büro wieder ein weißes Blatt. Wer eine Vision hat, zu dem kommen die Ideen von allein. So ist Böhm auch auf den Kölner Hauptbahnhof gekommen. Dieser ist mit 280.000 Reisenden täglich völlig überlastet. Mit lediglich elf Gleisen ist er dem Fernverkehrsaufkommen der Zukunft nicht gewachsen. Bauliche Erweiterungen lässt die eng bebaute Altstadt samt angrenzendem Dom nicht zu. Böhm schlägt vor, den Hauptbahnhof auf die gegenüberliegende Rheinseite nach Deutz zu verlegen, die Gleise unter die Erde zu verlagern mit einer großen Station für Regional- und Stadtzüge. Die 1859 eingeweihte Bahnhofshalle könnte in ein Museum umgewandelt werden. »Der Quay d'Orsay in Paris oder der Hamburger Bahnhof in Berlin demonstrieren, dass ehemalige Bahnhöfe sehr gut als Kulturbauten funktionieren.«

Die freigewordenen Hochbahntrassen könnten begrünt werden wie die High Line in New York. Ringsum kann sich Böhm Wohnbebauung vorstellen, »mit einer symbiotischen Verbindung von Wohnen und Arbeiten«. Die kategorische Trennung beider Funktionen sei längst nicht mehr zeitgemäß. »Ein kleiner, urbaner Kosmos wie dieser kann sich anpassen und heilen, wenn er hinreichend heterogen gestaltet ist.« Böhm hat das Konzept bereits der Oberbürgermeisterin und einigen Ratsmitgliedern vorgelegt. »Alle begrüßen den Vorschlag.« Eine Machbarkeitsstudie ist in Planung.

Ist es ein erfüllender Beruf? »Ja«, sagt Paul Böhm. Kann man diese Erfüllung beschreiben? »Jedes Projekt ist immer wieder eine Herausforderung und man ist von jedem Projekt immer wieder aufs Neue gefesselt.« Und was ist aus dem Esel geworden? »Den gab es – Gott sei Dank – nie, sonst wäre ich jetzt wahrscheinlich Landwirt.«

Das Ego

»Was hat man den Architekten nicht schon alles vorgeworfen«, schreibt Ingeborg Flagge in ihrer Rezension über das Buch *Das Ego des Architekten*, »dass sie Autisten und hochmütige Ignoranten sind, in deren Augen die Bürger ›kulturell unterentwickelt‹ seien, Zerstörer, die eine ›unerträglich hässliche Welt‹ schaffen.« Tatsächlich, diese Vorwürfe gibt es, und Schlimmeres. Woraus die ehemalige Professorin für Baugeschichte und Baukultur und Direktorin des Deutschen Architekturmuseums in Frankfurt schließt: »Architekten werden wie Politiker gerne auseinandergenommen.«

Das Ego des Architekten, schönes Thema. Wilhelm Kücker[21] hat sich ihm angenommen in einem hübsch gestalteten kleinen Büchlein mit himmelblauem Einband, dessen Umschlagtext mit der Frage beginnt: »Wer steht nicht zuweilen ratlos vor der Mega-Architektur unserer Tage?« Und auf Seite 2 geht es weiter mit einer Anekdote über Frank Lloyd Wright. Richtig, jener Frank Lloyd Wright, der Architekt des Guggenheim Museum in New York, der legendären Gebäude Robie House, Talesian und Fallingwater. Ein Mann so genial wie eitel, der einmal gesagt haben soll: »Ich schüttele die Gebäude einfach aus dem Ärmel.«

Dieser Frank Lloyd Wright setzt den Ton für die restlichen 146 Seiten mit seiner unfassbaren Arroganz, die er – so erzählt es Kücker – seinem auch hinreichend berühmten Kollegen Walter Gropius bei einem zufälligen Treffen entgegengebracht habe. Wenngleich die Anekdote mit Gropius nur eine von vielen ist. 1959, kurz vor seinem Tod wurde Wright bei einem Interview als »Amerikas größter Architekt unserer Zeit« bezeichnet. Wright: »›Amerikas‹ und ›unserer Zeit‹ können Sie sicher streichen.«

---

21 Wilhelm Kücker (* 1933 in Celle; † 30. Oktober 2014 in München) wirkte als Architekt und Autor. Er war Honorarprofessor an der Technischen Universität München, von 1983 bis 1987 Präsident des Bundes Deutscher Architekten und von 1987 bis 1990 Vizepräsident der Union Internationale des Architectes. Neben *Das Ego des Architekten* (Müry Salzmann, Salzburg, 2010) veröffentlichte er *Architektur zwischen Kunst und Konsum* (Suhrkamp, Frankfurt am Main, 1976).

Und damit hinein in Kückers Bulletin über Architekturmoden und Stararchitektentum. Dabei wird nicht gespart mit Spott für selbsternannte »Menschheitsbeglücker« wie Le Corbusier, dessen Regelwerk Kücker für eine »Anleitung zu künstlerischer Selbstverstümmelung« hält. Walter Gropius? »Zeitlebens ein Blender«, der nicht zeichnen konnte. Auch spätere Ikonen wie Zaha Hadid, Jacques Herzog und Pierre de Meuron oder Frank Gehry kommen nicht gut weg. Sie alle stünden für die Überzeugung: »Wer, wenn nicht der Architekt, weiß, was das Wohl der Menschheit ist.«

Kücker mokiert sich über Glasarchitektur (»Üble Schwitzkästen, die rücksichtslos Energie verpulvern«), Wrights New Yorker Guggenheim vergleicht er mit einem Blumenkohl. Mal was anderes, aber sonst? Das Mercedes-Benz Museum in Stuttgart sähe aus wie ein »Doppelwhopper«. Noch schlimmer findet Kücker Bauwerke, die ohne die Computertechnologie niemals hätten konzipiert werden können. Windschiefe Türme, Auskragungen[22], die jedes Tragwerkslehrbuch verspotten, Konstruktionen mit amorphen Formen, die an ein »verrutschtes Weichei« oder eine auf dem Rücken liegende Raupe erinnern. Er bedauert die Bauingenieure, die all das »unter Krämpfen überhaupt erst baubar machen mussten«. Ein nicht namentlich genannter Bauingenieur sagt: »Die Architekten wollen spielen und verfremden, Bauteile scheinbar kippen lassen. Die instabilen Entwürfe, die große Architektur sein sollen, sind eine schwierige Herausforderung mit komplizierten Berechnungen – von denen Architekten nicht einmal was ahnen.« Architektur, schimpft Kücker, »ist nicht dazu da, sich Denkmäler zu setzen«.

So denkt ein Architekt, der zudem Präsident des Bundes Deutscher Architekten war, über Architekten. Deshalb darf man das schon ernst nehmen. Zur Beurteilung eines ganzen Berufsstandes taugt Kückers Buch freilich nicht. Das Kochhandwerk lässt sich auch nicht anhand von Bocuse, Witzigmann oder aktuellen Stars

---

22 Bei Auskragungen, die auch Vorkragungen genannt werden, handelt es sich um Bauteile, die über die Grundfläche des Gebäudes hinausragen. Es kann sich beispielsweise um Erker oder Balkone, aber auch ganze Stockwerke oder Dächer handeln.

der Haute Cuisine analysieren. Die Welt der Küche umfasst Würstchenbuden, Kantinen, Fast-Food-Ketten, Pizzerien, gutbürgerliche Gasthäuser, gehobene Restaurants und etliches mehr. Nicht jeder macht aus einem Brathähnchen einen siebenstufigen, zweitägigen Prozess. Kochen gibt es in jeder Form und Qualität und Spezialisierung, in der Architektur sieht es letztlich nicht anders aus. Hier wie dort gilt: Über Qualität entscheidet unter anderem der Aufwand. Oder um es mit David Chipperfield zu sagen: »Der Unterschied zwischen guter und schlechter Architektur ist die Zeit, die man dafür aufwendet.«

Bei der Bundesarchitektenkammer (BAK) sind derzeit rund 136.000 Architekten, Innenarchitekten, Landschaftsarchitekten und Stadtplaner registriert. Mit der von Kucker beschriebenen Klientel haben die wenigsten etwas gemein. Sie bauen keine sündhaft teuren Riesendenkmäler, hinterlassen keine Anekdoten oder Zitate für die Nachwelt und verdienen weniger als gemeinhin angenommen. Das Honorar eines selbstständigen Architekten beläuft sich auf etwa zehn Prozent der Investitionskosten eines Gebäudes. Bei einem durchschnittlichen Einfamilienhaus wären das etwa 30.000 bis 40.000 Euro.

»Sieht auf den ersten Blick nach viel aus«, sagte die Präsidentin der BAK, Barbara Ettinger-Brinckmann im Februar 2020 der *Süddeutschen Zeitung*, »aber dafür werden Ausschreibung und Ausführung des Baus von einem Profi überwacht. Verteilt auf den Lebenszyklus des Hauses sind das nur zwei bis drei Prozent.« Kommt aber auch darauf an, was gebaut wird und in welcher Dimension. »Ein Bürohaus zu bauen ist einfacher und lohnender.« Und: »Große Projekte ab zehn Millionen, da kommt ein vernünftiger Gewinn raus.«

Womit die Branche derzeit besonders kämpfe, so Ettinger-Brinckmann, seien die Auswirkungen der Digitalisierung: »Als ich angefangen habe, hatte ich ein Türblatt als Tischplatte [...] auf zwei Holzböcken, eine Zeichenschiene, einen Kasten mit Tuschefüllern.« Falsche Striche wurden mit Rasierklingen entfernt. »Heute sind es Softwareprogramme, die wir ständig für teuer Geld aktualisieren müssen. Ein Architekturbüro einrichten, das ist inzwischen so teuer, wie wenn Sie eine kleine Arztpraxis einrichten.« Weshalb auch die Gehälter für angestellte Architekten nicht üppig ausfallen. Ettinger-Brinckmann: »Bei den angestellten Berufsanfängern reden wir von einem Einstiegsgehalt von um die 3.000 bis zu 3.500 Euro pro Monat. Seit ich mich erinnern kann, ist eine große intrinsische Motivation nötig, um den Beruf auszuüben, denn die finanziellen Anreize sind es nicht. Das hat sich bis heute nicht geändert.«

Es ist wieder wie bei den Köchen. Das Gros verdient nicht viel und in der Öffentlichkeit stehen nur einige Auserwählte. Bei den Köchen sind es die Sterneköche und Fernsehfiguren, bei den Architekten die Macher hinter schlagzeilenträchtigen Großprojekten oder Kunstbauten. Olympiapark München? Frei Otto. Potsdamer Platz Berlin? Daniel Libeskind. Reichstagskuppel? Norman Foster. Es braucht schon einiges, damit Namen von Architekten die breite Öffentlichkeit erreichen.

Zu den Namen, denen das in den letzten Jahrzehnten hierzulande gelungen ist, gehören Gerkan, de Meuron und Ingenhoven. Der *Spiegel* hat sie 2013 für ein gemeinsames Interview an einen Tisch gebracht. Die drei Tenöre der zeitgenössischen Baukunst, wenn man so will. Meinhard von Gerkan steht mit seinem Büro GMP stellvertretend für den Skandalflughafen Berlin Brandenburg, Pierre de Meuron mit seinem Partner Jacques Herzog für das Drama um die Elbphilharmonie, und Christoph Ingenhoven für die Milliardenbaugrube Stuttgart 21.

Was beim Gespräch mit dem *Spiegel* herauskam, ist durchaus lesenswert, nicht zuletzt wegen des stabilen Selbstverständnisses der Herren. Gerkan sagte gleich zu Beginn auf die Frage nach der Mitschuld am schlechten Ruf der Architektur durch die erwähnten Projekte: »Es ist der große Fehler, sich freiwillig als Galionsfigur herzugeben. So wissen alle, auf wen sie schießen müssen.« De Meuron meinte auf den Hinweis, durch die unaufhaltsam steigenden Kosten bei der Elbphilharmonie seien aus Galionsfiguren schnell Buhmänner geworden: »Zu der Buhmann-Theorie: So sehen wir uns nicht.« Und Ingenhoven resümierte, Großprojekte seien »gar nicht ohne Fehler und Schwierigkeiten« zu machen: »Der Fehler ist, dass man das nicht kommuniziert und dass man das nicht gemeinsam angeht, sondern gegeneinander arbeitet.«

Guter Punkt. Der Fairness halber: Die drei Großprojekte sind nicht vergleichbar. Ihre einzige Gemeinsamkeit ist, dass die Bauherren in Berlin und Hamburg und – mit Abstrichen – auch in Stuttgart ständig ihre Wünsche und Vorstellungen veränderten, woraus sich neue Herausforderungen, Bauverzögerungen und Kostensteigerungen ergaben. Eine undankbare Aufgabe.

Ingenhoven fragte zu Recht, was ein Regierender Bürgermeister im Aufsichtsrat eines Flughafens zu suchen hätte. Auf die Frage, ob er die explodierenden Baukosten für S21 immer noch für gerechtfertigt hielte, aber antwortete er entschieden: »Ja. Und ich glaube, dass dieses Land nur überleben kann, wenn es solche Projekte gibt.« 2017 meinte er, wieder im *Spiegel*, er würde an seinem Entwurf immer noch nichts ändern, keinen Pinselstrich. Vielmehr: »Wir haben mit unserem Entwurf viel dafür getan, dass es Stuttgart in Zukunft gut gehen kann. Im Vergleich zu anderen Städten zählt Stuttgart bisher nicht zu den attraktivsten Orten. Aber nun darf die Stadt sich neu erfinden. Diese Chance geben wir ihr. Soll sie etwas daraus machen.«

Frank Lloyd Wright hätte so ein Statement bestimmt gefallen. Aber jetzt mal ernsthaft: Deutschland kann nur überleben, Stuttgart hat nur eine Zukunft mit einem Bahnhof, wie ihn Herr Ingenhoven entwirft? Mit extrem komplizierten Kelchstützen in der Bahnhofshalle, für die Bauingenieure, Beton- und Bewehrungsexperten jahrelang tüfteln, damit sie die vom Architekten alternativlos vorgegebene Form und Farbe haben und nicht unter ihrem Eigengewicht zusammenkrachen?

Dazu vielleicht ein Bonmot aus der Welt der Küche. Auf die Frage, was er unter Kochkunst verstehe, sagte Alexander Tschebull, laut *Gault Millau* »der beste Österreicher Hamburgs«: »Für mich ist das Wiener Schnitzel mit Kartoffel-Gurken-Salat der Inbegriff dessen, was anderswo als Molekularküche verkauft wird. Kross, saftig, sauer, süß, verschiedene Texturen, verschiedene Temperaturen. In dieser Küche liegt die Wahrheit. Geliertes Meerwasser braucht kein Mensch.«

Architekten

Der Bewahrer

Bodman-Ludwigshafen, Seestraße 10. Das alte Gemeindehaus ist ein wuchtiger Fachwerkbau aus dem 17. Jahrhundert. Drei Stockwerke hoch, ausgebauter Dachboden, die Fassade überzieht ein verwinkeltes Gerüst aus rot bemalten Holzbalken. 2013 wurde es von Tobias und Benedikta Jaklin gekauft, denkmalgerecht saniert, in der rückwärtigen Scheune, die zeitweise als Armenhaus diente, wurde ein Veranstaltungsraum eingerichtet. Die Grundstruktur des Hauses wurde dabei nicht verändert, auf Ergänzungsbauten wurde verzichtet, obwohl das dazugehörige Grundstück dafür groß genug wäre.

Das ist nicht selbstverständlich für einen idyllischen Ort am Bodensee, auch wegen seines Freizeitwerts eine der begehrtesten Wohngegenden Deutschlands. Hätte aber der Philosophie des neuen Eigentümers widersprochen. »Alte Häuser haben eine eigentümliche Kraft«, sagt Tobias Jaklin, von Beruf Architekt, »das Phänomen der inneren Logik, das in den vorindustriell gefertigten Gebäuden steckt, ist faszinierend, die Proportionen der Räume, die feinen Grenzen zwischen öffentlichen und privaten Bereichen, die Reinheit der Materialien, die Platzierung von Öffnungen, das Relief der Fassade – alles folgt einer archaischen, für uns nicht immer durchschaubaren Logik.«

So etwas, glaubt Jaklin, »kann man heute nicht mehr bauen, weil unsere Logik eine andere ist. Wir wollen heute alles, Offenheit und Abschottung, schnelle Bauzeit, Pflegeleichtigkeit, maximale Technik und minimale Kosten mit minimalem Instandhaltungsaufwand. Dieses Alleshabenwollen kann nicht funktionieren.«

Er sitzt an seinem Schreibtisch in einer ausgebauten Remise hinter Schloss Bodman. Sein Arbeitgeber ist Gut Bodman, das primär land- und forstwirtschaftliche Betriebe umfasst und von Baron Johannes von und zu Bodman geführt wird. Jaklin ist für die Entwicklung des Gebäudebestands zuständig, ein Potpourri unterschiedlichster Immobilien von Ställen über Wohnhäuser, Gastwirtschaften bis zu einer Brauerei. Die meisten sind alt, etliche renovierungsbedürftig, alle speziell. Auf der Webseite von Gut Bodman heißt es: »Unsere Gebäude sind Charaktere, deren Wert auch darin besteht, dass sie eine Geschichte erzählen. Wir brauchen diese Geschichten, weil wir in unserer schnelllebigen Konsumwelt, geprägt von Design und Plastik, permanent von Vergangenheit abgeschnitten werden.« Jaklins Aufgabe ist, diese Charaktere einer ebenso sinnvollen wie wirtschaftlichen Nutzung zuzuführen.

Momentan arbeitet er an den letzten Entwürfen für ein Ensemble rund um die ehemalige Schlossbrauerei im nahe gelegenen Espasingen. Die seit langem stillgelegte Brauerei, Wahrzeichen des Ortes, wurde bereits an einen regionalen Bauträger veräußert. Für die unmittelbare Nachbarschaft entwickelt Jaklin ein Konzept mit Wohnungen verschiedenen Zuschnitts. Die Architektur der geplanten Gebäude leitet sich aus ihrem Umfeld ab. Geneigte Dächer, Wände aus Ziegelstein, Putze und Farben aus natürlichen Materialien, Terrassen, Balkone. »Einfach, normal, solide, schön«, sagt Jaklin: »Man könnte auch von einer Gegenposition zum Smarthome sprechen. Hier soll der übermäßige Einsatz von Technik durch eine sich über Jahrhunderte bewährte Bauform überflüssig gemacht werden.«

Er kommt aus Braunschweig. Studium der Architektur in Aachen, Paris und Stuttgart. »Zur damaligen Zeit«, so Jaklin, »herrschte das Dogma der Allmachbarkeit, man glaubte, es gibt keine Herausforderung, die nicht mit Technik zu meistern wäre.« Als Student arbeitete er für Peter Rice (»ein Rechengenie«), der die Statik für das Opernhaus im Hafen von Sydney entwickelte. Für das Büro Renzo Piano wirkte er an dem Entwurf des Kansai International Airport mit. Bei Piano erlebte Jaklin einen »internationalen Building Workshop, der eine Aufsehen erregende Sonderkonstruktion nach der anderen erdachte«. Mit äußerster Raffinesse wurden Techniken und Bauteile aus der ganzen Welt zu einem Bauwerk zusammengefügt. »Ich fand das damals absolut faszinierend.«

Doch dann geht er nach Wien, arbeitet für einen Jesuitenpater, der sich um Obdachlose kümmert. Der Jesuitenpfarrer nimmt ihn mit

Architekten

nach Rumänien, wo Jaklin ein Haus für Straßenkinder baut. Danach sagt er: »Ich muss nach Hause, etwas Gescheites machen.« So kommt er nach Berlin, wird angestellter Architekt bei Josef Paul Kleihues, der prominente Projekte wie das Turmhaus am Kant-Dreieck, das Max-Liebermann-Haus am Brandenburger Tor, aber auch Museen konzipiert. Erneut taucht der Jesuitenpfarrer auf. Er braucht Jaklin für den Bau eines Kinderdorfs. Wieder Rumänien, diesmal zwei Jahre.

Wer weiß, wie es weitergegangen wäre, hätte Jaklin in Rumänien nicht seine Frau Benedikta kennengelernt. Das Paar zieht nach Berlin, gründet eine Familie, bekommt fünf Kinder. Jaklin macht sich selbstständig und befasst sich fortan mit Einfamilienhäusern, Sanierung im Wohnungsbau, Denkmalpflege, Kirchenbau. »Der Beruf ist kompliziert«, sagt Jaklin, »aber er hat auch etwas sehr Schönes, man hat eine umfassende Betrachtung von vielen Dingen, auch wenn man nicht jede Tragwerksberechnung versteht, auch wenn man ständig mit Vorschriften und Normen hadert.«

Eines Abends klingelt das Telefon. Benediktas Schwester Carolina. Sie ist mit Baron Johannes verheiratet. Es geht um den Umbau seines Wohnhauses in Bodman. Nachdem der Auftrag erledigt ist, fragt der Baron, ob Jaklin sich vorstellen könne, für ihn zu arbeiten. »Wir mochten Berlin sehr und tun das noch heute«, sagt Jaklin, »aber ich hatte das Gefühl, da ist eine berufliche Aufgabe, die ich in Berlin nicht haben würde.« Er kündigt sein Büro, zieht mit Kind und Kegel aus einer Millionenstadt in eine Seegemeinde mit ein paar Tausend Einwohnern, die er zunächst als »freundlich und langsam« empfindet, mit einer »Entspanntheit, die mich skeptisch gemacht hat«. Heute ist Jaklin Mitglied beim TSV Bodman, sitzt im Pfarrgemeinderat und lässt sich an Fastnacht bereitwillig vom närrischen Treiben mitreißen, und nicht nur, weil sich das auf dem Land so gehört.

In Bodman wird Jaklin mit einer »vorher nicht gekannten Intensität alter Häuser konfrontiert«. Er versteht, dass »erst die Mühe, mit der in den vergangenen Jahrhunderten Gebäude errichtet wurden, zu intelligenten Konzepten geführt hat«. Was heute als zeitgemäßes Konzept nachhaltigen Bauens verkauft würde, sei »in der weitaus längsten Phase menschlichen Bauens Standard« gewesen: Häuser, die sich ohne großes Aufsehen in die Natur einfügen, mit lokalen oder zweitverwerteten Materialien.« Inzwischen hält er den Technikwahn der Branche für Irrglauben: »Architektur kann so langfristig nicht funktionieren. Sie versucht zu oft, sich an die Logik des Autos anzunähern, mit immer mehr serieller Fertigung, Elektronik und Steuerungsmechanismen. Dabei ist gerade das Auto der Inbegriff des Konsumgutes, dem ein Verfallsdatum eingebaut wird.«

Sein größtes Projekt vor den Schlosshöfen Espasingen war die Entwicklung des Hotel Linde inklusive eines 12.000 Quadratmeter großen Grundstücks. Die Linde liegt am Dampferanleger und war lange geografischer und sozialer Mittelpunkt Bodmans, ein Schmuckstück des gräflichen Besitzes. Gebaut vor hundert Jahren im Stil eines norditalienischen Palazzo, war sie nach dem Zweiten Weltkrieg beliebtes Ziel betuchter Sommerfrischler; zu den Gästen gehörte auch der König von Siam. Für die Einheimischen war sie erweitertes Wohnzimmer und Bühne für die wichtigen Lebensfeiern: Taufe, Konfirmation, Hochzeit, runder Geburtstag, Leichenschmaus. 1991 wurde der Betrieb eingestellt. Bausubstanz angegriffen. Nutzung unrentabel. Umbau aus Gründen des Denkmalschutzes schwierig. Was blieb, so Jaklin, »war schleichender Verfall«.

»Wir hätten es uns leicht machen können, wir hätten sagen können: Prima, wir haben hier ein Supergrundstück, mitten im Ort, lasst uns das ausschlachten und eine Marina mit einer Gated Community hinsetzen.« Jaklin und der Baron wollten es sich aber nicht leicht machen. »Wir wollten nicht, dass der Ortskern durch eine flache Urlaubs- und Zweitwohnungsarchitektur geprägt wird, und die ab und an anreisenden Bikinischönheiten das einzig niveauvolle Resultat dieser Neugestaltung sein würden«, sagt Jaklin. »Was hier ist, ist gewachsen, es soll auch weiter wachsen«, sagt der Baron. Und zwar in einer Form, die zum Ort, zur Region, zur lokalen Bevölkerung passt. Deshalb stehen auf dem Areal jetzt elf Wohnhäuser, umgeben von einer parkartig gestalteten Freifläche.

Architekten

Das Hauptgebäude der Linde wurde rekonstruiert, sein Erscheinungsbild erhalten. »Ein einzigartiges Beispiel für die organische Ergänzung einer Dorfmitte«, so Jaklin. Dass es trotzdem viele Zweitwohnungen geworden sind, findet er »schade«. »Leere Häuser sind traurig, egal, wie liebevoll sie gebaut wurden.« Aber auch das gehört zum Beruf.

»Die Situation eines Architekten ist nicht einfach«, sagt Jaklin, »er kann nur bauen, wenn er einen Bauherrn hat. Bei einem Einfamilienhaus ist das meistens eine Familie, bei einem Bürogebäude eine Firma, bei einem öffentlichen Projekt eine Kommune, und für alle ist das eine große finanzielle Belastung, weshalb sie dafür einen Partner suchen, dem sie unbedingt vertrauen. Der Architekt fragt sich: Wie komme ich an den Auftrag? Erst recht, wenn der Papa kein Architekturbüro hat oder ich nicht im Tennisverein oder im Rotary Club antichambrieren kann. Es kostet enorm viel Mühe, bis man anerkannt und etabliert ist und Aufträge von allein zu dir kommen. Aber dann hast du schon ein Büro, Angestellte, Kostendruck. Architektur muss sich daher fast immer verkaufen.«

Er hingegen sei in einer privilegierten Lage. Er müsse sich nicht verbiegen. »Mein Chef und ich haben die gleiche Grundhaltung zum Bauen. Das spart Kraft und Umwege. Ich muss kein Marketing betreiben oder steile Thesen vertreten, damit eine Bauherrschaft auf mich aufmerksam wird. 90 Prozent aller Striche, die wir zeichnen, werden umgesetzt. Ich habe nie ein Großprojekt betreut. Vielleicht ist es daher naiv, sich diese Skepsis gegenüber der Technikgläubigkeit zu erlauben. Aber ich glaube, dass es unter Architekten viele Verführer gibt, deren Entwürfe primär das Ziel haben, in der Öffentlichkeit zu stehen, die daher stets das Besondere, Autorenhafte herausarbeiten müssen, das dann mit Propagandabegriffen wie Innovation oder Optimierung verkauft wird, während das breite Spektrum des Lebens ausgeblendet und die Natur ausgekoppelt wird. Wir sollten viel mehr auf Dinge schauen, die schon sehr lange funktionieren und auch zukünftig funktionieren können, der Ziegelstein wäre dafür nur ein Beispiel.«

Die entscheidende Frage, so Jaklin, sei doch: »Wird die Architektur ihrer Aufgabe noch gerecht?« Natürlich sehe auch er die Zwänge der Branche, »natürlich sind auch unsere Erarbeitungsprozesse von Zweifeln begleitet und verlaufen nicht linear«. In Espasingen werden insgesamt 70 Wohnungen entstehen. »Dieses Bauen verbraucht Ressourcen und Energie, natürlich wird Boden versiegelt. Ein Fotovoltaik-Paneel, eine Wärmepumpe oder der Einbau einer technischen Lüftungsanlage gleicht die negativen Auswirkungen dieser Eingriffe nicht aus. Wer das Gegenteil behauptet, betreibt Propaganda. Auch wenn wir in unserer Praxis, in unserem alltäglichen Rahmen gefangen sind, müssen wir uns aber doch fragen: Was machen wir hier eigentlich? Warum arbeiten wir nicht nachhaltiger und sinnstiftender? Warum produzieren wir so viel architektonischen Müll? Zugegeben, ich habe auch keine Lösung, aber ich bin bereit, mich den Fragen zu stellen. Es braucht Mut, zuzugeben, dass Architektur ganz oft im Widerspruch zu dem steht, was sie verkauft.«

Konzernlehrwerkstatt STRABAG AG Bebra

Ausbildung

Berufe mit Zukunft

Die Konjunktur ist gut, das Geschäft brummt. Doch dem Bau gehen die Fachkräfte aus, vor allem Nachwuchs fehlt. Dabei bietet die Branche ein spannendes und vielfältiges Arbeitsfeld. Ein Besuch in der Konzernlehrwerkstatt der STRABAG in Bebra.

Ausbildung

»Schön«, sagt er, »dass Sie gekommen sind.« Strahlendes Lächeln, kräftiger Händedruck. »Kommen Sie, ich nehme Ihnen Ihr Jackett ab.« Er bietet Kaffee an. »Wasser dazu?« Warum nicht. Er schenkt ein, geht hinter den Schreibtisch, setzt sich. Könnte losgehen mit der Fragestunde.

Firas Ajouri schaut aus dem Fenster. Von seinem Schreibtisch aus überblickt er jede Bewegung auf dem Hof. Ein Imbisswagen fährt vor. Ajouri lächelt, springt auf, hebt die Hand: »Moment, bin gleich wieder da.« Kurz darauf kommt er mit zwei Tüten belegter Brötchen zurück. »Schinken, Käse, Salami, ich habe einfach von allem etwas genommen, ich hoffe, es ist das Richtige dabei.« Ajouri erklärt die Aktion mit mediterraner Gastfreundschaft. Außerdem habe der Gast lange im Auto gesessen und sicher Hunger mitgebracht. Das Wichtigste aber: »Ich freue mich sehr, Sie kennenzulernen, es geht immer um den Menschen.«

Bebra, Max-Planck-Straße 1, am Rande der Stadt. Die Konzernlehrwerkstatt (KLW) der STRABAG AG liegt zwischen Schnellstraße, Gewerbegebiet und grüner Wiese. Sie besteht aus einer Reihe von Schulungsgebäuden und Werkstätten sowie einem Wohnheim mit 108 Betten, Gemeinschaftsküche und Aufenthaltsräumen. Dazu ein großes Areal, das zu Übungszwecken kontinuierlich mit Baumaschinen beackert wird. Auf dem Parkplatz daneben stehen sie bereit: Wegebagger, Raupen, Grader, Krane, Drehbohranlagen. KLW-Leiter Ajouri, ein schlanker, dynamischer Mann, sagt: »Ich weiß, dass draußen das Klischee existiert, aber wir schicken unsere Leute nicht drei Jahre auf die Baustelle und lassen sie Löcher schaufeln.«

Die KLW ist ein zentraler Baustein der Berufsausbildung in der STRABAG-Firmengruppe. Neben der Zeit in der Berufsschule verbringen Auszubildende innerhalb von drei Jahren 36 Wochen auf fünf verschiedenen Lehrbaustellen und 36 Wochen im Betrieb. 30 Wochen sind sie in Bebra, wo acht Berufe betreut werden, darunter klassische wie Maurer, Beton- und Straßenbauer, mehr technisch angelegte wie Baugeräteführer oder Baumaschinenmechatroniker.

Anne Killmer

Jahrgang 2000
Ausbildung: Baugeräteführerin
Ausbilder: STRABAG AG

»Erst wollte ich Abitur machen, das habe ich abgebrochen. Dann wollte ich Landwirtin werden, auch abgebrochen. Erzieherin konnte ich mir nicht vorstellen, Zahnarzthelferin auch nicht, in einem Büro wollte ich erst recht nicht sitzen. Baugeräte fahren konnte ich mir sehr gut vorstellen. Da hat mir mein Papa einen Tritt gegeben und gesagt: ›Du willst es, dann mach es auch!‹ Wenn ich heute erzähle, was ich mache, finden das alle cool.«

Ahmed Mohamed Saleh Mohamed

Jahrgang 1990
Ausbildung: Tiefbauer/Straßenbauer
Ausbilder: STRABAG AG

»Ich bin über das Goethe-Institut aus Tansania nach Deutschland gekommen, danach habe ich als Au-pair gearbeitet und ein freiwilliges soziales Jahr in Chemnitz gemacht. Ich bin dankbar, dass ich in Deutschland eine Ausbildung machen und mich weiterbilden kann. Wir haben Auszubildende aus der ganzen Welt hier, die Ausbilder unterstützen uns von ganzem Herzen. Dafür bin ich aufrichtig dankbar.«

Ausbildung

Auch die kaufmännischen Angestellten kommen für mehrere Wochen. Alle Auszubildenden können kostenfrei in der KLW wohnen, sie bekommen ein Fahrrad, der Zugang zu einem lokalen Fitnessklub ist gratis, die Fahrtkosten am Wochenende nach Hause übernimmt die STRABAG. »Wenn jemand im Leben weiterkommen will«, sagt Ajouri, »ist er bei uns richtig.«

Firas Ajouri wird 1975 in der syrischen Hauptstadt Damaskus geboren. Der Vater arbeitet als Bauingenieur. Die Familie ist angesehen, doch als Christen fühlen sich die Ajouris zunehmend unwohl in Hafiz al-Assads nationalistischer Diktatur. Als Firas elf ist, verlässt die Familie ihre Heimat. Eine »klapperige Propellermaschine« bringt sie vom Irak über Prag nach Ostberlin. Am Bahnhof Zoo in Westberlin begegnet der Vater einem arabisch sprechenden Mann, dem er US-Dollar gibt. Der Mann besorgt dafür Zugfahrkarten nach Bebra; ein Cousin des Vaters ist Arzt und lebt in Rotenburg an der Fulda, wenige Kilometer entfernt. So kommt die Familie nach Hessen und zieht nach Bad Hersfeld.

Aller Anfang ist schwer, dieser ganz besonders. Der Vater muss im Akkord bei einer Metallfirma arbeiten. Er wirft alle mitgebrachten arabischen Bücher weg. Die Familie soll fortan nur deutsche Bücher lesen. Seine Kinder erzieht er mit harter Hand. Teenager Firas hat große Schwierigkeiten, sich auf die Schule zu konzentrieren. »Mein Kopf war ständig woanders.« Aber es gibt etwas, das ihn fasziniert: die Hermann Kirchner Bauunternehmung GmbH in Bad Hersfeld. Der Großvater hatte in Syrien auch ein kleines Bauunternehmen. »Ich sagte mir: Eines Tages wirst du für Kirchner arbeiten.« Nach seinem Hauptschulabschluss bewirbt er sich tatsächlich. »Der Ausbildungsleiter schaute mich an, in seinen Augen war ich ein kleiner Problemausländer. Doch dann sagte er: ›Ich gebe Ihnen eine Chance, aber wenn Sie hier etwas anstellen, fliegen Sie hochkant raus, haben Sie das verstanden?‹«

Ajouri macht eine Ausbildung zum Tiefbaufacharbeiter; zwei Jahre. Danach Straßenbauer; ein Jahr.

Moses Göhl

Jahrgang 1999
Ausbildung: Duales Studium Bauingenieurwesen/
Beton- und Stahlbetonbauer
Ausbilder: Geiger Unternehmensgruppe

»Ich hatte schon immer einen starken Bezug zum Handwerk. Bei uns daheim wurde viel umgebaut, dabei habe ich immer geholfen, bei mir am Stammtisch sind alle Handwerker. Ich habe mich lange gefragt: Mache ich eine Lehre oder ein Studium? Über die Firma Geiger habe ich vom dualen Studium mit Berufsausbildung erfahren. Danach ging alles schnell: Bewerbung, Vorstellungsgespräch, Probearbeit. Zum Glück haben sie mich genommen.«

Marit Freise

Jahrgang 1996
Ausbildung: Duales Studium Bauingenieur-
wesen/Rohrleitungsbauerin
Ausbilder: Brochier Rohrleitungsbau Nürnberg GmbH

»Mein Vater hat Elektrotechnik studiert, meine Mutter ist Industrietechnologin, meine Schwester macht Maschinenbauingenieurwesen. Es hat sich in der Familie keiner gewundert, dass ich mich für ein duales Studium mit Ausbildung zur Gleisbauerin, Bauzeichnerin oder Rohrleitungsbauerin beworben habe. Mein Vater war ganz stolz und hat allen erzählt, dass ich auf den Bau gehen werde.«

Ausbildung

Er holt die Mittlere Reife nach, erreicht bei der Abschlussprüfung sowohl schriftlich als auch mündlich 96 von 100 möglichen Punkten. Nebenher durchläuft er bei der Industrie- und Handelskammer die Ausbildung zum Ausbilder (AdA). 1998 wird er bei Kirchner übernommen und darf bereits »vom ersten Tag an« Lehrlinge betreuen. Ajouri ist seit 2002 Meister seines Handwerks und wird 2011 Leiter der neu gegründeten Konzernlehrwerkstatt der STRABAG, die einige Jahre zuvor Kirchner übernommen hat. Mittlerweile ist er Vorsitzender des Prüfungsausschusses für Straßenbauer in Nordhessen und für Baugeräteführer in Hessen.

Jeder hat eine Geschichte. Und die wenigsten verlaufen geradlinig. Doch Ajouris Werdegang ist zweifelsohne bemerkenswert. Fremdes Land, neue Sprache, Integrationsprobleme, Identitätssuche, Vater-Sohn-Konflikt. »Ich wusste, ich bin nicht doof«, sagt er, »ich wusste, ich kann mehr aus mir machen, als man von mir erwartete, also sagte ich mir: Lass dich nicht in die Ecke schieben. So habe ich mich Stück für Stück hochgearbeitet.«

Diesen Geist, diese Erfahrung will er an seine Auszubildenden weitergeben. »Wenn der kleine Firas, der für alles kämpfen musste, es schafft, dann können es alle schaffen.« Überall in den Gebäuden der KLW hängen gerahmte Sprüche. »Wer aufhört, besser sein zu wollen, hat aufgehört, gut zu sein.« Oder: »Lernen ist wie Rudern gegen den Strom, hört man damit auf, treibt man zurück.« Das ganze Leben, meint Ajouri, »besteht aus Lernen«. Umso besser, wenn man dabei manchmal nicht allein ist. Noch ein Spruch, der in der KLW zu finden ist: »TEAMS WORK.«

Das Baugewerbe hat ein Problem. Die Konjunktur ist gut, aber es fehlen Fachkräfte. Vor allem fehlt der Nachwuchs. 2019 waren im Bauhauptgewerbe 885.000 Menschen beschäftigt, nur 40.000, weniger als fünf Prozent, waren Auszubildende. Das ist umso dramatischer, als die Branche überaltert ist. Jährlich scheiden mehr Beschäftigte aus Altersgründen aus, als Ausbildungsverträge geschlossen werden. Die IG Bau meldete, dass am 1. August 2020 in Hamburg 70 Prozent der Ausbildungsplätze nicht besetzt waren.

Simon Häcker

Jahrgang 2001
Ausbildung: Bauzeichner
Ausbilder: Franz Kassecker GmbH

»Zeichnen hat mir schon immer Spaß gemacht. Ich mag es, mich in komplexe Strukturen reinzudenken und diese dann abzubilden. Deshalb habe ich mich auch auf die Annonce von Kassecker gleich beworben. Die grundlegenden Dinge meiner Arbeit wiederholen sich, aber die Situation, die Umstände ändern sich ständig. Um meine Zukunft mache ich mir keine Sorgen. Fachleute auf dem Bau sind gesucht.«

Florian Zahn

Jahrgang 1996
Ausbildung: Maurer
Ausbilder: Dreßler Bau GmbH

»Ich wollte unbedingt zum Bau. Maurer liegt mir, da kann man auch mal Klotzen. Ich wurde bei Dreßler von Beginn an voll eingesetzt und auch in große Projekte eingebunden, etwa beim Berliner Stadtschloss. Dass ich Deutschlands bester Maurer-Azubi werden konnte, hängt auch damit zusammen. Momentan studiere ich Bauingenieurwesen, mein Ziel für später ist eine leitende Funktion, damit ich auch mal was zu sagen habe.«

Ausbildung

Das Dilemma erstreckt sich nicht nur auf Großstädte; in Göttingen beispielsweise blieben 54 Prozent der Ausbildungsplätze offen, im Emsland waren es 68 Prozent. Und das, obwohl die Branche 17 Ausbildungsberufe anbietet und mit Vergütungen von 890 Euro im ersten bis 1.580 Euro im vierten Lehrjahr außergewöhnlich gut bezahlt.

»Gute Berufe, gutes Geld, gute Perspektive« – warum der Slogan der SOKA-BAU[23] nicht mehr Interesse generiert, können selbst zahlreiche Studien nicht schlüssig erklären. Die einen glauben, es liege am Image der Bauwirtschaft, andere machen die körperliche Belastung, die Arbeit unter freiem Himmel, lange Anfahrtswege, Überstunden und Termindruck verantwortlich. Manche geben auch den Schulen die Schuld, weil sie angeblich immer weniger mathematische, technische und naturwissenschaftliche Kompetenzen vermitteln. Aber auch die Unternehmen könnten mehr tun, heißt es. Sie müssten sich mehr um junge Leute bemühen, etwa in sozialen Netzwerken, mit Schulbesuchen, mit Auftritten bei Schüler- und Jobmessen. Früher hieß es: »Sei schlau, geh zum Bau.« Heute wirbt die Bauindustrie mit dem Slogan: »Bau dein Ding.« Fraglich, ob das die Jugend von heute erreicht.

2017 sagte Peter Hübner, der Präsident des Hauptverbandes der Deutschen Bauindustrie, in einem Interview mit *Bild*: »Es muss uns wieder gelingen, die Attraktivität des Berufs zu vermitteln.« Auf die Frage des Reporters, wie er das anstellen wolle, sagte Hübner, der auch Vorstandsmitglied der STRABAG AG ist: »Ich würde sie einladen, auf einer Straßenbaustelle vier Wochen mitzuarbeiten. Dann würden sie sehen, wie abwechslungsreich dieser Beruf ist. Ich glaube, wir haben die beste Ausbildung in der gesamten Industrie.« Diese sei inzwischen sogar so gut, dass etwa die Automobilbranche und ihre Zulieferer »unseren Nachwuchs gerne abwerben«.

---

23 SOKA-BAU, kurz für Die Sozialkassen der Bauwirtschaft, ist die gemeinsame Dachmarke für die Urlaubs- und Lohnausgleichskasse der Bauwirtschaft (ULAK) und die Zusatzversorgungskasse des Baugewerbes (ZVK).

Andreas Straub

Jahrgang 1989
Ausbildung: Bauwerksabdichter
Ausbilder: Jüttner & Straub GmbH

»In unserem Beruf sollte man körperlich belastbar sein. Im Sommer hantierst du mit Feuer, heißem Bitumen, und die Dachbahn unter dir hat 60, 70 Grad Celsius. Bei Regen und Kälte ist es wieder anders. Wer jung und flexibel ist und technisches Verständnis hat, ist in diesem Beruf richtig. Und: Uns kann niemand wegrationalisieren. Uns kann niemand ersetzen, kein Computer, kein Roboter.«

Wissam Issa

Jahrgang 1992
Ausbildung: Baugeräteführer
Ausbilder: STRABAG AG

»Ich bin 2015 von Damaskus nach Deutschland geflohen, zur STRABAG bin ich gekommen, weil einer meiner Kumpel schon hier in Bebra eine Ausbildung machte. Der Beruf gefällt mir sehr gut. Ich mag Maschinen, am liebsten fahre ich Bagger. Am Anfang hatte ich Heimweh nach Syrien, aber inzwischen fühle ich mich in Deutschland sehr wohl. Als Christ konnte ich mich schnell an die Kultur gewöhnen. Migranten, die nicht arbeiten oder Deutsch lernen wollen, kann ich nicht verstehen.«

Ausbildung

Bebra, Rundgang mit Firas Ajouri durch die Lehrwerkstätte. In der Zimmerei, in der auch Maurer und Betonbauer lernen, steht Ausbilder Karsten Sonntag und erklärt den Ablauf. Erstes Lehrjahr: handwerkliche Grundlagen; zweites Lehrjahr: Arbeit mit Maschinen; drittes Lehrjahr: Entwicklung von räumlichem Denken und Bauen, viel Zeichnen. Ist ambitionierter als es klingt, meint Sonntag: »Wir haben Azubis, die sind 18, können keine Schraube rausdrehen und tun sich schwer mit Hammer und Nagel, das dauert, bis Kopf und Hand verstehen, was sie machen sollen.«

In der Maschinenhalle nebenan bedecken große Sandkästen den Boden. Hier wird gepflastert, werden Bordsteine gesetzt. »Wenn die Auszubildenden von den Baustellen kommen«, sagt Ajouri, »können wir das Gelernte hier noch einmal gezielt vertiefen.« Die Baumaschinenmechatroniker eine Halle weiter profitieren wiederum vom Wissenstransfer mit der STRABAG-Tochter Baumaschinentechnik International GmbH & Co. KG, aber auch von der intensiven Zusammenarbeit mit der Berufsschule in Bebra, in der alle Auszubildenden Hessens für die Abschlussprüfungen zusammenkommen.

Vor der Halle röhrt und knirscht und rumpelt es. Der Baugeräteführernachwuchs übt auf der Basis eines digitalen Geländemodells. Es wird gepflügt, planiert, ausgehoben. Die Fahrzeuge stammen von führenden Herstellern wie Komatsu, Liebherr, Caterpillar oder New Holland. Sie haben Maschinensteuerung und sind mit modernster Technologie bestückt. »Digitalisierung ist auch bei Baugeräten inzwischen das A und O«, sagt Ajouri. Sich dem zu verschließen, sei keine gute Idee, erst recht nicht für die STRABAG, den Marktführer im Verkehrswegebau in Deutschland. »Die Auftragsvergabe hängt mehr und mehr davon ab, ob du als Unternehmen die komplette Vernetzung der Baustelle gewährleisten kannst.«

Wer erleben will, wie das in der Praxis aussieht, muss nur eine Laderaupe in Gang setzen. Das Armaturenbrett und die Instrumente im Führerhaus muten eher an wie ein Sportflugzeug. Die Übung mit einem Grader, auch bekannt als Planierer oder Straßenhobel, zu wiederholen, grenzt an ein zirkusreifes Kunststück. Computerscreen, Kamera, zehn Hebel am Lenkrad, acht Hebel für die Arbeitshydraulik, diverse Pedale. Vorder- und Hinterwagen, die mit einem Gelenk verbunden sind, zu steuern und gleichzeitig Frontschild, Schiebebock und Pflugschar zu bewegen, mitunter auch noch den Heckaufreißer, verursacht selbst bei Ajouri nach kurzer Zeit Kopfschmerzen. Daher: »Wer einen Grader gut beherrscht, verdient wie ein Ingenieur. Zu unseren besten Auszubildenden gehören übrigens eine junge Frau und ein Syrer.«

Anfang 2016, auf dem Höhepunkt der Flüchtlingskrise, richtete Ajouri eine eigene Klasse für junge Geflüchtete ein. Ziel war es, sie bis zum darauffolgenden Herbst auf eine Berufsausbildung vorzubereiten. Die Nachricht erreichte auch das *Handelsblatt*, das Ajouri damals besuchte und beschrieb, wie er seinen Schülern beibringt, eine Fläche zu berechnen oder geduldig »Durch – mes – ser« und »Erd – ar – bei – ten« deklamiert. Deutsche Sprache, schwere Sprache. Wer wüsste das besser als er. So wurde aus dem Ausbilder der Auszubildenden Ajouri zu allem anderen noch ein Deutschlehrer und mitunter auch Deutschlanderklärer, etwa bei der Frage: Ist es okay, wenn hier zwei Männer auf der Straße knutschen?

Wir schaffen das. So lautete die Botschaft damals. Und es gab nicht wenige, die in jungen Geflüchteten schon die Fachkräfte von morgen sahen, die Antwort auf den demografischen Wandel und alle damit verbundenen Arbeitsmarktprobleme. Dieter Zetsche, seinerzeit noch Chef von Daimler, prognostizierte gleich ein »neues deutsches Wirtschaftswunder«. Und Ulrich Grillo, damaliger Präsident des Bundesverbands der Deutschen Industrie (BDI), versprach, die Industrie werde bei der Integration »ganz vorne« dabei sein. Initiativen wurden gegründet. »Joblinge«, »Wir zusammen«, »Unternehmer integrieren Flüchtlinge«. Im Herbst 2016 hatten bei 30 Dax-Unternehmen insgesamt 50 Flüchtlinge eine Ausbildung begonnen.

Wo die Integration weitaus besser funktionierte war beim Mittelstand, vor allem in der Baubranche; zehn Prozent der sozialversicherungspflichtig Beschäftigten aus Asylherkunftsländern sind inzwischen hier beschäftigt. Die STRABAG, obwohl kein klassischer Mittelständler, macht dabei keine Ausnahme. In der Lehrwerkstatt in Bebra sind Auszubildende aus 26 Nationen vertreten, darunter Afghanistan, Äthiopien, Eritrea, Syrien oder Tansania. »Es ist Arbeit ohne Ende«, sagt Firas Ajouri, »aber gerade diese Menschen verdienen es, abgeholt und aufgebaut zu werden.«

Die Zeit hat mal geschrieben, Ajouri sähe aus wie der junge Robert de Niro. Und er sei für seine Auszubildenden zwar ein Idol, aber auch ein harter Hund. Ein Antreiber, der den Klaps auf die Schulter nicht vergesse, wenn die Leistung stimme. Ajouri sagt: »Das ist eine ganz gute Beschreibung, ich bin schon der Chef.« Er sagt aber auch: »Wenn jemand zu mir ins Büro kommt und Probleme hat, dann hole ich erst mal einen Kaffee, damit er locker wird.« Fordern sei wichtig, sagt Ajouri, fördern aber genauso. Wer sich schwertut, um den kümmern sich die Ausbilder besonders. Wer bei der Abschlussprüfung durchfällt, kann sich in Bebra auf die Wiederholung vorbereiten. »Wenn jemand Autos bauen will, okay, dann kann ich ihn nicht aufhalten, was mir aber wichtig ist: Bei uns bleibt keiner zurück.«

Es ist ein Kampf. Früher konnte Ajouri noch unter den Bewerbern wählen. Heute wird jeder zu einem Vorstellungsgespräch eingeladen. Das muss kein Nachteil sein. Peter Hübner sagt: »Wir brauchen nicht nur Abiturienten, für die eine Ausbildung vielleicht nur eine Zwischenstation vor dem Studium ist, sondern auch qualifizierte Hauptschüler.« Firas Ajouri ergänzt: »Uns ist egal, welches Geschlecht, welche Hautfarbe, welche Sprache, welche Religion jemand hat, wer will, kriegt eine Chance.« Auch wenn es die zweite im Leben ist. Vor einigen Jahren hatten sie einen ehemaligen Strafgefangenen. Bei seiner Abschlussprüfung war er Zweitbester in Hessen. »Man muss immer nach vorne schauen«, sagt Ajouri. Nicht negativ denken. Nicht hadern, sondern motivieren. Und auch nicht schimpfen über die jungen Leute. »Das haben unsere Eltern schon bei uns gemacht und es hat bloß genervt.«

Im Baugewerbe bringt etwa ein Drittel aller Auszubildenden ihre Lehrzeit nicht zu Ende. Bei der STRABAG AG werden 94 Prozent aller Auszubildenden am Ende ihrer erfolgreich abgeschlossenen Lehrzeit übernommen. Wie das geht? »Das ist kein Zauberwerk, da gibt es kein Geheimnis«, sagt Ajouri. »Wir setzen uns mit den Leuten hin und arbeiten ihre Defizite ab, und wir stellen uns dabei Tag für Tag die Frage: Wie können wir die Menschen noch mehr für ihren Beruf begeistern?« Geld, so Ajouri, sei dabei durchaus nützlich. Immerhin lässt sich die STRABAG ihre Konzernlehrwerkstatt jährlich 2,5 Millionen Euro kosten; in Ybbs an der Donau werden derzeit 10 Millionen in ein österreichisches Pendant investiert. Ajouri sagt: »Was wir in diesem Bereich bieten, ist in Europa einmalig. Doch es sind nicht die Gebäude und die Maschinen, die einen Unterschied machen, es braucht Leidenschaft, Menschen zu helfen, die hat nicht jeder.«

Sebastian Rost

Handwerk

Gut gemacht

Damit ein Bauprojekt gelingt, müssen viele Menschen unterschiedliche Kompetenzen und Qualitäten einbringen. Drei Facharbeiter sprechen über Aufgaben und Herausforderungen und vor allem die Leidenschaft für ihren Beruf.

Handwerk

Der Polier

Der Erste sucht seinen Maurerhammer. »Den habe ich dem Elektriker gegeben.« Der Zweite fragt, was er als Nächstes machen soll. »Du musst endlich das Rohr im Innenhof schneiden, danach kommst du noch mal.« Den Nächsten schickt er in den Keller, Haus 3, erstes OG, ergänzt von der Frage: »Hast du dein Werkzeug schon unten?« Das Mobiltelefon klingelt. »Ja, ja, ich weiß Bescheid, komm vorbei, ich bin hier.« Während er das Telefon noch am Ohr hat, drückt er einem Facharbeiter, der nach Schmiermittel sucht, einen Lieferschein in die Hand: »Bring den doch bitte schnell mal rüber ins Büro.«

Es ist kurz nach neun Uhr. Baustelle Maximilians Quartier in Berlin-Schmargendorf, Block B, ein Komplex mit 253 Wohnungen. Viel los in Gregor Grabitzkis Baucontainer. So wie jeden Morgen. Ach was, wie jeden Tag von früh bis spät. Aufgaben verteilen. Fragen beantworten. Baufortschritte checken. Mängel protokollieren. Probleme lösen. Fehlt Werkzeug? Ist genügend Material da? Ist irgendwo Wasser eingetreten, das Licht ausgefallen, eine Partie nicht zur Arbeit erschienen? Grabitzki seufzt: »Wie soll man hier seinen Papierkram erledigen, wenn ständig einer reinkommt?«

Er schiebt sein Fahrrad zur Seite, holt einen Klappstuhl für den Gast, kramt zwischen Kabeln, Werkzeug und Aktenordnern eine Tasse hervor, schenkt Kaffee ein und fängt an zu erzählen. »Das Wichtigste für einen Polier«, sagt Grabitzki, »ist die Koordination, dass du in der Lage bist, die Arbeitsabläufe zu optimieren.« Ein Polier fungiere als »Bindeglied zwischen der Bauleitung drinnen und den Handwerkern draußen«. Anders gesagt: Er bringt denen draußen bei, was die drinnen wollen. »Damit die Arbeitsabläufe nicht ins Stocken kommen.« Leichter gesagt als getan. »Ich muss die Truppe schon gefügig halten.« Wie? Grabitzki schmunzelt: »Zuckerbrot und Peitsche.«

Letztlich ist aber auch er angewiesen auf Eigeninitiative. »Es macht einen Unterschied, ob mir jemand sagt: ›Wir haben nur noch zwei Pakete Nägel auf Lager‹ oder das letzte Paket nimmt und nicht Bescheid sagt.« Erkenntnis nach neun Jahren als Polier: »Du hast manchmal hundert und mehr Leute auf einer Baustelle, und jeder bringt eine andere Einstellung und Motivation mit.« Bei ausländischen Facharbeitern kommen mitunter auch Verständigungsprobleme hinzu. Der Facharbeiter, der sich gerade eine Tasse Kaffee holt, meint: »Der Gregor macht das schon gut, streng, aber immer freundlich.«

Er kommt aus Sachsen, geboren in Dresden. Auch der Vater hat auf dem Bau gearbeitet und war Polier. Der Bruder ist Ingenieur bei Hentschke in Bautzen. Grabitzki hat bei Dyckerhoff & Widmann, später kurz Dywidag, Beton- und Stahlbetonbauer gelernt. Von der Dywidag kam er über Hentschke zu Dreßler Bau. »Der Niederlassungsleiter in Dresden kannte mich und meinte, ich könne jederzeit bei ihm anfangen.« Dort hat man ihn schon bald bestärkt, sich zum Polier weiterzubilden. »Ich wollte Verantwortung übernehmen«, sagt Grabitzki, »und ich bin gerne draußen und gerne unter Leuten; dafür ist meine Position perfekt.«

Der Polier besetzt auf dem Bau eine Schlüsselstelle. Er ist nicht nur zuständig für Personal, Gerät und Material, sondern auch für Termintreue und Arbeitssicherheit. Damit ist er ein zentraler Faktor bei der Umsetzung eines jeden Bauprojektes. Die Qualifikation dafür vergeben IHK, Handwerkskammer oder ein Bildungszentrum des Baugewerbes. In einer mehrmonatigen Fortbildung werden betriebswirtschaftliche Kenntnisse, Berufs- und Arbeitspädagogik, rechtliche Fragen und Sozialkunde vermittelt. Wer das dazugehörige Zeugnis erwirbt, kann sich den Arbeitgeber aussuchen. Grabitzki weiß: »Als Polier musst du keine Bewerbung schreiben, du musst nur anrufen und sagen: ›Hier bin ich.‹«

Das liegt am Facharbeitermangel in der Baubranche, aber auch am Durchschnittsalter von Polieren in Deutschland. Viele sind um die fünfzig, Poliere mit sechzig und älter sind keine Seltenheit. Leute wie Grabitzki, Jahrgang 1983, sind eher die Ausnahme. Und das, obwohl der Job mit 43.000 bis 60.000 Euro brutto Jahresgehalt gut dotiert ist, mitunter Zuschläge gezahlt werden, um selbst Poliere im Rentenalter weiter an das Unternehmen zu binden. Eine besonders bizarre Story fand sich neulich in der *Frankfurter Neuen Presse*. Ein Bauunternehmer erzählte, einer seiner Poliere sei morgens mit der Kündigung erschienen; er arbeite nun für eine andere Firma. Der Unternehmer fragte, ob er unzufrieden sei, warum er sich überhaupt woanders beworben habe. »Habe ich gar nicht«, sagte der Polier, »ein Headhunter hat mich abgeworben.« Der Unternehmer konnte es nicht fassen: »Headhunter, die Poliere abwerben, gibt's das?«

Lukas Deitmer, Projektleiter im Berliner Maximilians Quartier, meint: »Einen Polier wie Gregor zu finden, ist nicht einfach. Man darf nicht vergessen, dass wir als Generalunternehmer auch den Ausbau betreuen, und der Polier muss im Prinzip vorausschauend verhindern, dass die Nachunternehmer etwas verbocken, er muss also ständig für die anderen mitdenken.« Dazu gehören für Grabitzki ständig Rundgänge über die Baustelle, wobei er es verstehe, wie er sagt, »immer zur richtigen Zeit am richtigen Ort zu sein«. Mit anderen Worten: Kaum funktioniert etwas irgendwo nicht, hat Polier Gregor es schon entdeckt. Deitmer meint: »Ein guter Polier braucht Sachkenntnis, ein Gespür für seine Baustelle, ein gutes Händchen für den Umgang mit Menschen und vor allem Einsatzbereitschaft.«

Grabitzki selbst macht sich darüber keine Gedanken. Für so was hat er ohnehin keine Zeit. Wenn die anderen gegen 17 Uhr Feierabend machen, kümmert er sich noch um den Papierkram. Bis er mit dem Fahrrad die von der Firma für ihn gemietete Wohnung erreicht, ist es Abend. Meistens telefoniert er noch mit seinen beiden Kindern daheim in Göda, einem Dorf zwischen Bautzen und Bischofswerda, wo er nur die Wochenenden und Urlaubstage verbringt. Danach eine Kleinigkeit essen, fernsehen, ab ins Bett.

Anderntags ist Gregor Grabitzki um 5:30 Uhr wieder auf der Baustelle. Nicht nur, weil er gerne ohne Druck und Trubel in den Arbeitstag einsteigt. »Mir macht das, was ich tue, einfach Spaß, wenn ich morgens nur noch aufstehe, um Geld zu verdienen, höre ich auf.«

Der Stuckateurmeister

Vor einiger Zeit wurde Sebastian Rost von der Berliner *tageszeitung* interviewt. Die erste Frage: »Braucht der Mensch Stuck?« Antwort Rost: »Der Mensch braucht keinen Stuck. Aber Stuck ist Handwerkskunst und ein Teil von Kultur. Also schließt sich die Frage an: Braucht der Mensch Kultur?« Zweite Frage: »Dann eben anders. Warum mögen so viele Menschen Stuck?« Antwort: »Ich glaube, es gibt durchaus eine Sehnsucht nach Schönheit und Tradition. Der Mensch will sich und seine Umwelt schmücken.«

Berlin, Stadtteil Pankow, tief im Osten. Büro, Werkstatt und Lager der Sebastian Rost Ornament & Architektur GmbH befinden sich in einem klobigen Gebäude hinter einer Einfahrt an der Berliner Straße. Von Schönheit und schmuckvoller Umwelt erst mal keine Spur. Vor dem kantigen Klotz eine Baugrube, daneben Gerüststangen, Ziegelsteine, Drahtverhau. An einer Flanke fehlen im Souterrain Teile der Außenwand. Ob umgebaut oder abgerissen wird, ist nicht auszumachen. Zwanzig Meter weiter sieht es aber schon besser aus. Eine Türe mit Klingelschild. Und dann kommt er auch schon.

Durch den Flur und hinein in einen großen, offenen Raum, der zwei Etagen umfasst. Auf einer Seite eine offene Küche, gegenüber eine Sofagruppe, darüber ein opulenter, kunstvoll geschmiedeter Leuchter aus buntem Glas. Rost serviert Kaffee und bringt erst mal die Eindrücke des Besuchers auf die Reihe. Das Gebäude war zu DDR-Zeiten ein Umspannwerk, das für die Botschaften an der Esplanade zuständig war. Die Baugrube gehört zum Nachbargrundstück und im Souterrain baut Rost gerade um, konkrete Verwendung noch offen. Den imposanten Raum, in dem wir sitzen, hat er selbst entworfen, wie alle Wohnräume, die sich im Gebäude befinden. Denn vor einem sitzt nicht nur ein Stuckateurmeister und Restaurator im Handwerk, sondern auch ein Diplom-Ingenieur der Architektur mit einem Abschluss der Berliner Universität der Künste.

Handwerk

»Im Moment bin ich alles«, sagt Rost, »Bauherr, Planer, Architekt, Bauunternehmer und Handwerker, das Einzige, was ich nicht bin, ist Behörde.« Und ein bisschen berühmt ist er obendrein, zumindest in den Handwerkerkreisen der Hauptstadt. Was sich aber leicht erklären lässt. Rost hat mit seiner Firma im Kronprinzenpalais, im Neuen Museum, der Staatsoper und im Stadtschloss gearbeitet. Vor der *taz* hat ihn schon *Bauhandwerk*, das Profimagazin für Ausbau, Neubau und Sanierung, porträtiert. Rost sagt: »Es gibt drei Möglichkeiten, sich geschäftlich zu positionieren: Entweder du bist der Beste, der Billigste oder du hast den besten Service.« Kurze Pause, kokettes Lächeln: »Ich habe mich für Ersteres entschieden.«

Schon klar, warum so einer in der Zeitung steht. Rost kann viel, weiß viel und hat keine Scheu vor klaren Worten. Er moniert die schlechte Bezahlung im Handwerk und die mangelnde Bereitschaft der Konkurrenzfirmen – anders als er in seiner Firma – freiwillig höhere Löhne zu bezahlen. Mehr noch: »Es gibt viele schwarze Schafe im Handwerk, und die Kammer schaut tatenlos zu.« Daher der Preiskampf, meint Rost: »Am Ende läuft es immer auf die Frage hinaus: Verkaufe ich meinen Arsch oder nicht?« Dazu die verquaste Bürokratie mit ihren bekloppten DIN-Normen und Dämmungsvorschriften. Und die Politik gebe zwar Handlungsanweisungen, habe aber vom Bauen wenig Ahnung. »Die einzigen Informationen, die sie haben, stammen von Lobbyisten.«

So frustrierend, so wahr. Und doch kriegt Rost nach all dem spielerisch die Kurve zu einer positiven Botschaft. Schließlich mag er die Branche, ihre Herausforderungen, ihre Gestaltungsmöglichkeiten. Das Baugewerbe? »Ja, es ist kompliziert, ja, viele haben damit schlechte Erfahrungen gemacht, ich sehe jeden Auftrag aber auch als Reise. Warum betrachten wir Bauen nicht als das, was es in Wahrheit ist: ein Abenteuer?«

Sebastian Rost, geboren 1968, ist in der DDR aufgewachsen. Erster Berufswunsch: Archäologe. »Ich wollte ein zweites Troja ausgraben.« Ihm war aber schnell klar, dass er im Arbeiter- und Bauernstaat sein Berufsleben primär mit der Unterscheidung von Pfahl- und Pfostenhäusern verbringen würde. Nächster Berufswunsch: Lehrer für Kunsterziehung und Geschichte. Dummerweise reichte die Russischnote nicht fürs Abitur. Im VEB Denkmalpflege in Ostberlin stellte man ihn vor die Wahl: Zimmermann oder Stuckateur. Klarer Fall. Rost wollte keine schweren Balken schleppen. Er sagt: »Ich bin da total hochnäsig reingegangen, ich dachte, Facharbeiter sind Idioten, dabei saßen die in der Mittagspause am Tisch, lasen dicke Bücher und philosophierten über die Architekturgeschichte Roms.«

1991 landet Rost, inzwischen Stuckateurmeister, bei Westberlins größter Stuckfirma. Er macht viel Trockenbau. Viel Trockenbau macht wenig Spaß. Also bildet er sich nebenher weiter zum Restaurator im Handwerk. 1995 macht er sich selbstständig. Geschäftlich geht es erst steil rauf, bald darauf ebenso steil runter, zwei Mal steht er kurz vor der Pleite, inzwischen ist er eindeutig die Nummer eins unter etwa 30 Unternehmen in der Hauptstadt. »Viele machen aber auch nur Estrich und einfache Sachen.« Rost hingegen ist spezialisiert auf Bauen im Bestand, Denkmalpflege, denkmalgerechte Sanierung, Restaurierung oder Rekonstruktion. Obwohl der Chef eher ein Faible für Barock oder Renaissance hat, gestaltet er Fassaden und Räume auch neu. »Ich finde eine reanimierte Fassade, wenn sie gut gemacht ist, schön, genauso kann eine neu interpretierte Fassade schön sein, wenn sie gut gemacht ist.«

Bei der Sebastian Rost Ornament & Architektur GmbH gibt es beides und das in »höchster Handwerkskunst«. Die Auftragssummen bewegen sich zwischen 500 Euro und fünf Millionen. Dabei kann es sich um die Dekoration von einzelnen Räumen, einer Villa im Grunewald oder des jüdischen Gemeindezentrums in der Tucholskystraße handeln, aber auch der Umbau einer Altbauwohnung, die sowohl in der DDR als auch nach der Wende »verhunzt wurde«. Auf seiner Webseite steht: »Häuser sind mehr als Menschenverpackungen. Dekorationen tragen dazu bei, dass Häuser lebendig und schön werden, und die Bewohner glücklich machen.«

Handwerk

Auf Wunsch liefert Rost dafür auch Entwürfe - von Akanthusblättern bis hin zu lebensgroßen Figuren. Der Kopf, für den seine Frau Alicia Modell stand, krönt neuerdings die Pilaster einer Fassade in der Mittelstraße. Im Schlafzimmer eines Kunden imitiert der Stuck wilde Möhren, die nicht nur hübsch sind, sondern auch als Aphrodisiakum gelten. So viel Ironie muss erlaubt sein. Für das Stadtschloss hat Rost die originalen Kolossalfiguren aus Sandstein abgeformt und abgegossen als Grundlage für die Rekonstruktion im Schlüterhof. In der Staatsoper wurde in einem komplizierten Prozess die Decke des Zuschauersaals um fünf Meter höher gehängt. Im Apollosaal mussten ebenso großflächige wie filigrane Stuckelemente auf eine gewölbte Akustikdecke appliziert werden.

Grundlage für seine Arbeit, so Rost, sei eine »komplexe Herangehensweise; ich denke das immer als Gesamtheit, es geht immer auch um das Gebäude, seine Historie, die gesamte Komposition«. Er fühle sich dabei verpflichtet, »möglichst viel von dem Original zu erhalten, nicht komplett frei zu interpretieren«. Was er oft mache: »eine Stuckatur neu erfinden, neu entwickeln auf der Basis von alten Fotos«. Letztlich diene alles dem Ziel, »Schönheit« zu schaffen. Rost glaubt: »Bauschmuck und Ornament kommen zurück, es ist längst wieder ein Statussymbol, sich einen tollen Handwerker zu leisten.« Auch bei den jungen Leuten in seiner Firma erkenne er eine »neue Lust am Handwerk«.

Rosts Vorstellung von Handwerk ist freilich mit hohen Ansprüchen verknüpft. Platz für Kompromisse gibt es da nicht. »Ich mache nur das, wovon ich überzeugt bin.« Arsch verkaufen ist nicht. Wenn ein Bauherr Rosts Vorstellungen von Qualität, Ästhetik oder baulicher Angemessenheit nicht erfüllt, sagt er ab. Lieber aber versucht er ihn von seinen Ideen zu überzeugen. Natürlich hat er dazu ein schönes Beispiel. Es ging um ein Mietshaus in Berlin-Mitte. Der Auftrag: Jugendstilfassade, einfarbig gestrichen, auf keinen Fall bunte Fenster. »Am Ende ist es nicht Jugendstil geworden, die Fassade war eine Kombination aus Rot, Beige und Blattgold, und die Fenster waren lindgrün. »Am Ende sagte die Bauherrin: ›Herr Rost, Sie haben mich glücklich gemacht.‹«

Der Innenausstatter

Im Foyer des Bundeskanzleramts steht ein Ensemble grauer Holzkörper mit gläsernen, teilweise verspiegelten Einbauten, die als Vitrinen für Staatsgeschenke dienen. Hohe und flache Vielecke wechseln sich ab mit raffinierten Prismen. Dreieckig, rechteckig und trapezförmig, schräg und schön, geradlinig und verspielt. Schwer zu beschreiben. Jedenfalls harmonieren sie perfekt mit dem groben Granitfußboden, den wuchtigen weißen Säulen und den schmalen, raumhohen Fenstern.

»Innenarchitektur wird oft mit Luxus und individuell gestalteten Räumen in Verbindung gebracht«, schreibt Sybille Quint im Handbuch 2020/21 des Bund Deutscher Innenarchitekten: »Weitaus größere Bedeutung hat sie aber für die Räume, in denen sich täglich viele Menschen aufhalten und begegnen.« Schließlich verbringen wir 80 Prozent unserer Lebenszeit drinnen. Das sind nicht nur die eigenen vier Wände, sondern vor allem Büros und andere Arbeitsstätten, aber auch öffentlich zugängliche Gebäude wie Behörden, Kliniken, Arztpraxen, Bahnhöfe, Banken, Konzerthäuser und Kinos bis hin zu Sportstätten und Shoppingcentern.

Schöne Räume machen nachweislich glücklich und haben einen positiven Einfluss auf das Sozial- und Lernverhalten. Dafür müssten sie laut Innenarchitektin Quint »Atmosphäre und gute Proportionen« aufweisen, »nutzerspezifische Bedürfnisse« erfüllen, aus »nachhaltigen, langlebigen Materialien« bestehen und »stimmige Farbigkeit« ausstrahlen. Kurzum: Räume, »die den Menschen mit all seinen Sinnen ansprechen«.

Dafür braucht es jedoch Innenausstatter und Handwerker. Innenausstatter und Handwerker sorgen dafür, dass Räume mehr sind als funktionale Hüllen. Sie entscheiden, wie sie wahrgenommen und empfunden werden. Das Problem: »Raumbildender Ausbau«, so Stefan Gabriel Werner, »ist eine sehr komplexe und fordernde Aufgabe.«

Handwerk

Werner ist Gründer und Managing Director der bau+art GmbH, in deren Werkstätten die Vitrinen im Bundeskanzleramt entstanden sind. Nur einer von vielen renommierten Aufträgen der Firma, die Möbel herstellt, überwiegend mit Holz, aber auch mit Metall, Glas, Stein, Stoffen und Licht arbeitet und in ihrer hauseigenen Lackiererei nebenher Oberflächen entwickelt. Dabei arbeitet art+bau häufig mit renommierten Architekten und Designern wie Coordination Berlin, Kinzo oder Bruzkus-Batek zusammen. Spezialität der Firma sind wandbündige, raumhohe Türen für unterschiedliche Raumhöhen, zu denen es ein eigenes Programm gibt, sowie individuelle Küchen, die Werner als »sehr aufwendig und materialintensiv« beschreibt.

Zu den Projekten, die bau+art, 18 Mitarbeiter, zuletzt realisiert hat, gehören Teile der Büroausstattung für den Axel Springer Verlag mit futuristisch anmutenden Schreibtischen, die an der Seite geknickt sind wie Papierflieger. Für Ernst & Young entstand ein Konferenzsaal mit einem Tisch, der wahlweise an eine fliegende Untertasse oder einen Whirlpool erinnert. Die Bar des Dean Club ist eine Melange aus edlem, dezent illuminiertem Holz mit klaren Linien und warmem Ambiente. Die Patienten des Hautexperten Dr. Herzler treffen auf einen ebenso imposanten wie minimalistisch designten Empfangstresen. Die Gäste des Berliner Soho House chillen vor raumhohen Wandverkleidungen mit integrierten Möbeln und mobilen Trennwänden. Ein aktueller Auftrag: eine Scheune aus altem Holz für die Verfilmung eines Romans von Stephen King.

Anspruchsvoller Innenausbau, so Werner, habe Konjunktur. Das Geschäft sei aber auch zunehmend schwieriger geworden. Mehr technische Herausforderungen, Preissteigerungen beim Material, nicht nur beim Holz. Dazu Budgets und Liefertermine. Ohne digitale Hilfsmittel nicht mehr zu bewältigen. Architekten schicken ihre Pläne überwiegend als elektronische Datensätze. »Die Maschinen sind an unser Büro angebunden, die Prozesssteuerung läuft über CAD, also rechnerunterstütztes Konstruieren.« Gearbeitet wird auch mit 3D-Druck, etwa bei Lampenfassungen, wobei der 3D-Drucker ebenfalls aus der additiven Fertigung stammt. Werner sagt: »Wir fliegen zum

Mond und zum Mars, unser Leben wird zunehmend von Computern begleitet, dem muss sich auch das Handwerk stellen.«

Er kommt aus Düsseldorf, wächst auf in einem Haus mit Garten am Rhein. Mit elf bekommt er einen Hammer zum Geburtstag. Sein Stiefvater leitet ihn beim Bau eines Baumhauses an. Zu den Bekannten der Familie gehören der Künstler Joseph Beuys und Fotografen der Düsseldorfer Schule. »Der Bezug zu Kunst war bei mir immer da.« Nach Abbruch des Gymnasiums macht er eine Tischlerlehre und ist begeistert vom »Erlernen der Genauigkeit«, der »tiefen Auseinandersetzung mit Material und Werkzeug«. Werner sagt: »Handwerk lernt man nicht in zwei Tagen, dazu braucht man Jahre.« Und er stellt fest: »Erst wenn man sich zu 150 Prozent mit einem Thema auseinandersetzt, kommt man zu einem zufriedenstellenden Ergebnis.«

1987 kommt Werner nach Berlin und arbeitet zunächst als freier Tischler und Subunternehmer. Mit einem Freund eröffnet er eine Möbel- und Kunstgalerie. Doch der Erfolg bleibt aus. »Das Möbelbauen und -verkaufen hat damals leider nicht geklappt. Wir hatten nicht das nötige Wissen und die Expertise, aber die Erfahrung habe ich mitgenommen und mir gesagt: Beim nächsten Mal machst du es richtig.« Um darauf vorbereitet zu sein, besucht er abends eine Meisterschule, anschließend durchläuft er eine Weiterbildung zum Betriebswirt.

Das nächste Mal ergibt sich 2001. Während er ziellos durch die Stadt fährt, entdeckt er in Berlin-Marienfelde das Gelände, auf dem sich bau+art heute befindet. Werner schickt dem Senat eine Anfrage für das Erbpachtgrundstück, ohne Sicherheiten, ohne Plan. »Ich war nie ängstlich«, sagt er, »ich fühlte mich immer wohl beim Tun, beim Riskieren und Ausprobieren, Entscheidungen muss man im Hier und Jetzt treffen.« Der Senat sagt zu. In der Projektbeschreibung für die Bank formuliert Werner das Geschäftsmodell: Die Herstellung von Möbeln in kleinen Serien für den deutschen Markt, dazu Innenausbau, eine Lackiererei. Werner: »Das Ziel war Planen, Machen, Ausstellen.«

Handwerk

Dabei ist es nicht geblieben. »Je früher wir in ein Projekt eintreten, umso besser«, sagt Werner, »mit unserem tiefen Know-how können wir Architekten und Planer enorm unterstützen.« Um die Feinabstimmung der Materialien und Bauprozesse kümmern sich Werner und dessen Team exklusiv. Schließlich arbeitet bau+art nicht selten mit neuen Werkstoffen, innovativen Verfahren, Lacke und Öle etwa werden zunehmend raffinierter. Werner spricht von speziellen Metallfronten, Keramikoberflächen und Filamenten.[24] Und am Ende muss alles mit allem korrespondieren, von den Möbeln und Einbauten über die Türen, Fenster bis hin zu den Fußleisten. »Wir gehen da nicht ständig in den Urquark, aber man braucht schon die Erfahrung aus der Wiederholung.«

Entscheidend jedoch sei der Austausch mit dem Bauherrn. »Ich versuche, so viel Input wie möglich zu bekommen. Ich frage: ›Was wollen Sie mit dem Raum da hinten machen?‹« Welche Funktion soll der Eingangsbereich übernehmen? Gibt es eine persönliche Agenda? Kürzlich hatte er eine Kundin, die sechs Jahre in Japan gelebt hatte. Nun sollte ihre Berliner Wohnung auch japanisch gestaltet werden. Werner meint: »Da muss man tiefer einsteigen, das beginnt schon beim Einrichtungsstil.« Schließlich gäbe es in Japan drei Richtungen: eine im Norden, eine auf der Hauptinsel Honshu, eine im Süden, und bei allen die Unterscheidung zwischen Berg und Meer. »Gutes Raumempfinden wird immer mit Handwerkern verbunden sein und mit dem Qualitätsanspruch, den sie in ihre Arbeit stecken.« Bei diesem Prozess, so Werner, »bin ich längst nicht mehr der Tischler, ich bin derjenige, der den Bauherrn versteht«.

---

24 Unter Filamenten versteht man thermoplastische Kunststoffe, die in Drahtform auf Rollen aufgebracht sind und unter anderem in der additiven Fertigung (3D-Druck) eingesetzt werden.

Bauamtsalltag

Bürokratie

Die Schreibstubenherrschaft

5.000 Gesetze und Verordnungen mit 85.000 Einzelvorschriften – der Wirrwarr aus Paragrafen gilt als eines der größten Handicaps des Wirtschaftsstandorts Deutschland. Dass überall in den Amtsstuben Personal fehlt, macht alles nur noch schlimmer.

Die Geschichte mit dem Holzstapel. Es ist Anfang 2016, als die Potsdamer Bauverwaltung den Abriss eines Kaminholzstapels im Garten des Inselhotel auf Hermannswerder verfügt. Dieser sei, so argumentieren die Beamten, durch »seine Schwere« mit dem Boden verbunden und somit ein Bauwerk, für das keine Genehmigung vorliege. Außerdem befinde sich der Garten in einem Landschaftsschutzgebiet und grenze an ein öffentliches Ufer. Das Amt verhängt gegen Hoteldirektor Burkhard Scholz 1.000 Euro Strafe und droht sogar mit Haft.

Der Bescheid ist der vorläufige Höhepunkt eines langen Zwists, der nach dem Bau des Hotels in den Neunzigerjahren beginnt. So muss Scholz lange um die Genehmigung eines Bootsstegs, eines Wellnessbereichs, einer Restauranterweiterung und einer Markise über der Terrasse sowie einen Stall für seinen Esel Fritz und sein Pony Wilhelmine kämpfen. Nun hat er den halben Keller voller Akten und die Nase voll. Die Sache mit dem Holzstapel ist zu viel: »Mein Anwalt hat Klage eingereicht, auch wenn es mir unangenehm ist, dass sich ein Gericht mit einem Holzstapel beschäftigen muss.«

Der Begriff Bürokratie wurde vom Franzosen Vincent de Gournay (1712 bis 1759) geprägt und recht schnell im Deutschen übernommen. Das Kunstwort bezieht sich auf das französische »Bureau« und das altgriechische Suffix »krátos« für Herrschaft, Gewalt, Macht. Meyers Konversationslexikon machte 1894 daraus die Umschreibung »Schreibstubenherrschaft«.

Über ein Jahrhundert später kennt Deutschland 5.000 Gesetze und Verordnungen mit 85.000 Vorschriften. Eine Vielzahl davon sind baurelevant, allen voran das Baugesetz, zu dem unter anderem das Bauordnungsgesetz und das Bauplanungsgesetz gehören, und das zwischen einem öffentlich-rechtlichen und einem privatrechtlichen Teil unterscheidet. Das Bauordnungsrecht ist Ländersache und regelt Baugenehmigungsverfahren, für das Bauplanungsrecht ist der Bund zuständig. Im öffentlichen Bereich wiederum gilt die Vergabe- und Vertragsordnung für Bauleistungen (VOB). Das ist natürlich eine bestenfalls rudimentäre Hinführung zum Thema.

Die Schreibstubenherrschaft

Geht es etwa um Autobahnen, greift zusätzlich das Bundesfernstraßengesetz, bei der Schiene ist es das Allgemeine Eisenbahngesetz, überall, wo Wasser im Spiel ist, das Gewässerschutzrecht.

Dahinter tut sich ein kafkaeskes Gestrüpp von Gesetzen und Verordnungen auf, das selbst Spezialisten kaum noch durchblicken. Das Gebäudeenergiegesetz umfasst das Energiespargesetz, die Energieeinsparverordnung sowie das Erneuerbare-Energien-Wärmegesetz. Beim Immissionsschutzgesetz kann einem schon bei Paragraf 1 schwindlig werden. Diesem zufolge soll es Menschen, Tiere und Pflanzen, den Boden, das Wasser, die Atmosphäre sowie Kultur- und sonstige Sachgüter vor schädlichen Umwelteinwirkungen schützen und dem Entstehen schädlicher Umwelteinwirkungen vorbeugen sowie schädliche Umwelteinwirkungen durch Emissionen in Luft, Wasser und Boden vermeiden und vermindern. Und weiter geht es mit Naturschutzgesetz, Bodenschutzgesetz, Klimaschutzgesetz, Brandschutzordnung, Abfallrecht, Arbeitsgesetz, Steuergesetz, Datenschutz-Grundverordnung. Und das wäre erst der Anfang.

Der Hauptverband der Deutschen Bauindustrie (HDB) hat seine Mitgliedsunternehmen vor einigen Jahren zu ihren Erfahrungen mit der deutschen Bürokratie befragt. Das Ergebnis: 82 Prozent meinten, es gibt zu viel davon; acht von zehn monierten, sie sei in den Jahren davor mehr geworden; 65 Prozent fühlten sich durch sie in Bauabläufen und Bauausführungen behindert; 47 Prozent sagten, sie erschwere den Marktzugang; 55 Prozent haben ihretwegen Vorhaben oder Projekte nicht realisiert. Bürokratische Vorgaben und Prozesse binden in der Bauwirtschaft 100.000 Arbeitskräfte; die dadurch entstehenden Kosten betragen jährlich etwa zehn Milliarden Euro.

Der HDB moniert primär unnötige Dokumentations- und Nachweispflichten, zu lange Bearbeitungszeiten, unklare Zuständigkeiten bei den Ämtern, unterschiedliche Regelungen in den Bundesländern; zu wenige Onlineverfahren oder aufgeblähte Vergabeverfahren mit baufremden Kriterien. 2018 etwa kündigte der Berliner Senat den Bau von bis zu 35 sogenannten Schnellbau-Kitas an, um der wachsenden Zahl von betreuungsbedürftigen Kindern gerecht zu werden. Schon im Frühjahr 2019 sollten die ersten dieser Kitas zur Verfügung stehen. Dummerweise hatte sich bis dahin kein einziges Bauunternehmen beworben. Die Ausschreibung hatte von den Bewerbern unter anderem die Einsetzung eines Frauenbeauftragten und die Umsetzung eines qualifizierten Frauenförderplans gefordert.

Die Bürokratie gilt längst als eines der größten Handicaps des Wirtschaftsstandorts Deutschland. Im Ranking des International Institute for Management Development (IMD) reichte es zuletzt nur noch für Rang 18 unter 63 Ländern. Als größtes Handicap der Bürokratie wiederum gilt der Personalmangel in den Behörden. Zwischen 1991 und 2017 verlor der öffentliche Dienst zwei Millionen Angestellte. Betroffen sind alle Bereiche, doch insbesondere Bauämter liefern zuverlässig negative Schlagzeilen. Frustration, hoher Krankenstand und Arbeitsüberlastung sorgen für Verzögerungen und Widersprüche in der Bearbeitung von Anträgen. Inzwischen landet jede dritte Baugenehmigung vor einem Verwaltungsgericht. Die Planung eigener Projekte findet kaum noch statt. Folglich liegt der Anteil kommunaler Investitionen am Bruttoinlandsprodukt bei nur noch etwa einem Prozent.

Womit wir in Geretsried wären, mit 25.000 Einwohnern größte Stadt des Landkreises Bad Tölz-Wolfratshausen und mit 8.500 sozialversicherungspflichtigen Arbeitnehmern auch deren größter Wirtschaftsstandort. Geretsried gehört zudem zur Metropolregion München. Geretsried und der Landkreis Bad Tölz-Wolfratshausen sollen bis 2035 um etwa 13.000 Einwohner wachsen; bei der Stadt München sind es schätzungsweise zusätzliche 350.000 Einwohner. Die Lokalausgabe des *Münchner Merkur* forderte daher schon 2015: »Bezahlbarer Wohnraum muss her.«

Das denkt sich auch Reinhold Krämmel, damals noch Geschäftsführer, inzwischen Aufsichtsratsvorsitzender der gleichnamigen Unternehmensgruppe, dem mit 200 Mitarbeitern größten Bauunternehmen der Region. Krämmel gehört ein 4,2 Hektar großes Areal, auf dem sich bis 2006 der in Konkurs gegangene Holzspielzeughersteller Lorenz befand. Krämmel hatte bereits einige Projekte angestoßen: Hotel, Einzelhandel, Baumarktzentrum. Keines ließ sich realisieren. Die Stadt favorisiert eine Aufwertung des 600 Meter entfernten Zentrums, das unter Leerstand leidet, mit Einzelhandelsflächen, neuen Wohnungen und einer zentralen Tiefgarage.

Die Idee kommt von der örtlichen Baugenossenschaft. Warum nicht eine Wohnbebauung nach dem Modell der Sozialgerechten Bodennutzung (SoBoN)[25] als kongeniale Ergänzung des neuen Zentrums? Hier Einkaufen und Flanieren, dort Wohnen. Die Stadt zeigt sich interessiert. Die Baugenossenschaft erwägt, sich zu beteiligen. Ein Münchner Architekturbüro wird beauftragt. Dessen Entwurf: 550 bis 600 Wohnungen, 40 Prozent Eigentumswohnungen, 30 Prozent Mietwohnungen, beides frei finanziert, 30 Prozent Mietwohnungen über Einkommensorientierte Förderung (EOF)[26]. Dazu ein Café, Gemeindezentrum, Kinderhaus für acht Gruppen, Kurzwohnheim, Bar auf der Dachterrasse, Tiefgarage.

Das Ziel ist eine bunte Mischung aus unterschiedlichen Einkommens- und Altersgruppen, viel Grün, Energieversorgung nach KfW 55[27], kinder- und seniorenfreundlich, dazu ein verkehrsberuhigtes Mobilitätskonzept mit E-Ladestationen. Es ist eine gute Idee. Statt der Versiegelung einer grünen Wiese wird eine verwilderte inner-

---

[25] Bei der Sozialgerechten Bodennutzung (SoBoN) übernehmen Bauträger und Investoren Anteile der Herstellungs- und Erschließungskosten für Straßen, soziale Einrichtungen wie Kindertagesstätten und Grundschulen, für Grün- und Ausgleichsflächen, da diese nicht vollständig aus allgemeinen Haushaltsmitteln finanziert werden können. In der SoBoN werden 30 Prozent des neu geschaffenen Wohnbaurechts für den sozialen Wohnungsbau zur Verfügung gestellt, was in Neubauquartieren eine ausgewogene soziale Mischung garantiert.

[26] Einkommensorientierte Förderung (EOF) ist ein Modell des Sozialen Wohnungsbaus, bei dem bedürftige Mieter einen einkommensabhängigen Zuschuss zur Miete erhalten.

[27] Der KfW-55-Standard beschreibt ein Gebäude, das 55 Prozent der Energie eines vergleichbaren Neubaus verbraucht, der den maximal zulässigen Wert nach der Energieeinsparverordnung (EnEV) erreicht. Ein Neubau, der 100 Prozent der laut EnEV zulässigen Energiemenge verbraucht, wird Effizienzhaus 100 genannt. Um die KfW-55-Anforderungen zu erfüllen, müssen also 45 Prozent weniger Energie verbraucht werden als beim Effizienzhaus 100.

städtische Brache geschlossen, gleichzeitig wird ein ganzer Stadtteil aufgewertet. Mit anderen Worten: nachhaltige Stadtverdichtung par excellence.

Bei einem Treffen mit der Regierung von Oberbayern zur Abstimmung der Bebauung wird das Projekt sehr wohlwollend aufgenommen und Unterstützung zugesichert. Robert Dienersberger, damals Leitender Baudirektor bei der Regierung von Oberbayern nennt das Projekt »mustergültig«. Die Fertigstellung des Quartiers Wohnen an der Banater Straße wird für 2020, spätestens 2021 terminiert. Niemand der Anwesenden ahnt, welch ausfernde Chronik der Ereignisse noch bevorsteht.

7. Dezember 2015: Antrag zur Aufstellung eines vorhabenbezogenen Bebauungsplans im Bereich der Flurnummern 199/1, 199/24, 199/25 und 199/27 durch die Krämmel Wohn- und Gewerbebau GmbH.

Anfang März 2016: Das geplante Quartier ist teilweise umschlossen von einem Gewerbegebiet; erste Gespräche mit den umliegenden Gewerbetreibenden werden geführt.

15. März 2016: Der Stadtrat stimmt fast einstimmig für die Aufstellung eines vorhabenbezogenen Bebauungsplans.

26. April 2016: Das Münchner Architekturbüro Kehrbaum erstellt sieben Varianten für das geplante Wohnquartier, zwei kommen in die engere Wahl und werden während eines Workshops mit Vertretern der Stadtverwaltung, den Fraktionssprechern sowie der Baugenossenschaft diskutiert.

Juli bis August 2016: Im Zuge der freiwilligen frühzeitigen Beteiligung der Träger öffentlicher Belange haben Behörden und Institutionen die Gelegenheit, Bedenken und Anregungen zur aktuellen Planung vorzubringen. Vertreter von Stadt, Stadt- und Jugendrat, der örtlichen Sozialverbände und Baugenossenschaft bilden einen Beirat, der sich mit den Begegnungsflächen des Quartiers befassen soll.

26. Oktober 2016: Das vorgesehene Areal ist im Flächennutzungsplan noch für großflächigen Einzelhandel ausgewiesen. Der Stadtrat stimmt der 24. Änderung des Flächennutzungsplans hinsichtlich des vorhabenbezogenen Bebauungsplans Nr. 124 B »Wohngebiet an der Banater Straße« zu.

Herbst 2016 bis Frühjahr 2017: Die Stadt Geretsried stellt die Weichen für die Entwicklung des nahegelegenen Stadtzentrums. Die Firma Krämmel besitzt auch hier Flächen und investiert 30 Millionen Euro. Auch die Baugenossenschaft und die örtliche Sparkasse wollen Wohnungen und Gewerbeflächen für Einzelhandel und Gastronomie bauen. Ein SPD-Stadtrat sagt: »Das ist das Geretsried des 21. Jahrhunderts.«

Juli 2017: Krämmel kauft ein 5.000 Quadratmeter großes Grundstück, das an die Banater Straße angrenzt. Nun kann die Struktur des geplanten Wohnquartiers optimiert werden. Der Außenbereich für Kindergarten und Spielplätze kann erweitert, die Öffnung und Anbindung zur Stadtmitte verbessert werden. Statt 550 bis 600 Wohnungen sind nun 770 Wohnungen möglich.

12. Dezember 2017: Der Stadtrat stimmt dem Antrag auf Erweiterung des Bebauungsplans zu.

27. März bis 8. Mai 2018: Der Bebauungsplan wird ausgelegt, Bürger sowie öffentliche Einrichtungen und Behörden haben die Möglichkeit, Anregungen und Einwände vorzubringen.

20. November 2018: Der inzwischen vierte Dialog mit den örtlichen Sozialverbänden findet statt.

Bis Dezember 2018: Bearbeitung der Einwendungen aus der Offenlage des Bebauungsplans. Ein immissionsschutzfachliches Gutachten bestätigt die Aussagen der bisherigen Gutachten. Demnach funktioniert das Nebeneinander von Wohnen und Gewerbe.

12. Dezember 2018: Der Stadtrat beschließt die Umwidmung der bisherigen Sondergebietsfläche für großflächigen Einzelhandel im Flächennutzungsplan in ein allgemeines Wohngebiet.

20. Dezember bis 15. Februar 2019: Die Pläne für das geplante Wohnquartier werden erneut ausgelegt, Bürger und Fachbehörden erhalten wiederum die Möglichkeit, Anregungen oder Bedenken vorzubringen.

1. März 2019: Einreichung des Bauantrags bei der Stadt Geretsried.

18. März 2019: In der Lokalausgabe des *Münchner Merkur* erscheint ein Interview mit einem Sprecher der Bauer Group, das auf schriftlichen Antworten basiert. Die Bauer Group, 1.200 Mitarbeiter, 250 Millionen Euro Umsatz, ist ein weltweit operierender Hersteller von Kompressoren. Die Niederlassung in Geretsried grenzt an das geplante Krämmel-Projekt. Der Sprecher: »Mitten in ein funktionierendes Gewerbe- und Industriegebiet jetzt eine riesige, überdimensionierte Großsiedlung zu bauen, ist eine städtebauliche Sünde. [...] Natürlich löst Bauer wie jeder produzierende Industriebetrieb Belastungen aus. Weil Geretsried aber zugesagt hatte, dass Bauer hier dauerhaft produzieren darf, ist das Unternehmen hierhergekommen, hat investiert und viele hochwertige Arbeitsplätze geschaffen.«

26. März 2019: Der Stadtrat folgt der Empfehlung des Entwicklungs- und Planungsausschusses und fasst einen Satzungsbeschluss zum vorhabenbezogenen Bebauungsplan Nr. 124 B »Wohnen an der Banater Straße« mit nur drei Gegenstimmen.

27. März 2019: Der Bau- und Umweltausschuss erteilt das gemeindliche Einvernehmen zum Bauantrag.

April 2019: Der Bauantrag wird beim Landratsamt Bad Tölz-Wolfratshausen eingereicht.

Mai 2019: Die Bauer Group kündigt juristischen Widerstand gegen das Wohnquartier an, laut der Lokalausgabe des *Münchner Merkur* »wenn es sein muss bis zur letzten Instanz«. Die Zeitung lässt nun Korbinian Krämmel, den ältesten Sohn von Reinhold Krämmel und seit 2016 Geschäftsführer, zu Wort kommen: »Wir haben uns zum Ziel gesetzt, bezahlbaren Wohnraum in einem städtebaulich attraktiven Quartier zu schaffen. Für uns war von Anfang an klar, dass das Nebeneinander von Wohnen und Gewerbe funktionieren muss. Auch die Stadt hat klipp und klar gesagt: ›Wir starten kein Verfahren, wenn dieser Punkt nicht geklärt ist.‹ In den vergangenen vier Jahren haben wir alles mehrfach geprüft und dafür auch Verzögerungen in Kauf genommen. Wir haben mit jeder erdenklichen Sorgfalt gearbeitet.«

4. Dezember 2019: Die Junge Union lädt den damaligen bayerischen Staatsminister für Wohnen, Bauen und Verkehr Hans Reichhart zur Vorstellung der aktuellen Pläne nach Geretsried ein. Reichhart lobt das Projekt und betont dessen Wichtigkeit: »Es ist eine gesamtgesellschaftliche Aufgabe, Wohnraum zu schaffen. Nur durch Bautätigkeit können wir Druck aus den Wohnungsmärkten und Einfluss auf die Preise nehmen.«

Anfang 2020: Im Zuge der Prüfung des Bauantrags stellt das Landratsamt Nachforderungen, die in den Bebauungsplan eingearbeitet werden. Eine neue Offenlage ist nötig.

28. Mai bis 29. Juni 2020: Die Offenlage ergibt keine neuen Erkenntnisse.

Juli und August 2020: Die Bewilligung des Bauantrags durch das Landratsamt Bad Tölz-Wolfratshausen lässt auf sich warten. Die Firma Krämmel bemüht sich unter anderem um Treffen mit der Bauamtsleiterin des Landratsamtes Bad Tölz-Wolfratshausen, der Regierungspräsidentin von Oberbayern, dem Bürgermeister von Geretsried sowie dem Staatssekretär des bayerischen Bauministeriums. Es geht um die Frage: Warum erfolgt die Baugenehmigung nach Paragraf 33 Baugesetz nicht, obwohl die Öffentlichkeits- und

Behördenbeteiligung durchgeführt wurde, alle weiteren Kriterien erfüllt sind, keine weiteren Anpassungen am Bebauungsplan erforderlich sind und somit Planreife vorliegt?

25. August 2020: Erteilung der Baugenehmigung durch das Landratsamt Bad Tölz-Wolfratshausen.

24. September 2020: Die Bauer Group reicht beim Verwaltungsgericht München Klage gegen die Baugenehmigung des Landratsamtes ein. Bauer befürchtet, Einschränkungen für den eigenen Betrieb, moniert fehlerhafte schalltechnische Gutachten und behauptet, mit der Wohnbebauung des Areals an der Banater Straße würde ein »städtebaulicher Missstand« zementiert.

6. Oktober 2020: Der Geretsrieder Stadtrat folgt der Empfehlung seines Entwicklungs- und Planungsausschusses vom 20. Juli und fasst den Satzungsbeschluss zum vorhabenbezogenen Bebauungsplan Nr. 124 B »Wohnen an der Banater Straße«. Die Bekanntmachung erfolgt durch den Bürgermeister. Der Bebauungsplan ist rechtskräftig.

Beinahe fünf Jahre. Hunderte Behördenkontakte, Dutzende von Treffen, Workshops und juristischen Beratungen. Das geht nicht spurlos an einem vorbei. Korbinian Krämmel sagt: »Wir haben jede Wohnung durchdekliniert, haben alle Aspekte der Sicherstellung des Miteinanders von Wohnen und Gewerbe mehrmals durch verschiedene Gutachter prüfen lassen, wir sind bei den Planungen tief reingegangen, haben viele Abstriche hingenommen und viel Zeit verloren, während es Leute gab, die sagten, wir wollten nur Profit machen. Dabei weiß jeder, dass man bei einkommensorientierter Förderung nicht kostendeckend bauen kann.«

»Rendite war nie unsere Priorität«, ergänzt Reinhold Krämmel, »dieses Projekt ist auch Ausdruck einer Vision, unsere Motive sind durchaus sozial, wir wollen etwas Gutes und Schönes schaffen. Bezahlbarer Wohnraum ist unabdingbar. Wo sollen künftig Erzieherinnen, Lehrer, Altenpfleger, Krankenschwestern oder Handwerker wohnen? In München gibt es Polizisten, die täglich 100 Kilometer zur Arbeit fahren, weil sie von ihrem Gehalt keine Münchner Mieten bezahlen können. Wir können es uns als Gesellschaft nicht leisten, dass bürokratische Prozesse Lösungen von Wohnungsknappheit verzögern oder ihnen im Wege stehen.«

Immerhin gibt es seit 2006 den Normenkontrollrat, der bislang 4.000 Regelungsverfahren der Bundesregierung geprüft hat. Johannes Ludewig, sein Vorsitzender, früher Bahnchef, sagt: »Es gibt außer Deutschland und England kein Land, das sich zu so einer Selbstverpflichtung durchgerungen hat. Es ist schon ungewöhnlich, dass sich eine Regierung selbst so ein Korsett anlegt.« Auch die 2015 etablierte One-in-one-out-Regel[28] dokumentiert das Bemühen der Politik, dem bürokratischen Wust beizukommen, wie auch das 2019 in Kraft getretene Dritte Bürokratieentlastungsgesetz oder das Maßnahmengesetzvorbereitungsgesetz, das Verkehrsinfrastrukturprojekte ohne Planfeststellungsbeschluss möglich macht. Wenngleich gerade das Bürokratieentlastungsgesetz von der Bauwirtschaft als Benachteiligung empfunden wird.

Gut gemeint ist noch lange nicht gut gemacht, weshalb der Hauptverband der Deutschen Bauindustrie weiter eine Verringerung der Bürokratie- und Statistikpflichten, eine Verkürzung der Aufbewahrungsfristen für Dokumente, eine Vereinfachung und Vereinheitlichung von Genehmigungs- und Vergabeverfahren sowie eine Senkung von rechtlichen Standards fordert. Dringend notwendig, so der HDB, sei aber auch eine bessere digitale Vernetzung der Behörden. Laut EU-Kommission lag Deutschland 2019 bei digitalen Behördengängen an 26. und damit drittletzter Stelle. Das Onlinezugangsgesetz verpflichtet Bund und Länder zwar, Verwaltungsleistungen auch über elektronische Portale anzubieten, allerdings erst bis 2022. Dabei macht die Coronakrise schon heute deutlich, wie

---

28 Die One-in-one-out-Regel, auch Bürokratiebremse genannt, ist eine Maßnahme zur Bürokratieentlastung der mittelständischen Wirtschaft. Sie besagt, dass neue Belastungen nur in dem Maße eingeführt werden dürfen, wie bisherige Belastungen abgebaut werden.

unzureichend die digitale Ausstattung in deutschen Amtsstuben und bei Beamten im Homeoffice ist.

P.S. Der Streit um den Potsdamer Kaminholzstapel wurde im November 2019 beigelegt. Die Bauverwaltung und Hoteldirektor Scholz einigten sich, den Stapel um 20 Meter zu verschieben. Ende gut, nicht alles gut. Denn eine gläserne Umzäunung und eine Abdeckplane des Hotelpools sind noch nicht genehmigt. Dafür soll ein neuer Bebauungsplan erstellt werden. Nachdem hier auch die Stadtverordnetenversammlung beteiligt ist, kann das dauern. Außerdem geht es um ein Saunaschiff am Bootssteg. Für die Bauverwaltung ein fest vertäutes, nicht genehmigtes Bauwerk; für Scholz lediglich ein Sportboot mit besonderer Nutzung; »Ich hoffe, dass da auch nichts kommt.« Er könnte enttäuscht werden. Der Potsdamer Baubeigeordnete Bernd Rubelt sagt: »Im Zuge der ausstehenden Verlängerung der Steggenehmigung wird auch die Zulässigkeit einer Schwimmsauna geklärt.«

Kerstin Schreyer

Politik

Wissen wohin

Wo immer es um Bauen geht, ist die Politik involviert. Sie reguliert, steuert und beeinflusst Gesetze, Bürokratie und Konjunktur. Wie aber interpretiert sie ihre Rolle selbst? Interviewtermin mit der bayerischen Ministerin für Wohnen, Bau und Verkehr.

»Sie finden selber raus?«, fragt der Pressesprecher. Leise fällt die Türe ins Schloss. Menschenleer der lange Flur vor den Büros. Niemand im Fahrstuhl hinunter zum weiten Foyer. Steinfußboden, kahle Wände, raumhohes Glas mit Blick auf Straße und Innenhof. Nichts da außer einem Infoständer mit einem bunten Faltblatt. Oben rechts das Wappen des Freistaats, unten rechts: »Wir stellen uns vor!«

Fragen über Fragen entlang des Franz-Josef-Strauß-Rings, vorbei an Staatskanzlei und Hofgarten bis zur Feldherrnhalle. War das ein gutes Gespräch? Ist einem die Verbindung zwischen Bauen und Politik jetzt klarer? Schon taucht der Marienhof auf samt Betonsilos und Bauzaun, eine der prominenten Großbaustellen der Zweiten Stammstrecke, inmitten eines der teuersten Wohn- und Shoppingviertel Europas. Runter in die S-Bahn und zum Hauptbahnhof. Die nächste Großbaustelle, vor den Gleisen steht ein Schaukasten mit dem Modell des imposanten Bahnhofsneubaus. Schade, dass darüber vorhin gar nicht gesprochen wurde.

Kurze Rückblende, bis der ICE abfährt. Da war eine blonde, dynamische Frau, die viel von Sozialpädagogik sowie sozialer Verantwortung sprach. Der Mensch im Mittelpunkt. Erster Eindruck: eloquent, umgänglich, selbstbewusst. Zweiter Eindruck: strukturiert, kontrolliert, fokussiert. Da war ein großes Büro ohne auffällige Dekoration. Hinter dem Schreibtisch ein modernes Kruzifix, womöglich Keramik und emailliert. Aber das wäre nichts Besonderes für eine CSU-Politikerin und erklärt erst mal wenig über Kerstin Schreyer, Ministerin für Wohnen, Bau und Verkehr in Bayern.

Bauen ist ein komplexes Geschäft, fast immer überlagert von einer komplizierten Gemengelage. Es gibt den Bauherrn, den Architekten, den Planer, den Bauunternehmer, die Kommune samt Baubehörde. Bei einem Einfamilienhaus kommen mindestens die Nachbarn ins Spiel, bei einem Großprojekt viele Anrainer, häufig auch Umwelt- und Naturschützer, die Medien, die öffentliche Meinung.

Über allem aber steht die Politik. Sie ist verantwortlich für alle Gesetze, die Bauen betreffen; sie entscheidet über Flächennutzungspläne und Baugenehmigungen, über Förderungen und Investitionen, die Bautätigkeit und Innovationen volkswirtschaftlich forciert oder bremst. Darüber hinaus agiert sie selbst als Bauherr, Projektpartner bei der Bahn oder im ÖPP-Bereich. Ergo reguliert, steuert und beeinflusst die Politik große Bereiche der Bauwirtschaft. Grund genug für ein Interview.

Das Büro von Kerstin Schreyer antwortet umgehend. Die Frau Ministerin freue sich auf eine Begegnung in zwei Monaten; alles Weitere im Vorfeld des Termins. Etwa fünf Wochen später eine E-Mail mit der Bitte nach einem Fragenkatalog. E-Mail zurück, es soll um Mobilität und Wohnungsbau gehen, die Auswirkung von Megatrends auf das Bauen, die Bahn, Bürokratie, Vergaberecht, Digitalisierung, Künstliche Intelligenz und etliches mehr, und die Pläne des Freistaats dazu. Einige Zeit später ein Anruf aus dem Ministerium. Ob alle Fragen mit Zahlen und Fakten beantwortet werden müssten. Wegen der Vorbereitung der Frau Ministerin, versteht sich. Nein, nicht unbedingt. Man kann die Sache auch locker angehen, der Rest ergibt sich.

Ende Oktober 2020, ein grauer Tag, Nieselregen. Der Portier sagt: »Fahrstuhl, vierter Stock, Sie werden abgeholt.« Einer der beiden Pressesprecher kommt. Netter Mann, Smalltalk auf dem Flur. Schon öffnet sich die Türe. Die Frau Ministerin hat bereits am Konferenztisch Platz genommen und signalisiert, es könne losgehen.

Frau Schreyer, Bauen entscheidet maßgeblich über Lebensqualität, Wirtschaftsleistung und Zukunftsfähigkeit einer Gesellschaft. Kann es sein, dass genau das vielfach nicht gesehen oder verstanden wird?

Schreyer: Ich sehe es komplett anders. Ich war ja vorher in einem anderen Ministerium, und der Unterschied zu meinen Erfahrungen dort ist ganz erheblich. Hier freuen sich die Leute immer, wenn ich komme, weil in der Regel etwas Positives hinter meinem Besuch steht. Es sind schöne Anliegen, wenn Wohnraum geschaffen wird, wenn eine Verkehrsanbindung entsteht, wenn ein Bahnsteig barrierefrei gemacht wird. Natürlich gibt es immer Diskussionen, ob eine Baustelle zu laut ist oder Bauen die Umwelt zu sehr belastet, aber gerade in diesem Ressort erlebe ich eine positive Grundstimmung, sowohl in der Gesellschaft als auch bei den Akteuren.

Wir müssen aber feststellen, dass Bauen immer auch Konflikt bedeutet. Konflikt mit der Natur, mit den Behörden, mit den Anwohnern, den Medien, aber auch unter den Beteiligten. Der Planer hat andere Interessen als der Architekt, der Bauherr andere als die Behörden, und der Bauunternehmer muss schauen, dass er alle Wünsche und Forderungen erfüllt und im Budget bleibt.

Bauen ist ein komplexer Sachverhalt, bei dem unterschiedliche Spieler involviert sind. Natürlich hängt es immer davon ab, wie diese Spieler aufeinander abgestimmt sind. Jeder hat eine andere Rolle, es hängt aber auch davon ab, wie man miteinander umgeht. Eine Bauverwaltung muss natürlich bestimmte Gesetzmäßigkeiten prüfen, aber am Ende ist es wichtig, wie man einander begegnet und gemeinsam Hindernisse überwindet. Wenn alle ein gleichgerichtetes Interesse haben, laufen Baustellen gut. Besonders schwierig wird es, wenn ein Projekt am Anfang nicht richtig eingeknöpft ist, wenn die Kalkulation Daumen mal Pi gemacht wurde.

»Vor der Hacke ist es dunkel«, sagt der Tunnelbauer. Vieles beim Bauen lässt sich nicht vorhersehen und konsequenterweise kostentechnisch auch nicht exakt prognostizieren. Müsste man diese Wahrheit nicht offensiver vertreten; gerade die öffentliche Hand könnte sich damit viel Ärger ersparen?

Die moderne Welt dreht sich immer schneller, das bedeutet, dass auch die Politik immer schneller wird, eine Entwicklung, die durch die sozialen Medien verstärkt wird. Jeder erwartet heute Antworten in fünf Minuten, man kann aber in fünf Minuten keine zuverlässigen Zahlen liefern. Ich kann für unseren Bereich sagen, dass wir bei unseren Berechnungen sehr sorgfältig und zuverlässig vorgehen, allein schon, um seriöse Haushaltsbeschlüsse zu haben. Bei uns bleiben 90 Prozent aller Baustellen innerhalb des berechneten Budgets. Schlagzeilen gibt's natürlich immer dort, wo es ausnahmsweise anders ist.

Niemand geht unvoreingenommen in so ein Gespräch. Dazu ist der Ruf der Politik zu ambivalent. Das liegt weniger an den meist polemisch geführten Debatten über Diäten, Pensionsansprüche und Nebeneinkünfte. Es liegt eher an den Ergebnissen politischen Handelns. Ein paar Highlights der jüngeren Vergangenheit: Dem Finanzminister der Bundesregierung und seiner obersten Aufsichtsbehörde entgeht ein dreister Milliardenbetrug eines Dax-Unternehmens; der Gesundheitsminister stolpert während der Coronakrise von einer Fehleinschätzung in die nächste; und der Mittelstand fordert seit Längerem vehement einen anderen Wirtschaftsminister, *Focus* nennt den amtierenden gar einen »Totalausfall«.

Der 2013 verstorbene *Spiegel*-Reporter Jürgen Leinemann hat in seinem Buch *Höhenrausch* festgestellt: »Politiker tun sich schwer mit dem richtigen Leben, nicht nur haben sie Schwierigkeiten, es zu bewältigen, es macht ihnen schon Mühe, es überhaupt zu erkennen.« Was Wunder bei immer mehr Parlamentariern, die ihr gesamtes Erwerbsleben in der Politik verbracht haben. Mit anderen Worten: Der Politbetrieb operiert überwiegend in einer praxis- und realitätsfernen Blase. Das Resultat, so Gregor Gysi (Die Linke): »Politiker sind oft hilflos, ohnmächtig, überfordert.«

Das wäre nicht weiter schlimm, so geht es vielen, vor allem Menschen, die Verantwortung tragen. Nur dass Politiker das nicht zugeben können, weil gerade von ihnen Kompetenz und Entschlossenheit erwartet wird. Da hilft nur die Flucht in Allgemeinplätze und Absichtserklärungen. Beim niedersächsischen Wirtschaftsminister Bernd Althusmann – ein Beispiel für viele – klang das bei einem Auftritt vor der Industrie- und Handelskammer vor einigen

Jahren so: »Wir wollen weniger Bürokratie, schnellere Planungen und mehr Investitionen in wichtige Zukunftsprojekte wie Autobahnbau und den Schienenpersonenverkehr oder den Breitbandausbau. Wir wollen in die Zukunft investieren.«

Wollen ist nicht Machen. Den großen Worten folgen selten große Taten. Aus dieser Diskrepanz nährt sich die Politikverdrossenheit der Republik. Inzwischen interessiert sich bereits ein Drittel der Bevölkerung nicht mehr für Politik. Die Volksparteien SPD, CDU und CSU haben seit 1990 fast eine Million Mitglieder verloren. Und wenn Angela Merkel aus besonderem Anlass zu den Bürgern spricht, fühlt sich der Zuhörer erinnert an Roger Willemsens Fazit in seinem Buch *Das Hohe Haus*: »Es ist ein ordinärer Impuls, sich von der Kanzlerin, ihrer Erscheinung, ihrem Gefühlshaushalt, sich von der Volksvertretung insgesamt nicht vertreten zu fühlen.«

Und die Bauwirtschaft? Fühlt sie sich vertreten von der Politik? Am besten nicht fragen. Die meisten winken ab. »Was soll man dazu noch sagen?« Ein Bauingenieur fasst zusammen: »Zunächst einmal fehlt der grundlegende Sachverstand; dann bräuchte es eine langfristige Strategie in der Baupolitik, die Politik müsste in mehreren Dekaden denken, nicht in Legislaturperioden, wir bauen für 80 bis 100 Jahre, nicht für vier; und sie müsste uns und unsere Bedürfnisse in den Mittelpunkt stellen, nicht persönliche oder politische Interessen. Wir alle wollen wohnen, Auto fahren, gut leben, und mir ist es völlig egal, ob das hilfreiche Infrastrukturprojekt ein Schwarzer, ein Roter, ein Gelber oder ein Grüner auf den Weg gebracht hat.«

Kerstin Schreyer macht 1993 Abitur, die katholische Stiftungsfachhochschule für Sozialwesen in München verlässt sie als Diplom-Sozialpädagogin und systemische Therapeutin. Während des Studiums arbeitet sie nebenberuflich in einem Wohnstift in Unterhaching, nach dem Studium leitet sie eine Tagesstätte für psychische Gesundheit der Caritas, sie ist zudem für die Diakonie in der sozialpädagogischen Familien- und Jugendhilfe tätig. Schreyer über Schreyer: »Ich sehe mich als hemdsärmelige Sozialpädagogin.«

Die politische Karriere beginnt 1988. Innerhalb von zwei Jahren tritt Schreyer der Jungen Union (JU), der Frauen-Union (FU) und der CSU bei. Was danach kommt, ist ein Parforceritt durch die Kommunalpolitik und lokale Parteigremien. Sie arbeitet in verschiedenen Ortsverbänden. JU-Kreisvorsitzende und FU-Kreisvorsitzende im Landkreis München. Schriftführerin im Kreisvorstand der Mittelstands-Union. Gemeinderätin in Unterhaching. Bezirksrätin. Kreisrätin. Vorsitzende der CSU-Familienkommission.

2008 wird Kerstin Schreyer erstmals in den Bayerischen Landtag gewählt; 2013 wird sie stellvertretende Vorsitzende der CSU-Fraktion; 2017 Integrationsbeauftragte der Bayerischen Staatsregierung; 2018 Familien-, Arbeits- und Sozialministerin unter Ministerpräsident Söder; der sie im Februar 2020 als Ministerin für Wohnen, Bau und Verkehr in sein zweites Kabinett beruft. Seit Juni 2019 ist sie zudem Vorsitzende des CSU-Bezirksverbandes Oberbayern.

Im Juli 2020 veröffentlichte die *Bayerische Staatszeitung* ein Porträt über Kerstin Schreyer. Überschrift: »Die Robuste«. Darin die Passage: »Durchsetzungsstark, diszipliniert und fleißig – das sind die Attribute, mit denen Schreyer am häufigsten bedacht wird, hört man sich bei ihren CSU-Kollegen um.« Und: Schreyer habe sich als Sozialministerin schnell einen Namen gemacht mit der Ausweitung der Gewaltprävention sowie einer höheren Förderung von Frauenhäusern und Hilfsangeboten. Hinzu kommt die Einführung des Bayerischen Familiengelds.[29]

Die Wohlfahrtsverbände loben sie, ihre Mitarbeiter fürchten ihre Ungeduld. Was sie von Mitarbeitern auf keinen Fall hören will: »Das geht nicht.« Sie sagt: »Ich will immer Lösungsvorschläge, meine Aufgabe ist es, Denkprozesse anzustoßen und Lösungen zu entwickeln.«

---

29 Der Freistaat Bayern gewährt Eltern für jedes Kind im zweiten und dritten Lebensjahr, also vom 13. bis 36. Lebensmonat, monatlich 250 Euro, ab dem dritten Kind 300 Euro. Das Familiengeld gilt für Kinder, die am 1. Oktober 2015 oder später geboren sind.

Politik

Warum wollten Sie Politikerin werden?

Ich wollte nie Berufspolitikerin werden. Aber Politik ist nicht planbar, das ist etwas, das man zunächst ehrenamtlich macht und dann fügen sich die Dinge oder sie fügen sich nicht. Ich bin mit 17 in die Junge Union eingetreten, weil ich mitdiskutieren und mitgestalten wollte und weil mir wichtig war, dass ich einen Beitrag für die Gesellschaft leiste.

Das sagen so alle, das hört sich nach einer Floskel an.

Für mich gab es zwei Auslöser. Einmal einen Besuch in Ostberlin, wo wir Verwandtschaft hatten. Wir standen an der Mauer und mussten durch einen Eingang, meine Mutter und ich, und meine Mutter hatte auf den Einreiseformularen ein Kreuz falsch gesetzt. Daraufhin sind wir stundenlang festgehalten worden. Wir befanden uns in einem rechtsfreien Raum, in dem kein Gesetz galt. Das hat mich sehr geprägt. Ich dachte: So etwas darf es nie wieder geben. Daraus ist das Bedürfnis entstanden, einen Beitrag für die Gesellschaft zu leisten.

Und der zweite Auslöser?

Der liegt ganz sicher in meiner Kindheit. Ich gehöre zu denen, die nicht immer auf Rosen gebettet waren, und genau deswegen wusste ich schon früh: Ich will, dass es anderen Kindern besser geht. Weil ich schon immer auf der sozialpolitischen Welle unterwegs war und viel im sozialen Bereich gemacht habe, war es klar, dass ich bei der CSU landen werde, weil die CSU für mich die beste Sozialpolitik macht.

Ihre Berufung zur Sozialministerin erschließt sich aus Ihrem Lebenslauf; was qualifiziert Sie für Ihren aktuellen Posten?

Zunächst habe ich viel kommunalpolitische Erfahrung, ich habe im Gemeinde- und Kreisrat jahrzehntelang mit Baugenehmigungen und Architekturwettbewerben zu tun gehabt. Ich bin mit der

Materie durchaus vertraut. Darüber hinaus habe ich noch keinen Minister gesehen, der eine Straße asphaltiert oder die Statik eines Hochhauses berechnet hat. Als Ministerin muss ich ein Haus führen können, seine Fachlichkeit nutzbar machen, die großen Fragen kennen und wissen, wohin ich politisch will. Was ich hier mache, hat aber auch viel mit meinem Herkunftsberuf zu tun, weil ich auch Politik immer vom Menschen her denke.

Das müssen Sie näher erklären.

Wichtig ist, dass Politik dem Menschen dient, egal in welchem Bereich. Hier muss ich ansetzen, diesen Anspruch muss ich umsetzen. Was wir in diesem Haus machen, ist zutiefst gesellschaftspolitisch. Deswegen hat der Ministerpräsident auch bewusst gesagt: »Wohnen, Bauen und Verkehr setze ich zusammen, da sind die großen Zukunftsfragen.« Ich finde, es passt ganz gut, wenn eine Sozialpädagogin das macht, weil ich mit einem anderen Blickwinkel an die Sache herangehe. Ich bin sehr stolz darauf, dass mir unser Ministerpräsident Doktor Markus Söder dieses Ressort übertragen und mir die Möglichkeit gegeben hat, mitzuarbeiten.«

Eine Frau als Bauministerin. Das ist - selbst als zweite nach Ilse Aigner – immer noch eine irritierende Personalie für eine Partei, die ein halbes Jahrhundert lang zwischen Brauchtum, Frömmigkeit und politischem Aschermittwoch verortet wurde. Und die sich, angeführt von mitunter wortgewaltigen Männern, mehr über ihre bayerische Art als über soziales Bewusstsein definierte.

Bundespolitisch ist Bauen in der CSU freilich weiter Männersache. Horst Seehofer führt in Berlin das Ministerium des Innern, für Bau und Heimat; Andreas Scheuer das Ministerium für Verkehr und digitale Infrastruktur. Wenngleich Scheuer – ähnlich seiner Vorgänger und Parteigenossen Ramsauer und Dobrindt – dabei nicht immer eine glückliche Figur macht. Ständig Ärger mit der Maut, massive Herausforderungen bei der Verkehrsinfrastruktur, und die von Scheuer initiierte und Anfang 2021 installierte Autobahn

Politik

GmbH steht bereits massiv in der Kritik. Zu wenig Personal. Gewaltige Finanzierungslücken. »Scheuer steuert auf den Autobahn-GAU zu«, titelte der Berliner *Tagesspiegel*.

Mit Kerstin Schreyer hat das nichts zu tun. Ihr politisches Leben ist bis dato frei von Pleiten, Pannen oder Niederlagen, mal abgesehen von einer Kampfabstimmung um den CSU-Kreisvorsitz München-Land. Hinzu kommt: München ist nicht Berlin, die mediale Aufmerksamkeit geringer, und nach einem Jahr im Amt erwartet keiner bahnbrechende Konzepte, zumal in einem derart komplexen Ressort. Schreyer sagt, sie spreche lieber erst mit den Fachleuten, bevor sie sich öffentlich äußere, sie arbeite sich lieber erst in die Materie ein, bevor sie Entscheidungen treffe. Deshalb auch nichts Konkretes zur Zweiten Stammstrecke. Über die Zusammenarbeit mit der Bahn nur so viel: »Ich glaube, dass wir hier viel Pauschalkritik üben, das ist ein Riesenschiff, man muss einfach sehen, welche Herausforderung so ein Apparat mit sich bringt.«

Auf dem Faltblatt Ihres Ministeriums verkünden Sie: »Gemeinsam mit 11.000 Mitarbeiterinnen und Mitarbeitern im Ministerium und den Behörden der Staatsverwaltung arbeiten wir an den aktuellen Themen rund um die sozialen Fragen der Zukunft: Wohnen, Bau und Verkehr. Wie schaffen wir es, dass Menschen unabhängig von Einkommen, Beruf oder Lebensphase überall in Bayern gut leben können? Wie müssen wir bauen, damit wir auch künftig Vorbild für Baukultur sind? Und wie sieht die Mobilität der Zukunft aus, damit die Menschen sicher ans Ziel kommen?« Haben Sie schon Antworten?

Mir ist wichtig, dass die Menschen in ganz Bayern gut wohnen können, ungeachtet ihrer Herkunft, ihres Einkommens und ihres Alters. Dazu brauche ich im städtischen Bereich kostengünstigen Wohnraum und im ländlichen Bereich, wo wir durchaus kostengünstigen Wohnraum haben, brauche ich Wohnmodelle für das Alter und ich brauche die Verkehrsanbindung. ÖPNV auf dem Land heißt Busse. Dafür brauche ich die Straße. Im Großraum München wiederum habe ich bei der Mobilität ganz andere Fragestellungen. In München brauche ich alles, was fährt, weil alles voll ist. Das ist auch ein Ansatz, den ich aus der Sozialarbeit mitgebracht habe: Nicht für alle funktioniert das Gleiche, wir brauchen vielmehr passgenaue Modelle. Am Ende hilft aber nur bauen, bauen, bauen.

Klingt nach viel Arbeit. Ich habe gelesen, dass Sie teilweise 16, 17 Stunden am Schreibtisch sitzen, und trotzdem finden Ihre Mitarbeiter immer noch ein paar Aktenordner, die Sie Ihnen für das Wochenende mit nach Hause geben können.

Wer Politik macht, weiß, worauf er sich einlässt, besonders als Minister. Das bedeutet sieben Tage die Woche, das bedeutet viel Arbeit, wenig Schlaf, wenig Privates. Was davon noch übrig bleibt, muss man gut schützen, damit es auch privat bleibt.[30] Man wird viel angegriffen, mal von der einen Seite, mal von der anderen, aber Politik ist auch nicht dafür da, dass man sich Freunde macht, sondern, dass man das Richtige macht.

Der ehemalige Präsident des Deutschen Bundestages, Wolfgang Thierse (SPD), hat einmal gesagt: »Politik ist eine Sphäre der Mühsal, grau, hässlich und langsam.« Politik ist auch eine Sphäre der Parteizwänge und ungeschriebenen Gesetze, der offenen Feindschaften, falschen Freunde und nicht zuletzt des Ehrgeizes und der Missgunst. Für jeden prominenten Posten ein Haufen Neider. Aus jedem falschen Satz kann ein Strick werden. Und auf keinen Fall den Fehler machen, Fehler einzugestehen. Jeder weiß, dass es so ist, öffentlich zugeben tun es die wenigsten.

Natürlich lässt Kerstin Schreyer sich nicht ein auf die Frage, ob die Politik durch ihr jahrzehntelanges Missmanagement in Sachen Infrastruktur nicht den Gesellschaftsvertrag zwischen Staat und Bürger missachtet habe. Wenn Straßen, Brücken und Bahnhöfe verrotten, wenn es an Schulen, Kitas und Krankenhäusern fehlt,

---

30 Kerstin Schreyer ist geschieden und hat eine Tochter im Teenageralter.

fühlt sich der Bürger verraten und im Stich gelassen. Und ändert sein Wahlverhalten. Es gibt Politologen und Sozialwissenschaftler, die den Aufschwung der AfD nicht zuletzt damit erklären. Findet Schreyer zu pauschal. Auch hier bleibt sie ihrer Linie treu. Klar, schnörkellos, bestimmt, und mit einer konstruktiven Note zu jedem Thema.

Was sagen Sie zur Kritik der Bauwirtschaft an den Auswüchsen der Bürokratie?

Wir müssen beim Bauen immer einen Ausgleich zwischen verschiedenen Interessenslagen finden. Wenn wir uns für Naturschutz entscheiden, heißt das im Umkehrschluss, dass wir überall, wo eine Straße gebaut wird, naturschutzrelevante Fragen klären und womöglich eine Wildbrücke installieren müssen. Natürlich wünschte ich mir hier und da auch kürzere Planverfahren, aber ich finde es ganz wichtig, dass wir uns unsere Demokratie inklusive Bürgerbeteiligung leisten.

Apropos, gerade Großprojekten oder umfangreichen Infrastrukturmaßnahmen stehen oft Bürgerinitiativen im Weg. Wird damit nicht Gemeinwohl durch Eigennutz verhindert?

Bürgerschaftliches Engagement ist sehr wertvoll. Aber natürlich ist es nicht im Sinne des Allgemeinwohls, wenn Einzelinteressen ein Projekt, von dem viele profitieren würden, blockieren. Ich kann das nicht pauschal beantworten. Das muss jeder für sich entscheiden, ob wir eine Gesellschaft der Ichlinge sein oder ob wir gemeinsam funktionieren wollen.

Konstruktiv bleiben, nach vorne denken, die anderen nicht vergessen. So präsentiert Schreyer sich auch in anderen Interviews. Sie lobt die Beamten und Mitarbeiter ihres Hauses, deren Expertise und Engagement oft unterschätzt würden. Sie lobt ihre Amtsvorgänger Ilse Aigner und Hans Reichhart. Dem *Münchner Merkur* hat sie einmal verraten, dass sie sowohl mit Horst Seehofer als auch Markus Söder gut auskäme: »Ich habe den Luxus, dass ich mit beiden kann. [...] Sie sind völlig unterschiedliche Typen, aber ich habe als Sozialpädagogin gelernt, Menschen in ihrer Unterschiedlichkeit zu schätzen.« Söder, sagt sie noch beim Interview Ende Oktober, sei ein »kluger, blitzgescheiter Kopf«. Kurz darauf lässt sie durchblicken, dass sie das Gespräch beenden möchte.

Vielleicht noch ein Schlusssatz?

Man muss in meiner Arbeit die Aspekte nebeneinanderlegen und gewichten. Es geht nicht darum, meine Meinung durchzusetzen oder danach zu handeln, was ich persönlich für richtig oder falsch halte. Ich bin gewählt worden, um den mehrheitlichen Wunsch der Bevölkerung zu vertreten. So ist Politik.

Image

Zeigt euch!

(Von Philip Beushausen und Rebekka Csizmazia)

Wer genau hinsieht, stellt schnell fest, welch wichtigen Motor Bau und Handwerk für Wachstum und Wohlstand in Deutschland bilden. Keine Branche schafft so viele Werte, kaum eine Branche hat eine größere volkswirtschaftliche Relevanz. Jedes Haus, jede Gewerbeimmobilie, jede Brücke, jede Straße, jeder Kanal schafft über hundert Jahre hinweg und länger einen immensen Nutzen für jeden Einzelnen von uns und die Gesellschaft. Es gibt kaum eine Branche, die so emotional, lebensprägend und nachhaltig ist.

Dahinter stehen Unternehmen, die pausenlos Erfolgsgeschichten produzieren, die Meisterleistungen im wahrsten Sinne des Wortes schaffen. Wo manche Start-ups in kürzester Zeit hohe Millionenbeträge verpuffen lassen, haben Bauunternehmen Millionen, teilweise Milliarden, generiert. Wir sprechen hier von Unternehmen, die gleichzeitig ausbilden, die ihre Steuern in Deutschland bezahlen und nicht gleich die halbe Belegschaft rausschmeißen, wenn der Investor abspringt. Diese Unternehmen haben auch verstanden, dass man, um regional erfolgreich zu sein, sich auch regional engagieren muss. Hinzu kommt, dass der Bau eine der wenigen Branchen in Deutschland ist, die die Diversität unserer Gesellschaft wirklich abbildet und die Integration von Zuwanderern gut hinbekommen hat.

Trotzdem fragt man sich: Warum hat diese Branche ein derart schwieriges Image? Warum wird der Fokus fast nur auf gescheiterte Projekte gelegt? Warum wird häufig lamentiert, kritisiert und genörgelt, wenn es um Bauen geht? Es gilt das Motto: Wenn ich nichts davon habe, bin ich dagegen. Alle wollen, dass es ihnen zu Hause nicht auf den Kopf regnet, aber keiner denkt darüber nach, wer dafür verantwortlich ist. Wer schafft die Krankenhäuser, die unsere Gesundheit gewährleisten? Wer baut die Schulen, in denen unsere Kinder unterrichtet werden? Wer kümmert sich um die Kanalisation? Wer erstellt die Infrastruktur für Arbeit, Mobilität und Energieversorgung? Klar, wenn ich den Schalter anknipse, soll die Glühbirne leuchten, aber dass es jemanden braucht, der Kraftwerke baut, wird dabei nur selten bedacht.

Fakt ist, die Baubranche und ihre Arbeit tangieren uns in allen Lebenslagen und zu jeder Tages- und Nachtzeit. Eine positive Wahrnehmung fällt hingegen schwer. Wenn wir Bau und Handwerk nicht als integralen Bestandteil unserer Gesellschaft verlieren möchten, müssen wir uns die Frage stellen, wie wir als Öffentlichkeit damit umgehen. Dafür bedarf es einer anderen Form der Kommunikation und Öffentlichkeitsarbeit, die eine positive und starke Position vertritt.

Wir wünschen uns, dass Bauen in der Öffentlichkeit als stabile und positive Wirtschaftsbranche gesehen wird, die sich konsequent in den Dienst anderer stellt und Erfolgsgeschichten schreibt. Deshalb gibt es dreissig24. Unser Ziel ist es, das Ansehen und die Bedeutung von Bauwirtschaft und Handwerk zu fördern. Wir wollen, dass die Branche positiv wahrgenommen wird. Wir operieren dabei nicht wie eine klassische Werbeagentur, wir sehen uns vielmehr als Lobbyisten für die Bauwirtschaft. Wir zeigen auf, wie erfolgreich, wie effizient, wie innovativ und zukunftsorientiert die Branche ist. Wir sprechen über Nachhaltigkeit und Digitalisierung am Bau, wir demonstrieren, welche großartigen Karriere- und Aufstiegsmöglichkeiten die Branche offeriert, damit sie mehr junge Menschen begeistern und ihren Fachkräftemangel überwinden kann. Wir müssen Signale setzen, um die gesellschaftliche Relevanz des Bauens auf allen Ebenen weiter in den Vordergrund zu rücken.

Gleichzeitig setzen wir uns auch für Unternehmen ein und helfen ihnen, ein Markenbewusstsein zu entwickeln. Viele Bauunternehmen müssen erst noch lernen, sich als Marke zu begreifen. Sie wissen mitunter nicht einmal, wie man strategisch kommuniziert. Warum gibt es keine Kampagne, die erklärt, warum man für 90.000 Euro kein Haus bauen kann? Oder warum 20 Euro Stundenlohn für einen Facharbeiter zu wenig sind? Oder warum große Infrastrukturprojekte teuer und schwierig umzusetzen sind? Solche Kampagnen fehlen, weil kaum jemand weiß, wie die Branche funktioniert. Die meisten Menschen fahren bloß an Baustellen, Kränen und Baumaschinen vorbei. Was sie sehen, sind die Firmenschilder, aber dahinter tun sich keine Bilder auf, keine Geschichten, und am Ende entstehen auch keine Emotionen. Um Projekte erfolgreich zu realisieren, bedarf es strategischer Kommunikation. Eine Einbeziehung der Öffentlichkeit sorgt nicht nur für mehr Akzeptanz, sondern auch für eine nachhaltige positive Verbundenheit mit Projekten. Hierbei geht es nicht um Rechtfertigung, sondern Teilhabe auf allen Ebenen.

Wenn die Branche anders wahrgenommen werden will, muss sie das, was für sie spricht, muss sie ihre Geschichten besser herausarbeiten und konsequent präsentieren. Klischees wie Männer mit Schutzhelmen, Meterstab und Papierplan waren gestern. Die Wirklichkeit sieht längst anders aus. Es kann doch nicht sein, dass die einzigen Baudebatten, die in den Medien geführt werden, die über gescheiterte Großprojekte sind.

Das müssen wir ändern. Doch dazu braucht es Mut, sich zu zeigen, die Bereitschaft, offen zu kommunizieren. Und wir müssen das in einer Sprache tun, die man versteht, mit Geschichten, die authentisch sind, aber dennoch positiv überraschen, sodass die Leute sagen: »Mensch, wie toll ist das denn? Das habe ich überhaupt nicht gewusst.«

Philip Beushausen und Rebekka Csizmazia führen die Berliner Agentur für Bau und Handwerk dreissig24, deren Name sich vom Farbcode für rote Signalfarbe RAL3024 ableitet.

Transport System Bögl (TSB)

Epilog

Wir können auch anders

Was passiert, wenn ein Bauunternehmen ein hierzulande gescheitertes Projekt aufgreift und daraus in Eigenregie ein Nahverkehrssystem für die Zukunft macht? Es geht damit zuerst nach China. Ein Lehrstück über das, was sich in Deutschland ändern muss.

Epilog

In einer weiten hohen Halle zwischen der B299 und dem Baggersee Schlierferheide steht ein dreiteiliger Zug, dessen Enden mit sanftem Schwung steil nach oben streben. Klare Linie, elegantes Profil. Vier Fenster und zwei automatische Türen auf beiden Seiten. Schwarzweiß lackierte Karosserie. Dazu das Signum TSB und die Aufschrift »more mobility«. TSB steht für Transport System Bögl, und der Zug ist eine Magnetschwebebahn.

Wenngleich: Das TSB ist weit mehr als ein Transportsystem, es ist auch ein Beispiel für Innovation und mutiges Unternehmertum, für den Grips und die Kraft des deutschen Mittelstandes. Und ein Lehrstück für das, was sich in Deutschland ändern muss.

Die Firmengruppe Max Bögl, 6.500 Mitarbeiter weltweit, zwei Milliarden Euro Jahresumsatz, ist eines der größten Bauunternehmen des Landes und bekannt für seinen Innovationsgeist. Irgendwas lassen sie sich immer einfallen und häufig hat es auf den ersten Blick mit Bauen wenig zu tun. »So war das eigentlich immer bei uns«, sagt Stefan Bögl und schmunzelt. Schon ist er mittendrin in der Erklärung des TSB. Der Vorstandsvorsitzende spricht von Magneteinheit und Reaktionsschiene, von Flächenkern und elektromagnetischem Schweben. Rückstellkraft. Führkraft. Asynchroner Motor. Wer in der Materie nicht firm ist, verliert schnell den Anschluss.

Vielleicht so: Das TSB basiert auf einem Fahrzeug, in dessen Fahrwerk Magnete verbaut sind, die in Verbindung mit der Fahrbahn einen Schwebezustand herstellen. Um das zu erreichen, umgreift der Fahrweg das Fahrwerk wie ein U, während die Magnete 2.000 Mal pro Sekunde angesteuert werden. Das Fahrzeug kann im Stehen in einen Schwebezustand versetzt werden. Für die Fortbewegung sorgt ein Linearmotor. Das Prinzip dahinter ist lange bekannt. Der Niedersachse Hermann Kemper, der als Erfinder der Magnetschwebebahn gilt, erforschte die Technologie erstmals 1922, patentiert wurde sie 1934. Schon damals träumte man von Magnetbahnen, die widerstandslos, leise und pfeilschnell zwischen deutschen Großstädten verkehren.

Da war doch mal was ... Richtig: der Transrapid, eine von 1969 an entwickelte Magnetschwebebahn für Hochgeschwindigkeitsverkehr, geplant, gebaut und vermarktet von thyssenkrupp, Siemens und einer Reihe anderer deutscher Unternehmen. Die Bundesregierung investierte Milliarden. Die Ingenieure jubelten. Die Öffentlichkeit staunte. 1987 erreichte der Transrapid auf einer Teststrecke im Emsland 412,6 Stundenkilometer. Als nächstes Ziel wurden Geschwindigkeiten bis 550 Stundenkilometer ausgegeben. Nach der 1991 erteilten Anwendungsreife wurden Verbindungen zwischen Berlin und Hamburg, eine Metrorapid im Ruhrgebiet und ein Flughafenzubringer in München avisiert. Auch Bayerns damaliger Ministerpräsident Edmund Stoiber wurde von der Euphorie erfasst und stieg in einer legendären Rede (»Zehn Minuten!«) am Hauptbahnhof ins Flugzeug ein, während das Abfluggate gleichzeitig näher an alle bayerischen Städte heranrückte. Oder so ähnlich.

Der Transrapid kam in den Nullerjahren allerdings in seiner Entwicklung nicht mehr entscheidend voran. Im März 2008 beschlossen die Bundesregierung, der Freistaat Bayern und die beteiligten Großunternehmen, keine Magnetschwebebahn zwischen Hauptbahnhof und Münchner Flughafen zu bauen. Die mit 3,4 Milliarden Euro kalkulierten Kosten seien zu hoch, hieß es. *Die Zeit* kommentierte: »Der Transrapid scheiterte nicht, weil er zu teuer gewesen wäre oder seine Entwickler versagt hätten. Das Problem der Magnetbahn: Der wichtigste Kunde wollte sie nicht.« Die Bahn hatte in der Zwischenzeit die Entwicklung ihrer ICEs vorangetrieben. Verwirklicht wurde der Transrapid lediglich in Shanghai, wo er bis heute zwischen Flughafen und Stadtzentrum pendelt.

Max Bögl war in Shanghai für die Fahrwege zuständig. Das Unternehmen kannte also die Technologie, das Potenzial dahinter und beschloss die Entwicklung einer eigenen Magnetschwebebahn. Keine Hochgeschwindigkeit diesmal, schließlich wird der Transrapid kompliziert über ein magnetisches Wanderfeld im Fahrweg bewegt und kann daher nicht in kürzeren Abständen verkehren. »Und wir wollten«, so Stefan Bögl, »dass Fahrzeug, Fahrweg, Antrieb sowie Steuer- und Regeltechnik aus einer Hand kommen, man braucht bei der Magnetschwebetechnik ein hohes Verständnis für alle Elemente.« Ein entscheidender Vorteil gegenüber dem Transrapid: »Durch die Digitalisierung und die größeren Rechnerleistungen hatten wir ganz andere Möglichkeiten, was wir gemacht haben, wäre zehn oder zwanzig Jahre vorher nur schwer oder nicht möglich gewesen.«

2010 war der erste Prototyp fertig. Über die Jahre wurden immer versiertere, verbesserte Modelle auf die hauseigene, 820 Meter lange Teststrecke entlang der B299 geschickt. Insgesamt 80.000 Testkilometer wurden absolviert mit fahrerlosen Zügen und Geschwindigkeiten bis 100 Stundenkilometer, ehe das TSB Marktreife erreicht hatte. Die Züge können bis zu zehn Prozent Steigung bewältigen; ein Personenzug schafft maximal vier Prozent. Innerhalb von 45 Metern ist ein Kurvenradius von 90 Grad möglich. Die modular konzipierten Wagenteile, die als Sektionen bezeichnet werden, sind zwölf Meter lang und bestehen aus Aluminiumstrangpressprofilen. Die Fahrbahnteile sind aus Stahlbeton, ebenfalls zwölf Meter lang, 3,20 Meter breit, und werden wie die Stützen seriell gefertigt. Mehr als 100 Mitarbeiter waren mit dem Projekt beschäftigt. Investment bis hierher: ein mittlerer zweistelliger Millionenbetrag.

»Die Herausforderung der Zukunft liegt in der urbanen Mobilität«, sagt Stefan Bögl, »die Städte wachsen, der Individualverkehr nimmt zu, dafür brauchen wir eine Lösung. Unser TSB ist mit seiner hohen Transportkapazität speziell für den Personennahverkehr konzipiert. Es lässt sich schnell in bestehende Infrastrukturen integrieren, wir können mit relativ wenig Beeinträchtigung bauen.« Aufgeständerte Fahrwege erlauben freien Durchlass des Querverkehrs, können Unebenheiten des Bodens gut überwinden, ergänzen sich perfekt mit bestehenden Straßen und machen auch sonst kaum biotopische Ausgleichsflächen nötig. Im September 2020 erklärte das Eisenbahnbundesamt das TSB für zulassungsfähig. Die *Frankfurter Allgemeine Zeitung* schrieb: »Der Traum deutscher Ingenieurtechnik findet doch noch Erfüllung.«

Wenn sich die *FAZ* da mal nicht zu früh freut. Bedarf gäbe es genug, etwa entlang der staugeplagten A40 zwischen Mülheim an der Ruhr und Essen oder parallel zur A44 zwischen Düsseldorf und Heiligenhaus. Bereits 2023 könnte das erste TSB in Deutschland in Betrieb gehen. Zu erwarten ist es nicht. Peter Mnich vom IFB Institut für Bahntechnik konstatiert: »Die Techniken und Technologien, die wir in Deutschland seit über 30 Jahren haben, werden mit einzelnen Ausnahmen bisher noch zu zögerlich umgesetzt. Erschwerend sind hier die veralteten Strukturen und die Vielzahl der Betreiber im ÖPNV, die teils nur begrenzt regional zusammenarbeiten. Natürlich spielen auch die zu komplexen Planungs- und Genehmigungsverfahren eine Rolle. Die fehlende Weitsicht in der Planung und Finanzierung von Verkehrssystemen sowie das Kästchendenken der Behörden sind weitere Gründe für die vorliegende Verkehrssituation in Deutschland.«

Ganz anders in China. Dort sind die Straßen der Großstädte besonders überlastet. Der Autoverkehr sorgt für Smog und Luftverschmutzung. Der ohnehin unzureichende öffentliche Personennahverkehr ist vom Wachstum der Städte überfordert. Pekings aktueller Mobilitätsplan sieht vor, in Städten unter zehn Millionen Einwohnern oberirdische Stadtbahnen zu bauen. In diese Kategorie fallen etwa 100 Städte, für die das TSB geradezu prädestiniert wäre. Hinzu kommt das Umland von Metropolen mit mehr als zehn Millionen Einwohnern, in denen U-Bahn-Netze gebaut oder erweitert werden sollen. Stefan Bögl sagt: »Die Chinesen gehen ganz anders an die Sache heran als wir, sie machen zunächst eine Kosten-Nutzen-Analyse und setzen dann die sinnvollste Lösung zügig um.«

Ein TSB mit sechs Fahrzeugsektionen könnte bei einem 80-Sekunden-Rhythmus pro Stunde zwischen 30.000 und 40.000 Passagiere befördern. Die vergleichbare Transportleistung einer U-Bahn liegt bei 50.000 bis 60.000 Passagieren. Die Kosten für den Bau eines Kilometers TSB liegen bei 30 bis 50 Millionen Euro, bei einem Kilometer U-Bahn sind es etwa 300 Millionen Euro. Hinzu kommt, dass die Betriebskosten einer Magnetschwebebahn durch den ge-

Epilog

ringeren Materialverschleiß etwa 20 Prozent niedriger ausfallen. So viel zu Kosten und Nutzen. Was die Chancen des TSB verbessert, ist die Affinität der Chinesen für Technik und Innovation, gerade wenn es um Immissionen und Umweltschutz geht.

Max Bögl hat über zwei Jahrzehnte Erfahrung in China, nicht nur aufgrund der Transrapidtrasse in Shanghai. Auch am Ausbau des Schienennetzes für Hochgeschwindigkeitszüge waren die Oberpfälzer mit ihrem System FFB (Feste Fahrbahn Bögl) und als Berater beteiligt. So entstehen vertrauensvolle Kontakte. 2018 wurde eine Zusammenarbeit mit der Chengdu Xinzhu Road & Bridge Machinery Co. Ltd. vereinbart, das sich um die exklusive Vermarktung des TSB in China kümmert. Xinzhu betreibt Forschung und Entwicklung, bietet eigene Produkte an und ist dadurch bestens mit den Kommunen des Landes vernetzt, die von Peking aufgefordert sind, ihre Mobilitätsprobleme zu lösen. Auf einer 3,5 Kilometer langen Teststrecke in Chengdu wird das TSB bereits getestet. Neben der Zuverlässigkeit im Dauerbetrieb soll eine Höchstgeschwindigkeit von 160 Stundenkilometern nachgewiesen werden.

Eine Erfolgsgeschichte mehr, die aufzeigt, wozu die deutsche Bauindustrie fähig ist, auch in Bereichen, die nicht mit Bauen assoziiert werden. Stefan Bögl meint: »Es gibt in Südkorea und China noch ein paar Firmen, die auch in der Magnetbahntechnik unterwegs sind, denen sind wir technologisch aber in vielen Punkten überlegen.« Und: »Wir haben noch viele Ideen für das TSB bei der Elektronik, der Schwebetechnik und der Steuerung, aber auch bei den Motoren, beim Betrieb und bei der Energieeffizienz.« Für Max Bögl tut sich damit möglicherweise ein riesiger weltweiter Markt auf. Hilfreich dabei: die Zulassung des Eisenbahnbundesamtes. Die dafür erstellten Unterlagen können auch im Ausland benutzt werden; viele Länder orientieren sich im technischen Bereich gerne an der deutschen Bürokratie – vor allem, wenn sie noch keine eigenen Vorschriften haben.

Was gut genug ist für Deutschland, ist höchst willkommen im Rest der Welt. Das sagt alles. Umso naheliegender wäre es, die Qualität deutscher Unternehmen und ihrer Produkte zu erkennen und dafür zu sorgen, dass sie auch hierzulande mehr zum Einsatz kommen.

Foto: © David Payr

Über den Autor

Gerhard Waldherr, geboren 1960 in Bad Tölz, ist der Sohn eines Maurers, hat während seines BWL-Studiums als Aushilfe auf dem Bau gearbeitet und in der zweiten Eishockey-Bundesliga für einen Klub gespielt, dessen Sponsor ein Bauunternehmen war. Ein Indiz mehr, dass wir alle auf vielfältige Weise mit Bauen verbunden sind. Waldherr war Redakteur der *Süddeutschen Zeitung*, Reporter des *Stern*, freier Korrespondent in New York und Chefreporter von *brand eins* Wirtschaftsmagazin. Er hat zahlreiche Bücher veröffentlicht, darunter *Bruttoglobaltournee*, *Deutschkunde* und zuletzt die Anthologie *Die erste Reise*. Waldherr lebt mit seiner Familie in Berlin.

Mehr: www.gerhardwaldherr.de

Register

3D-Druck 63 ff., 77, 127, 218
3D-Gebäudemodell 10, 39, 78, 107

A

Additive Fertigung 65, 172
Additive Manufacturing (AM) 65
Adler, Gunther 28
Agora 55
Aigner, Ilse 243, 246
Airbus 55
Ajouri, Firas 200 ff.
Althusmann, Bernd 239
Andō, Tadao 118, 129
Architekt 20, 40, 66, 75 f., 77, 89, 95 f., 118, 129, 131 f., 135, 137, 142, 146, 148, 161, 170, 174, 177-193, 216, 220, 222, 236, 238
Architektur 41, 67, 76 f., 107, 111, 118, 129, 132 f., 148, 156, 168, 175, 179 ff., 185, 187, 191, 201 ff., 215, 217
Architekturbeton 87 ff.
Asam, Peter 68
ASFINAG 140
Aspdin, Joseph 125
Axel Springer Verlag 220

B

Bartinger, Anton 120 ff., 127 f., 130
bau+art GmbH 220
Bauen 4.0 105
Bauer Gruppe 68
Bauer Spezialtiefbau GmbH 68, 73
Bauer, Thomas 15, 19, 23, 69, 70, 132, 135, 136

Bauhandwerk 214
Bauindustrie 13, 33, 58, 91, 144, 157, 167, 171 f., 204, 225, 233, 258
bauingenieur24.de 171
bauma 59
bautec 144
Bauunternehmer 8, 12, 21 f., 89, 95, 155 ff., 160 f., 214, 236, 238
Bauwirtschaft 7-14, 19-21, 58, 102, 104, 119, 148, 150, 157, 204, 225, 233, 237, 240, 246, 250
Bayerischer Bauindustrieverband 11, 157, 162
Baywobau Berlin 84
Bergmann, Jens 43, 49, 72
Bergmeister, Konrad 139 ff.
Bertelsmann Stiftung 162
Betonkosmetik 89
Beton- und Stahlbetonbau 140
Beuys, Joseph 219
Bilfinger + Berger 89, 158, 168
Birnbaum, Achim 41
Bloch, Ernst 148
BMW Welt 167
BOD2 64 f.
Bögl, Johann 57, 58
Bögl, Max 58
Bögl, Stefan 60, 256 f.
Böhm, Dominikus 178
Böhm, Gottfried 118, 178 ff., 263
Böhm, Peter 179
Böhm, Paul 177 f.
Böhm, Stephan 178

263

Braun, Moritz 35f., 122
Brückenbau 34f., 167, 173f.
Brutalismus 118
Bruzkus-Batek 220
Building Information Model (BIM) 96, 106, 108ff.
Bundesarchitektenkammer (BAK) 186
Bund Deutscher Architekten 184, 185
Bund Deutscher Innenarchitekten 219
Bundesverband der Deutschen Industrie (BDI) 207
Bürokratie 13, 33, 161, 216, 223ff., 233, 235, 237, 239, 246, 258

C
CAD 105, 112, 220
Carbonbeton 96, 144f.
Carbonatisierung 145
Carbon Capture and Storage (CCS) 128
Carbon Concrete Composite 144
Caterpillar 206
Change-Management 110
Chengdu Xinzhu Road & Bridge Machinery Co. Ltd. 258
Chipperfield, David 186
Classen, Jens 73 f.
COBOD 65
Communication Consultants 156
Coordination Berlin 220
Cradle to Cradle 99

D
Datteln 4 55
DB Netz AG 43, 45, 47, 49, 72, 74
de Gournay, Vincent 224
Deitmer, Lukas 84f., 91f., 214
de Meuron, Pierre 76, 185, 187
de Niro, Robert 208
Design-and-Build 33, 110
Deutsche Gesellschaft für Nachhaltiges Bauen 142
Deutsches Institut für Bautechnik 145
Deutsches Institut für Wirtschaftsforschung (DIW) 11, 54, 86
Deutz 26, 182
Dienersberger, Robert 228
Dierker, Wolfgang 56
Digitalisierung 10, 43, 47, 65, 81, 90, 93, 100, 103f., 106ff., 110ff., 186, 206, 237, 250, 256
Dobrindt, Alexander 243
Döhring, C. f. W. 126
Dreßler Bau GmbH 83f.
Dreßler, Gabriel 87
Dreßler, Hubertus 83f., 86ff., 198, 213
Dyckerhoff & Widmann 213
Dywidag 90, 169, 213

E
Edelmann, Mike 120ff., 128
Eisenbahn 141, 175
Elphi 77f.
Elbphilharmonie 13, 75ff., 80, 187f.
Elbtower 78
E-Mobilität 55, 101
EnBW 55
Enercon 52
Energiewende 51, 52, 54, 56, 58, 160
Entega 52f.
Eon 54
Erneuerbare-Energien-Gesetz (EEG) 54
Ettinger-Brinckmann, Barbara 186f.

F
Fachkräftemangel 65, 104, 162, 213, 250
Feiger, Robert 86
Ferdinand Tausendpfund Bauunternehmung 159
Feste Fahrbahn Bögl (FFB) 258
Fischer, Oliver 172

Register

Flagge, Ingeborg 183
Foster, Norman 187
Franz Kassecker GmbH 155 f.
Fratzscher, Marcel 85
Frei, Otto 148, 187
Frieauff, Hans-Jörg 95
Frühauf, Johannes 175
Frühauf, Wolfgang 168, 175
Futuro 2021 121

G
Gehlen, Christoph 66 f., 146
Gehry, Frank 185
Geiger, Josef 7 ff., 15
Geiger Unternehmensgruppe 7 ff., 169, 201
General Electric 56, 59
Gigafactory 94, 101
Godl, Gerhard 120 ff., 124
Goldbeck 14, 57, 80 ff., 93 ff., 100 f., 144
Goldbeck, Jan-Hendrik 97, 100
Goldbeck, Jörg-Uwe 97, 100 f.
Goldbeck, Ortwin 96
Goldbeck Services GmbH 80
Görlich, Jutta 133
Grabitzki, Gregor 212
Gradientenbeton 140, 142 f., 149 f.
Grammar AG 57
Grillo, Ulrich 207
Gropius, Walter 183
Grube, Rüdiger 49
Gysi, Gregor 239

H
Hadid, Zaha 184
Haimerl, Peter 132 ff.
Handwerk 201 f., 211, 215 ff., 221, 249 ff.
Haugwitz, Hans-Gerd 73 f.
Hauptverband der Deutschen Bauindustrie (HDB) 13, 33, 171, 204, 225, 233
Hebel, Dirk 146, 206
HeidelbergCement 66, 128

Heilmann & Littmann 168
Heinrich, Martin 69
Heppes, Oliver 144
Hermann Kirchner Bauunternehmung 200
Hermann, Winfried 32, 49
Herzog, Jaques 76, 78, 185, 187
Hirsch, Hermann 71, 73
Hochbau 9, 38, 57, 87, 126, 160, 168, 171
Hochtief 30, 73, 76 f., 79
Hoffmann, Sven 26 ff., 30 f.
Holzmann 169
Hübner, Peter 13 f., 32 f., 171, 205, 208
Hybridturm 2.0 51 f., 59 f.,

I
Iding, Andreas 80 ff.
IG Bau 204
IG Bauen Agrar Umwelt 86
Imbacher, Thomas 64
Implenia 73
Informationsqualität 108
Infraleichtbeton 145
Ingenhoven, Christoph 187 f.
Ingenieur 29, 74, 77, 95 f., 111, 126, 148, 165 ff., 207, 213, 255
Ingenieurbau 38, 73, 126, 140, 160, 172
Institut für Bahntechnik 257
Institut für Leichtbau Entwerfen und Konstruieren (ILEK) 142
International Institute for Management Development (IMD) 226
Isermann, Enno 78 f.
i.tech 3D 66

J
Jaklin, Benedikta 190 ff.
Jaklin, Tobias 68, 70, 190
James-Simon-Galerie 88, 92

K
Kahn, Louis I. 179
Karl Stöhr KG 168

Register

Kassecker 155 f., 158 ff., 163, 200
Kemper, Hermann 254
Kempfert, Claudia 54 f.
Kinzo 220
Kleihues, Josef Paul 192
Kochan, Paul 91
Komatsu 206
Konstruktiver Ingenieurbau 140
Konzerthaus Blaibach 131 f., 136 f., 139
Koolhaas, Rem 180
Korte, Waldemar 66
Krämmel, Korbinian 231 f.
Krämmel, Reinhold 226 ff., 231 f.
Kücker, Wilhelm 183 ff., 263
Künstliche Intelligenz 110, 172, 237

L

LafargeHolcim Foundation 143
Lamprecht, Heinz-Otto 125, 263
Lang, Tobias 68, 70
Last Planer 110
Lean Management 90 f., 110
Le Corbusier 118, 170, 185
Leichtbau 148
Leinemann, Jürgen 239
Libeskind, Daniel 187
Lichtbeton 127, 145
Liebherr 59, 206
Littauer, Peter 90
Lorenz 227
Ludewig, Johannes 233
Lutz, Richard 42, 49

M

Machbarkeitsstudie 74, 182
Majer-Leonhard, Jan 95
Max Bögl Unternehmensgruppe 14, 51 ff., 56 ff., 73, 89, 113, 169, 254 f., 258
Mehlig, Bernd 38 ff., 50
Mehr.WERT.Pavillon 146
Meier, Richard 179

Merkel, Angela 49, 142, 240
Mettke, Angelika 122, 129
Mnich, Peter 257
Modernisierung 42, 106
Monier, Joseph 125, 126
Müller-Westernhagen, Marius 75
Musk, Elon 94

N

Nachhaltigkeit 93, 147, 250
New Holland 206
New Work 101
Niemeyer, Oscar 118, 170
Nordex 59

O

Öffentlich-Private Partnerschaft 14, 33, 80
Oerlikon 65
Ölkrise 121, 148
Opus Caementitium 9, 124, 142, 263

P

Pauksch, Willhelm 52 f., 57, 59, 61
PERI Gruppe 64
Piano, Renzo 179, 191
Polier 85, 158, 212 ff.
Portland Cement 125

Q

Quint, Sybille 219

R

Ramsauer, Peter 243
Rau, Heidrun 156
Recarbonatisierung 123
Reichhart, Hans 86, 231, 246
Rice, Peter 191
Rogers, Richard 179
Rohrdorfer Gruppe 120 ff., 128
Rohrleitungsbau 160, 201
Rost, Sebastian 211, 215 ff.

S

S-Bahn 39 ff., 71 f., 74, 172, 236

Scharrenbach, Ina 66
Scheuer, Andreas 31, 42, 243 f.
Scheydt, Jennifer 66
Schlensog, Wolfgang 34 f.
Schmitt, Victor 167 ff.
Schneider, Martin 123, 129
Scholz, Burkhard 224
Scholz, Matthias 42, 165 f., 172 ff., 234
Schreibstubenherrschaft 223 f.
Schreyer, Kerstin 235 ff., 240 f., 244 ff., 263
Schulz, Tom R. 75 f., 78
Scrum 110
Sebastian Rost Ornament & Architektur GmbH 215
Seehofer, Horst 243, 246
Senvion 59
Siemens 48, 57, 59, 65, 255
Sigl, Cilli 133
Smart Building 98, 105
Smarthome 190
Sobek, Werner 15, 139, 142 f., 146 ff.
Söder, Markus 241, 243, 247
SOKA-BAU 205, 263
Sonntag, Karsten 205 f.
Sozialbauoffensive 86
Sozialgerechte Bodennutzung (SoBoN) 227
spannverbund GmbH 77
Spezialtiefbau 68 ff., 73, 171, 173
Sprang, Konrad 170, 173
SSF Ingenieure 74, 166 f., 169 f., 173 ff.
Stahlbau 57, 77 f., 166
Stahlbeton 39, 71, 78 f., 126, 130, 144 f., 147, 150, 254
Steidle, Otto 179
Steingart, Gabor 48, 54
Stemmermann, Peter 129
STRABAG AG 13, 25 f., 29, 31 ff., 197, 202, 204 ff.
Stumpf, Dieter 168

Stuttgart 21 13, 15, 37, 38, 40 f., 43, 45 f., 48 f., 187
Süß, Michael 65
Sütter, Jürgen 129

T
Tange, Kenzo 118
Tesla 55, 94
Thierse, Wolfgang 245
thyssenkrupp 143, 255
Transport System Bögl (TSB) 254
Transrapid 174, 255
Tschebull, Alexander 188
Tuladit 145

U
Umstieg (Bürgerinitiative) 21 49
Uniper 55
Urban Mining and Recycling 146

V
Velaro Novo 48
Verein Deutscher Zementwerke (VDZ) 123
von Cranach, Felix 165, 174
von Gerkan, Meinhard 186
von und zu Bodman, Johannes 190

W
Wayss & Freytag 73
Weber, Ewald 155 ff., 162 f.
Werner, Stefan Gabriel 15, 137, 139, 142, 146, 219 ff., 222
Wiesböck, Andreas 117, 120
Wiesböck & Co. GmbH 120
Wiesböck, Georg 122
Wiesböck, Ludwig 120
Willemsen, Roger 240
Windenergieanlage (WEA) 52 ff., 56, 60 f.
Wolbergs, Joachim 157
Wolf, Helmut 166 f., 170
Work-Life-Balance 104
Wright, Frank Lloyd 184 f., 188
Wuppertal-Sonnborn 168

Z

Zeiler, Nathalie 74, 166, 170, 174
Zetsche, Dieter 207
ZoomTown 133
Züblin AG 38, 49, 73
Zumtobel Group 147
Zweite Stammstrecke 43, 46, 57, 71-74, 174, 236, 244

Haben Sie Interesse an unseren Büchern?

....

Zum Beispiel als Geschenk für Ihre Kundenbindungsprojekte?

Dann fordern Sie unsere attraktiven Sonderkonditionen an.

Weitere Informationen erhalten Sie bei unserem Vertriebsteam unter **+49 89 651285-252**

oder schreiben Sie uns per E-Mail an:
vertrieb@m-vg.de

REDLINE | VERLAG